임베스트 CISSP

임베스트
CISSP

임호진 · 조영운 지음

이담
Books

임베스트와 함께 IT전문가로 가는 길 ~
IT전문자격증으로 안정적 노후……!

임베스트 자격증 로드맵으로 IT전문가로 가는 가장 빠른 길을 제시합니다. 또한 지속적인 사회 활동을 할 수 있게 하기 위해서 가장 현실적인 단계를 제시합니다.

정보시스템 구축 및 운영 전문가

정보관리기술사, 컴퓨터응용시스템기술사

- 국가 최고의 전문가로 인정받는 기술사 취득으로 대기업 이직 및 안정적인 노후 보장
- 대기업 소프트웨어에서 1급 자격증으로 분류, 소프트웨어 노임단가 기술사 등급 부여, 수석감리원증 자동발급

국제 프로젝트관리 전문가 PMP

- 국내 및 해외에서 시스템 개발 프로젝트 수행 시에 기본적으로 보유한 자격증으로 선진 프로젝트 관리 방법 습득

기업 정보보안 및 개인정보 전문가

정보시스템 진단 및 개선 정보시스템감리사

- 의무감리제도 시행으로 공공 정보화 사업 감리 실행
- 감리사 취득으로 정보시스템 감리사 시에 수석감리원증 자동발급
- 안정적인 감리 활동 수행

정보보안 및 IT 감사, CISSP 및 CISA

- 50인 이상의 사업장에서 의무적으로 보안담당자 채용 서버, 시스템, 네트워크 분야의 정보보호 전문가
- 선진 IT 감사 프로세스 및 통제방법 습득

저자소개

임호진

(現) SPE 기술사 컨설팅 CEO, 서울과학기술대학교 박사수료
한국 공인감리단 감리원
(前) LIG 시스템 · 한국IBM SCC 차장, 동양종합금융증권 과장
74회 정보관리기술사, 수석감리원, PMP, ITIL, MCSE, OCP,
투자상담사, 교원자격
메일 limhojin@lycos.co.kr **전화** 010-9043-5223

경력

- IBM: 건강보험심사평가원 차세대 DW 구축 컨설팅
- 동양종합금융증권: 차세대 금융시스템(ISP/EA/SOA), 홈 트레이딩 시스템, 고객접점 CRM, 온라인 경영정보시스템 외 다수
- 일본 NTT Data, NTT DoCoMo CTI 프로젝트
- 토지개발공사, 소방방재청 외 다수 감리

강의

- 정보처리기술사 수검전략, 경영, 소프트웨어공학, 데이터베이스, 네트워크, 컴퓨터 구조, 보안 등 전 부분 강의(7년)
- 삼성전자: 소프트웨어 분석설계 강의
- 비트컴퓨터: 소프트웨어 공학 강의
- 중소기업협회: 정보시스템 보안 강의
- 행정안전부: IT 프로페셔널, IT 최신 기술 강의

저서

- 정보처리기술사 보안 3.0
- 정보처리기술사 소프트웨어공학 3.0
- 정보처리기술사 DB 3.0
- 정보처리기술사를 위한 IT 산업 정보시스템
- 정보처리기술사 수검전략(세리 기술사회에서 추천하는)
- 정보처리기술사 디지털 데이터 매니지먼트
- 정보처리기술사 기출문제 해설집
- 정보처리기술사 합격전략서
- 정보처리기술사 핵심문제 해설집 1편
- 정보처리기술사 핵심문제 해설집 2편
- 정보처리기술사 핵심문제 해설집 3편
- 정보시스템감리사 합격전략서
- 정보시스템감리사 기출문제 해설집 1편
- 정보시스템감리사 기출문제 해설집 2편
- Advanced Oracle Database 활용과 튜닝
- 고성능 데이터베이스 구축 방법론
- CEO의 관점으로 IT를 바라보자
- FP를 활용한 소프트웨어 비용산정 기법
- IT 투자평가 프로세스

수상

- 총기 전산화 시스템 구축으로 사단장 표창
- MMDB 구축 사례 공모전 대상

논문

- 추계 IT 서비스 학회: 금융권 EA기반의 SA 구축
- 대한산업공학회: 금융권 MMDB 구축 사례

(現) 한국고용정보원 근무
한국기술교육대학교 능력개발교육원 강의
SAS Data Mining, 프로젝트 관리, 통합DB 구축 및 진단
재해복구시스템 구축
한국기술교육대학교 석사, 기술사 1차 합격

머리말

현재 공공기관 및 기업을 대상으로 하는 해킹기술의 발전으로 정보화에 따른 사회적 역기능이 발생하고 있는 중요한 시점에서 정보보안 전문가의 중요성과 그 역할이 부각되고 있습니다.

본 책은 정보보안 전문가가 되기 위한 기본 가이드를 제공하고 CISSP 자격증을 취득하기 위한 주요 내용과 문제, 문제풀이를 포함하고 있으며 100만 IT인에게 향후 본인들이 가야 할 진로와 방향성을 같이 제시하는 책입니다.

임베스트 패밀리는 다음과 같이 IT자격증에 대한 전문 사이트를 운영하고 다양한 정보를 제공하고 있습니다.

❖ 임베스트 정보보안전문가 CISSP
- www.LimBestcissp.com(CISSP 자격 취득 준비)

❖ 임베스트 PMP
- www.LimBestpmp.com(PMP 자격 취득 준비)

❖ 임베스트 & 세리 정보처리기술사 및 정보시스템감리사
- www.seirigisulsa.com(기술사 오프라인 학습)
- www.Limbest.com(기술사 및 감리사 e-Learning)
- www.serigamrisa.com(감리사 오프라인 학습)

CISSP, CISA, 정보보안기사, PMP, 정보처리기술사 및 정보시스템감리사 학습 도중에 궁금한 점이 있으면 언제든 연락 바랍니다.

(limhojin@lycos.co.kr 및 limhojin123@naver.com, HP:010-9043-5223)

여러분께 합격의 영광이 있기를 바랍니다.

임호진, 조영운

임베스트 정보보안 CISSP (www.LimBestCissp.com)

LimBest 종합반 혜택

수강신청　강좌 자세히보기

- **임베스트 CISSP 종합반 신청자는 CISSP 자격취득 및 실무 정보보안컨설팅 및 개인정보보호 역량 향상을 위한 모든 서비스를 제공합니다.**
- **총 비용 11만원(국내 최저), 1년간 회원 권한 유지**

1. CISSP 기본반 및 문제풀이(한번신청으로 합격까지 모든 서비스 제공)
   임베스트 CISSP 서적을 중심으로 10개 정보보안 Domain에 대한 상세한 설명을 제공
   임베스트 CISSP 기본교재는 10개의 **Domain별로 문제풀이**를 포함하고 있어서 **CISSP 자격증**을 완벽 대비
2. CISSP 문제은행을 기반으로 하는 문제풀이 서비스
   CISSP를 대비하기 위한 **문제은행 데이터베이스**를 구축하였으며, 문제은행을 통해서 **기출문제, 예상문제, 모의고사** 등으로 본인의 실력을 확인
3. 정보안컨설팅(ISMS), 개인정보보호(PIMS), 정보시스템감리에 실무 학습 제공
   기업에서 원하는 진정한 정보보안전문가가 되기 위해서 **정보보안컨설팅 방법 및 개인정보보호, 보안성 진단** 등에 대한 실무 메뉴얼과 실무 특강 동영상 강의를 진행
   OWASP 10대 웹 취약점, 국정원 8대 취약점에 대한 웹 시스템, 서버, DBMS 진단방법 및 예방조치 방법을 제시
4. 별도의 서적구매가 필요없는 eBook 서비스
   임베스트 CISSP의 강사진은 CISA, CISSP, 정보관리기술사, 컴퓨터 시스템 응용 기술사, PMP 등의 전문 자격증 보유자로 지금까지의 지식을 활용한 자체 CISSP 서적을 출간하여 종합반 참석자에게 제공
   즉, **개인적으로 별도의 CISSP 관련 서적을 구매할 필요가 없음**

임베스트의 서비스는 어디에서도 따라 올 수도 흉내 낼 수도 없습니다. 그것은 10년간의 노력과 열정으로 만든 최고의 결과물이며 대한민국 교육 최고의 포털 서비스입니다. 임베스트 정보처리기술사 과정 및 정보시스템감리사 과정과 연계하여 가장 효과적이고 미래를 생각하는 서비스를 제공합니다.

임베스트 정보보안 CISSP 과정 소개

- 정보처리기술사 온톨로지 학습기 개발 및 특허출원
- 정보처리기술사 학습방법, 과목별 범위, 기술사 효과 및 진로 등 다양한 정보제공(국내 최저비용의 정보처리기술사 학습 66만원)

임베스트 정보처리기술사 (www.LimBest.com)

- 온라인 PMP 자격취득 대비, 기본반과 문제풀이반 통합
- RFP, 제안서, 프로젝트 관리, 소프트웨어 대가산정, 정보시스템감리 등 다양한 정보 제공 서비스
- 국내 최저비용의 PMP 자격대비반 운영(11만원)

임베스트 프로젝트 관리 (www.LimBestpmp.com)

1 STEP

접근통제(Access Control) · 17

2 STEP

통신 · 73

보안관리 · 109

응용개발 · 137

5 STEP

암호학(Cryptography) · 171

STEP

보안구조 및 모델 · 209

7 STEP

운영보안통제 · 249

STEP

BCP/DRP(비상계획) · 265

9

STEP

법 수사 및 윤리학 · 301

10

STEP

물리적 보안 · 333

부록: CISSP 실전 모의고사 · 368

접근통제(Access Control)

1. 접근의 개요

- 주체와 객체 사이의 정보 흐름
- 주체: 자원의 접근을 요구하는 활동 개체
  (사람, 프로그램, 프로세스 등)
- 객체: 자원을 가진 수동적인 개체(Data Base, 컴퓨터, 파일 등)
- 접근의 단계

단계	내 용
Identification	- 사용자가 시스템에 본인이 누구라는 것을 밝히는 행위 예) ID
Authentication	- 사용자가 맞음을 시스템이 인정 예) Password, 스마트카드, 생체인증
Authorization	- 접근권한 유무 판별 후 접근권한 부여

※ 보안의 3A - 책임추적성(Acoountability), 인증(Authentication), 권한부여(Authorization)

1.1. 접근 통제란?

- 주체의 객체에 대한 접근을 통제
- 통제 활동: 비인가된 접근 감시, 접근 요구하는 이용자를 식별, 정당한 이용자인지를 확인
- 통제 목적: 주체의 접근으로부터 객체의 **기밀성, 무결성, 가용성**을 보장

1.2. 접근통제의 원칙

원 칙	내 용
Need-to Know	- 업무를 수행하기 위해 필요한 권한만을 가지도록 접근권한을 부여
최소권한의 원칙	- 최소한의 권한만을 허용하여 권한의 남용을 방지
직무분리 (Separation of Duty)	- 업무의 발생, 승인, 변경, 확인, 배포 등이 한 사람에 의해처리되지 않도록 직무를분리 예) 보안관리자와 감사자, 개발자와 운영자

1.3. 참조모니터(Reference Monitor)

- 주체의 객체에 대한 접근 통제 결정을 중재하는 OS의 보안커널로서 일련의 S/W
- 모든 접근 요청이 Pass되어야 하는 Single Point이며 객체로의 접근이 요청될 때에 작동

－참조 모니터의 3가지 요소

요소	내용
완전성(Completeness)	– 우회가 불가능해야 함
격리(Isolation)	– tamper proof(부정 조작이 불가능)
검증성(Verifiability)	– 분석하고 테스트할 정도로 충분히 작아야 함 (simple, small, understandable)

※ 프로그램 크기와 복잡도가 높으면 정확한 행동의 가능성이 감소한다.

1.4. 접근통제 Layer와 책임 추적성

1.4.1. 접근통제 Layer

Layer	내용
Physical	– 열쇠, 경비원, CCTV, 울타리, 경비견, 경고 등
Administrative	– 정책과 절차, 보안 인식 교육, 자산 분류, 직무 분리, 감사 증적 등
Logical/Technical	– 암호화, 접근통제 S/W, 원격접속인증, 패스워드, Callback System, IDS 등

1.4.2. 책임 추적성(Accountability)

－시스템 내의 개인 행동을 **Log로 기록**, 감사 및 침입탐지를 위해 사용

2. 전화접속 접근

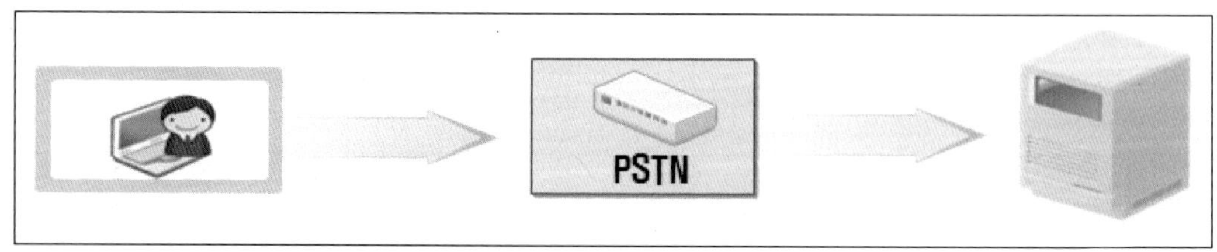

- 대표적인 Callback 시도 응답방식, 중앙집중형 방식
- 절차: 사용자 원격 접속 시도(ID/Password) → 서버 연결종료ID/Password로 매핑된 전화번호로 다시 연결
- 장점: **감사증적(Audit Trail)** 제공, 상호인증, 안전한 통신
- 단점: 자동 착신 전환, Calling Script 노출을 통해 우회 가능

3. 식별과 인증

- 식별: 자신을 시스템에 밝히는 수단으로 Unique해야 하며,책임추적성의 분석 기초가 됨
- 인증: 시스템이 사용자가 맞음을 검증하고 인정하는 것
- 인증 방식에 따른 분류

인증구분	설명	기반	종류
Type Ⅰ 인증	Something you know	지식	Password, Pin, Passphrase
Type Ⅱ 인증	Something you have	소유	Smart Card, Tokens
Type Ⅲ 인증	Something you are	존재	홍채, 지문, 정맥
Type Ⅳ 인증	Something you do	행동	음성, 서명, Keystroke Dynamics

- Multi-factor Authentication(다중 요소 인증)
  - 인증 과정이 2가지 이상의 인증방식으로 처리
    예) Smart Card + PIN, Password + Pin → 다중인증이 아님
  - 하나의 강력한 인증 방식보다 다른 낮은 인증 타입의 2가지가 더 강력

[맞춰보기]
- 홍채 + ID (　　)
- 음성 + 서명 (　　)
- 지문 + Password (　　)

3.1. 지식기반 인증(Type I, Something you know)

3.1.1. Password

(1) Password의 문제점과 특징

- 특징: 가장 많이 사용되는 인증방식, 인증 요소 중 가장 안전하지 않음
- 이유: 더 높은 수준의 보호가 이루어지도록 하는 데 필요한 보안인식훈련을 받지 않기 때문
- 문제점: 암호화되지 않을 시 도청 가능, 쉽게 깨짐

(2) Password 정책

- 최소 8문자의 조합으로 구성(대소문자, 숫자, 특수문자)
- 공유되어서는 안 됨: 책임추적성 성립이 어렵기 때문
- 새 사용자 생성 후 처음 로그인 시 반드시 새로운 패스워드를 변경하도록 강제 적용한다.
- 로그인 정보(날짜, 시간, 사용자ID, OS)에 대해 정확한 감사기록이 유지되어야 한다.

－시스템은 실패한 로그인 횟수를 제한하도록 임계치(Clippinglevel)를 설정

－기타: 마지막 로그인 시간을 보여준다, 휴면 계정은 사용불가/삭제, Password는 저장소에 one-way 암호화한다.

－Password salting: Password 파일을 숨길 수 없는 상황에서 사전 공격에 대해 내성 있게 하는 방법으로 암호화하기 전에 부가적인 숫자를 패스워드에 덧붙여서 암호화하여 저장

(3) 패스워드 공격기법

공격기법	내용
무차별공격	– Brute Force Attack, The all possible character combination, L0phtCrack
사전공격	– Dictionary Attack, Try Common Words, Very Rapidly Craked, John the Ripper
트로이목마 로그인 프로그램	– 정상적인 프로그램으로 가장한 정보 유출
사회공학	– 심리적 공격 방법 예) 콜센터 등에 전화하여 패스워드를 알아냄
전자적 모니터링	– 패스워드 입력 시 또는 전송 시에 sniffing하여 훔침(해결책) OTP 사용

－패스워드는 결국 무차별 공격에 의해 깨진다.

(4) Password의 종류

① Congitive Password: 사실기반 및 의견기반 인지 데이터를 이용

예) 가장 예쁜 걸그룹은?

② OTP: 최대의 보안 제공, 동기식/비동식 방식, 재생공격/전자적도청/스니핑/PW 추측 공격에 안전

③ 암호절: 긴 문장 패스워드로 함

예) 임베스트 CISSP 전원 합격

(5) Password 공격에 대한 대응책

－주기적 변경, 로그인 실패 횟수 제한(3-strike out, clipping level 설정)

－IDS 사용: 사전 공격, 무차별 공격을 탐지

※ Test 사례

Red 그룹: 6자리 패스워드

Green 그룹: 문장 선택

Yellow 그룹: 랜덤 8자

→ Green 가장 안전

3.1.2. OTP(One Time Password)

(1) OTP의 개념

－OTP 생성 매체에 의해 필요한 시점에 발생되고 매번 다른 번호로 생성되는 높은 보안수준을 가진 사용자 동적 비밀번호, 사용된 비밀번호는 다시 생성되지 않는 일회성 비밀번호

(2) 동기화/비동기화 방식

－패스워드는 결국 무차별 공격에 의해 깨진다.

동기화 방식	비동기화 방식
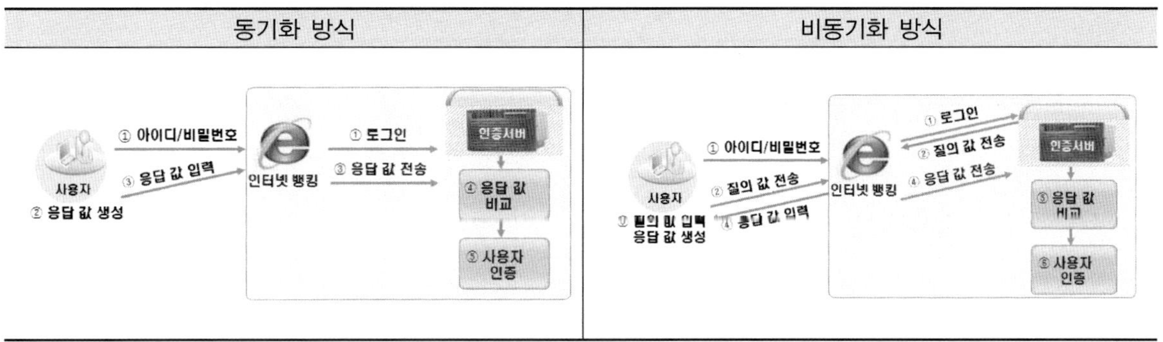	

(3) 동기식/비동식 비교

구분	방식	단계
동기식	**시간, 이벤트**	– Time 동기화 Token은 정해진 고정된 시간간격주기로 난수값 생성 – 난수값 생성을 위한 특별화 암호화 알고리즘과 비밀키가 필요 – 토큰 장치로부터 새로 생성된 난수와 개인의 PIN번호를 입력하게 되면 인증시스템 내의 사용자 개인 정보와 생성된 패스워드를 검증하여 인증
비동기식	**질의응답**	– 사용자가 인증요구와 함께 PIN을 전송하면 인증 – 서버는 난수를 발생하여 Challenge로 사용자에게 전달 – 사용자는 다시 이 **Challenge 값을 암호화하여 Response**를 반환하면 인증서버는 자신의 결과값과 비교하여 인증 – 단점: 느림, 복잡 – 장점: 안정성이 매우 우수

3.2. 소유기반 인증(Type II 인증, Something you have)

3.2.1. Smart Card

(1) Smart Card의 개요

－마이크로 프로세스 Chip과 메모리를 내장한 일종의 소형컴퓨터이며 높은 보안성이 요구됨

－메모리 Token과 달리 프로세스 능력을 가짐

－단점: Global Standard 부족(통일성 결여); 어떤 정보가 어떻게 저장되는지에 대한 표준 등이 미흡

(2) Smart Card의 구성요소

－CPU(Microprocessor): 8/16/32 Bit

－RMO: 운영체체(COS) 탑재, 보안알고리즘(3DES), 카드 제작시저장(수정 불가)

－RAM: 임시 데이터 저장용(4Kbits 이상)

－EEPROM: 파일시스템, 프로그램 및 응용 프로그램 키, 비밀번호, 카드 발급 시 저장

－I/O시스템: 접촉식과 비접촉식, 2가지 동시 지원 콤비형

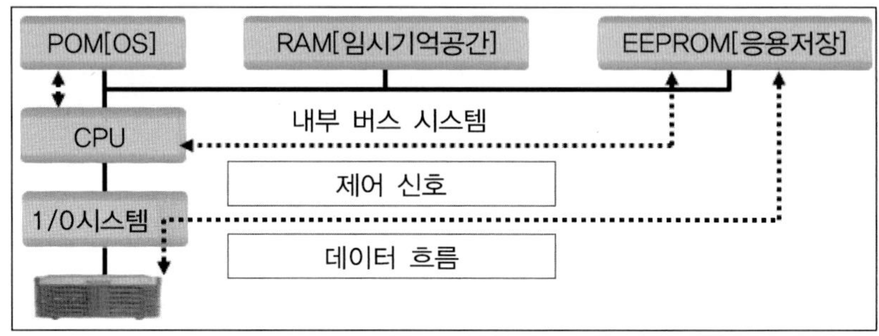

(3) Smart Card 종류

구분	종류	특징
폐쇄형	접촉식	– 신용카드, 전자지갑, 의료카드, **ISO 7816 규격**
	비접촉식	– 전기적 신호를 이용 카드와 리더기 사이에 통신(10cm 이내) – 교통카드, 출입통제, ISO14443–Memory,Anttenna내장
	하이브리드	– 접촉 + 비접촉식이나 물리적 공유가 없음
	콤비	– 접촉 + 비접속이면서 공유하는 메모리 공간존재

(4) ISO 7816 -접촉식 Smart Card 규격

－물리적특성: 86.5mmX54mm, 두께0.76mm, 모서리 꺾임 등을 정의

－**칩의 접속위치와 규격**: 전기적 신호와 전송 프로토콜, 교환을 위한 명령 정의, 데이터 요소 정의

(5) Smart Card 공격 기법

－Microprobing: Chip 표면에 직접 접근하기 위해 사용되는 기술

－Software Attack: 프로토콜 또는 알고리즘에서 발견되는 보안 취약점 이용

－**Eavesdropping techniques**: 프로세스에서 생성된 전자기파를 모니터링

－Fault Generation Techniques: 비정상 환경 조건을 이용하여 프로세서가 오동작하게 하는 기술

3.2.2. Token

(1) Token 개요

- 사용자를 인증하기 위해 송수신되는 하드웨어 또는 S/W의 한 종류로서 주머니 계산기나 신용카드 크기의 하드웨어 장치

(2) Token의 특징

- 정보처리 기능이 없고 저장만 하는 형태(IC Chip이 없음)
- 위협: 공격자가 인가된 사용자로 가장하기 위해 훔칠 가능성 존재

  → 분실 시 즉시 무효화시켜야 함

3.3. 생체인증(Biometrics)

3.3.1. 생체인증의 개요

(1) 생체인증의 개념

- 개인의 평생불변 특성을 지닌 생체적, 행동적 특징을 자동화된 수단으로 등록하여 사용자가 제시한 정보와패턴비교(검증)하여 판단 인증하는 기술
- **물리적 접근 통제에서는 식별로 사용될 수 있다.**

(2) 생체인증의 분류

- 존재 특징(Type III): 생체특성, 지문, 장문, 얼굴, 손모양, 홍채, 망막, 정맥
- 행동 특징(Type IV): 서명, 음성, 키보드 입력

(3) 생체인증 기술이 가져야 할 조건 및 평가항목(설계 시 고려사항)

- 보편성(University): 모든 사람들이 보편적으로 지니고 있어야 함
- 유일성(Uniqueness): 개인별로 특징이 명확이 구분이 되어야 함
- 지속성(Permanence): 발생된 특징점은 그 특성을 영속해야 함
- 성능(Performance): 개인 확인 및 인식의 우수성, 시스템 성능
- 수용성(Acceptance): 거부감이 없어야 함
- 저항성: 위조 가능성이 없어야 함

3.3.2. 존재기반 인증(Type III, Something you are)-생체적 특징

-존재기반 인증의 종류

종류	장점	단점
지문(Fingerprint)	- 안전성, 저비용, 가장 많이 사용	- 사용 거부감, 손상에 다른 문제 발생
얼굴(Face)	- 거부감 적음, 편의성	- 조명에 민감, 변장 가능, **인식률이** 가장 낮음
망막(Retina)	- 높은 보안성, **오인식률이** 가장 낮음	- 가장 높은 사용자 거부감
홍채(Iris)	- 보안성이 우수	- 사용자 거부감
정맥(Vein)	- 사용자 편의성 우수	- 시스템 크기가 크고, 가장 고가

3.3.3. 행동기반 인증(Type IV, Something you do)-행동적 특징

-행동기반 인증의 종류

종류	장점	단점
음성인식(Voice)	- 원격지 사용가능, 가격 저렴	- 신체적 · 감정적 변화에 민감
서명	- 입력기기 가격 저렴, 편의성 좋음	- 타인 용도 가능성 존재, 정확도 떨어짐
Keystroke Dynamic	- 키누름 동작	

3.3.4. 생체인증 도구의 효과성과 사회적 수용성

-효과성: 손바닥 > 손 > 홍채 > 망막 > 지문 > 목소리

-수용성: 홍채 > 키누름 동작 > 서명 > 목소리 > 얼굴 > 지문 > 손바닥 > 손 >망막

3.3.5. 생체인증의 정확성

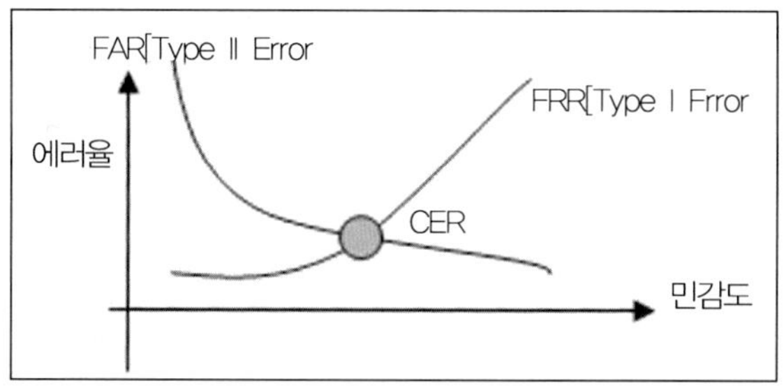

① FRR(False Reject Rate, Type I Error)

- 잘못된 거부율: 편의성관점, 정상적인 사람을 거부함

② FAR(False Acceptance Rage(Type II Error)

- 잘못된 승인율: 보안관점, 비인가자를 정상인가자로 받아들임

③ CER(Crossover Error Rate), ERR(Equal Error Rate)

- FRR와 FAR이 cross되는 지점, 효율성 및 생체인증의 척도

4. 인증 관리를 위한 SSO(Single Sign On)

4.1. SSO의 개요

- 다수의 서비스를 한번의 Login으로 기업의 업무시스템이나 인터넷서비스에 접속할 수 있도록 해주는 보안시스템
- 특징: 중앙집중형 접근 관리, 보안기능 PKI(Public Key Infrastructure), 암호화 기능
- **종류: 스크립트, 커버로스, 세사미, 디렉토리 서비스**
- **장점: 보안성 우수, 사용자 편의성 증가, 패스워드 분실에 따른 관리자의 부담 감소**
- **단점: SPOF(Single Point Of Failure → 2 Factor로 예방 가능)**

4.2. SSO 종류-커버로스

4.2.1. 커버로스의 개념

- 중앙 집중형 사용자 인증 프로토콜 / RFC1510
- **대칭키 암호화 기법에 바탕을 둔 티켓기반 인증 프로토콜**
- **3A 지원: Authentication, Accouting, Auditing → AAA 서버라고 함**

4.2.2. 커버로스의 특징과 약점

특징	- 재생 공격을 예방, KDC와 principle만이특정 대칭키(DES) 공유(도청으로부터 보호)
약점	- 패스워드 추측 공격(사전 공격)에 취약, SPOF

4.2.3. 커버로스의 구성요소

구성요소	설 명
KDC	– 키분배센터(Key Distribution Sever), TGS + AS로 구성 – **사용자와 서비스 암호화키(비밀키)를 유지**하고 인증 서비스 제공하며 세션키를 만들고 분배
AS	– 인증서비스(Authentication Service), 실질적 인증 수행
Principals	– 인증을 위하여 커버로스 프로토콜을 사용하는 모든 실제를 이르는 말
TGS	– 티켓부여서비스(Ticket Granting Service), 티켓을 만들고 세션키를 포함한 Principals에 티켓을 분배하는 KDC의 한 부분
Ticket	– 인증 토큰

※ Time Stamp: 시간제한을 두어 다른 사람이 티켓을 복사하여 나중에 그 사용자인 것처럼 위장하여 티켓을 사용하는 것을 막음 → Replay 공격의 예방이 됨

4.2.4. 커버로스의 동작 원리

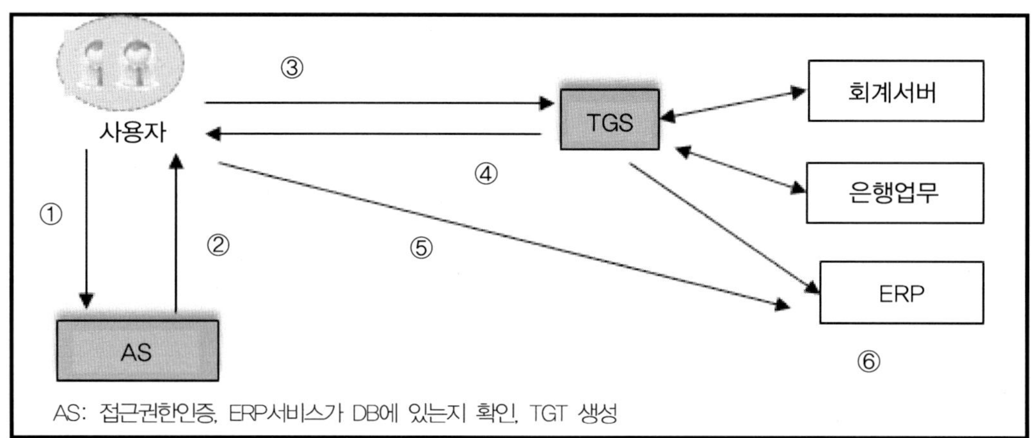

① 사용자는 인증 서비스에 인증한다.
② 인증서비스는 사용자에게 시작 티켓 전송한다.
(사용자 이름, 발급시간, 유효시간)
③ 사용자는 서비스 접근 요청을 한다.
④ TGS는 세션키가 포함된 새로운 티켓을 만든다.
⑤ 사용자는 하나의 세션키를 추출하고 티켓을 파일서버로 전송한다.
⑥ 티켓을 받은 서버는 사용자에 대한 서비스 제공 여부를 결정한다.

4.3. SSO 종류-세사미와 Script

세사미 (Sesame)	– 커버로스의 약점 보완(SPOF) – 비밀키 분배 시 **공개키 암호화를 사용**하여 KDC에서 사용자와 서비스 암호화 키를 보관할 필요가 없음 – 특권 속성 인증(Privilige Attribute Certificate)이라는 티켓을 발생 – 패스워드 추측 공격에는 취약
Script	– 가장 간단한 방식으로 패스워드가 노출되지 않도록 안전한 지역에 저장해야 함

5. 접근 통제 관리와 인증 프로토콜

5.1. 접근 통제 관리

5.1.1. 중압 집중 접근 통제 관리

(1) 중앙 집중 접근 통제 개요

- 사용자의 접근 구현, 감사, 변경, 검사를 중앙에서 통제하고 관리
- 장점: 일괄적인 절차와 기준 적용이 용이
- 단점: 모든 변경을 중앙에서 처리하므로 속도가 느림, SPOF가 존재

(2) 중앙 집중 접근 통제 형태

형태	설 명
AAA서버	– Authentication, Authorization, Accounting 기능 제공
TACACS+	– TACACS(Teminal Access Controller Access Control System) – TACACS: UDP 프로토콜 사용, 데이터 암호화하지 않음 – TACACS+: TCP 프로토콜 사용, NAS 간 인증 서버 간의 트래픽에 대한 암호화 구현(two factor user authentication, dynamic password, Separates authentication)
RADIUS	– Remote Authencition Dial-In User Service, Dial-In 사용자인증프로토콜 – 비밀키로 데이터 암호화, 인증과 권한 부여가 하나의 사용자 Profile 내에 있음 – AAA 서버 형태
DIAMETER	– RADIUS 프로토콜을 대체하기 위해 IETF에서 명시한 TCP 기반의 서비스

※ UDP 기반 서비스: 커버로스, RADIUS, TACACS
※ TCP 기반: TACACS+, DIAMETER

5.1.2. Identity Management – 통합계정관리

- 관리비용의 감소, 보안 증가, 서비스레벨 향상

5.1.3. Decentrailized Access Control(분산 접근 통제, DAC)

- 개별 처리 환경으로 기능 관리자가 사용자에게 접근 권한을 할당하는 방식
- 표준이 부족, 권한의 Overlapping, 절차와 기준의 일관성 유지가 어려움

5.1.4. 혼합 접근 통제(중앙+분산)

- 중요하지 않은 자원은 분산 접근 통제로 주요 자원은 중앙 접근 통제로 처리

5.2. 원격 접속 인증 프로토콜

- 원격 접속 연결(VPN, 모뎀)은 네트워크에 물리적 연결이 되어 있지 않으므로 보안이 중요

5.2.1. SLIP(Serial Ling Internet Protocol): **모뎀 접속 방식**

- 직렬회선을 통해 캡슐화된 데이터를 전송하는 데 사용된 오래된 프로토콜, 전송속도 느리고 잘 끊김

5.2.2. PPP(Point-to-Point)

- SLIP 대체(전송속도가 느리고 잘 끊어지는 단점을 보완)
- 모뎀과 전화선을 통해 TCP/IP 방식으로 인터넷을 접속할 수 있게 해주는 프로토콜
- 에러를 탐지, 수정, 다양한 인증 방법 지원, IP 외의 다양한프로토콜 캡슐화(TCP/IP) 호스트로서 네트워크에 접속하기 위한 8Bit serial
- SLIP과 마찬가지로 전화선을 통해 인터넷에 접속하지만 마치 전용 회선으로 접속한 것과 같은 상태를 유지

(1) PAP(Password Authentication Protocol)

- 원격 사용자와 인증 서버 구간에 식별과 인증 정보를 자동으로 제공하기 위해 사용자에 의해 이용되는 인증 프로토콜
- **문제점: 패스워드 등 사용자 정보 평문 전송, 정적 패스워드 사용, 재생공격에 취약**

(2) CHAP(Challenge-Handshake Authentication Protocol)

- One Way Hash를 이용(MD5(128Bit))하여 패스워드 암호화
- 시도응답방식 사용: 중간자 공격(Man-in-the-middle-attack)이나 재생공격에 강함
  ※시도응답방식: 사용자와 서버가 통신이 이루어지는 동안시도/반응을 계속하는 방식

5.2.3. Secure Shell(SSH v2)

- 두 호스트 간에 암호 통신 세션을 형성하여 사용자 이름과패스워드를 인증하고, 인증후 데이터를 암호화
- FTP, TELNET rlogin의 **대용**(FTP, TELNET rlogin **평문 전송을 함**)
- **안전한 원격 접속을 지원**

6. Data 기반 접근 통제 기술

－식별 및 인증된 사용자가 허가된 범위 내에서 시스템 내부 정보에 대한 접근을 허용하는 기술적 방법
－사용자 접근 허가권에 의하여 접근을 통제하는 방법으로 수행

6.1. 접근 통제 기술 유형

접근 통제 기술 유형	세부 기술 유형
임의 접근(Discretionary)	Identity-based
	User-directed
	Hybrid
강제 접근(Mandatory)	Rule-based
	Administratively directed
비임의 접근(Non -Discretionary)	Role-based
	Task-based
	Lattice-based

6.1.1. MAC(Mandatory Access Control)

(1) MAC 개요

－주체의 객체에 대한 접근이 주체의 비밀 취급 인가 레이블(Clearance label) 및 객체의 민감도 테이블(Sensitivity label)에 따라 지정되는 방식

－Rule-based

접근에 대한 최종 결정은 OS(운영체제)의 결정

데이터 소유자더라도 접근 불가하며 알 필요성의 원칙에 근거

기밀성이 매우 중요한 조직에 적용(군사 기밀)

－Classification(하용등급)

데이터의 중요도에 따라 보안 등급을부여해 우선 순위를 부여

객체의 등급, 객체의 보안 레이블

－Category(Compartment)

Classification된 데이터에 대해 각자 별도로 관련된 정보를 모아 보관하는 것

－Clearance(접근 허가)

주체의 접근 권한으로 객체에 대한 접근을 제한, 주체의 보안레이블

－Security Label: Level(수직) + Category(수평적), 주체의 접근 권한은 Security label에 의존

(2) MAC의 주요 특징

－데이터에 대한 접근을 **시스템이 결정**(정해진 Rule에 의해)

－데이터 소유자가 아닌 **오직 admin만이 자원의 카테고리를 변경**시킬 수 있음

－비밀성을 포함하고 있는 객체에 대해 주체가 가지고 있는 권한에 근거하여 객체에의 접근을 제한하는 정책

(3) MAC의 종류

종류	설 명
Rule-based MAC	– 주체와 객체의 특성에 관계된 특정 규칙에 따른 접근 통제 방화벽
Administratively-directed MAC	– 객체에 접근할 수 있는 시스템관리자에 의한 통제
CBP (Compartment-Based Policy)	– 일련의 객체 집합을 다른 객체들과 분리 – 동일 수준의 접근허가를 갖는 부서라도 다른 보안등급을 가질 수 있음 예) 팀장은 자기 팀원의 급여정보를 볼수 있으나 다른 팀원 급여정보는 볼 수 없음
MLP(Multi-Level Policy)	– Top Secret, Secret, Confidential, Unclassified와 같이 객체별로지정된 허용 등급을 할당하여 운영 – 미국방성 컴퓨터 보안 평가지표에 사용, BLP 수학적 모델로 표현가능

6.1.2. DAC(Discretionary Access Control) – 임의적 접근 통제

(1) DAC 개요

－**객체의 소유자가 권한 부여**: 접근하려는 사용자에게 권한을 추가 및 삭제할 수 있음

－user_based, Identity: 사용자의 신분에 따라 임의로 접근을 제어하는 방식

－UNIX, DBMS 등의 상용 OS에서 구현: 융통성이 좋기 때문

－**접근 통제 목록**(ACL, Access Control List) **사용**: Read, Write, Execute

－MAC의 **단점을 극복하기 위해 나온 것이 아님**

(2) DAC 종류

종 류	설 명
Identity-based DAC	– 주체와 객체의 Id에 따른 접근 통제, 주로 유닉스에서 사용
User-directed	– 객체 소유자가 접근권한을 설정 및 변경할 수 있는 방식

6.1.3. Non-DAC(Discretionary Access Control)–비임의적 접근 통제

(1) Non-DAC의 개요

–주체의 역할에 따라 접근할 수 있는 객체를 지정하는 방식

–기업 내 개인의 작은 이동(예: 직무순환) 및 조직 특성에 밀접하게 적용하기 위한 통제 방식

–role-based 또는 task-based라고도 함

–Central authority(중앙 인증): 중앙 관리자에 의해 접근 규칙을 지정

–사용자별 접근 규칙을 설정할 필요가 없음

(2) Non-DAC의 종류

종 류	설 명
Role-based Access Control (RBAC)	– 사용자의 역할(임무)에 의해 권한이 부여 예) PM, 개발자, 디자이너 – 사용자가 적절한 역할에 할당되고 역할에 적합한 권한이 할당된 경우만 사용자가 특정한 모드로 정보에 접근할 수 있는 방법
Lattice-based Non-DAC	– 역할에 할당된 민감도 레벨에 의해 결정 – 관련된 정보로만 접근 가능 (핵무기 임무 수행자는 관련된 상/하위 정보로만 접근 가능) – 주체와 객체의 관계에 의거하여 접근할 수 있는 Upper bound와 Lowbound를 설정하여 접근을 제어하는 방식, 정보의 흐름을 통제
Task-based Non-Doc	– 조직 내 개인의 임무에 의한 접근 통제 – 알 필요성의 원칙 – 핵무기와 관련된 임무를 수행하고 있는데 다른 관련 업무는 볼 수 없음

※RBAC의 장점

– 관리가 수월: 관리자에게 편리한 관리 능력 제공, 비용 감소

– 보안관리 단순화: 권한 지정을 논리적, 독립적으로 할당하거나 회수가 가능

– 최소권한: 최소한의 권한만을 허용하여 권한의 남용 방지

– 직무분리: 시스템상에서 오용을 일으킬 정도의 충분한 특권이사용된 사용자를 없게 함(가장 큰 특징)

6.1.4. 접근 통제 기술 간의 비교

항목	MAC	DAC	RBAC
권한부여자	System	Data Owner	Central Authority
접근여부결정기준	Security Label	identity	Role
오렌지북	B	C	C
장점	안전/중앙집중관리	유연, 구현 용이	관리 용이
단점	구현/운영 어려움, 높은비용	트로이목마, ID도용문제	
적용 사례	**방화벽**		HIPAA **(보건 보험 편의 및 책임법)**

6.1.5. 접근 통제 매트릭스

–주체와 객체 간의 접근 권한을 테이블로 구성한 것으로서 행에는 주체를 열에는 객체를 두고, 행과 열의 교차점에는 주체가 객체에 대한 접근 권한(W, R, D, E)을기술하여 이름 기반으로 제어하는 방식

Access Control Matrix		
	Data 1	**Data 2**
김00	**Write**	**Read**
이00	**Read/Write**	**No Access**
박00	**No Access**	**Read**

※CL(Capability List) – 추제기반 접근제어

- 주체가 소유할 수 있는 하나의 티겟부여, 커버로스

- 비교적 객체가 적을 경우 적합, 퇴직자 처리시 용이

※ ACL(Access Control List) – **객체 기반 접근 제어**

- 객체 관점에서 접근 권한을 테이블 형태로 기술하여 접근 제어
- 구분될 필요가 있는 사용자가 비교적 소수일 때와 분포도 안정적일 때 적합(지속적 변경 환경 부적합)

6.1.6. Content Dependent Access Control

–DB에서 가장 많이 사용되며 접근제어가 **내용에 의해 이루어지는 접근 통제**

예) DB File에서 직원의 경력, 인사 등의 내용이 있을 때 일반직원은 자신의 것만 볼 수 있지만 팀장의 경우 팀의 모든 직원을 볼 수 있게 하는 방식, 특정 사이트(도박, 증권 등) 접근 제어

6.1.7. Restricted Interfaces = Constricted User Interface

–특정 기능이나 자원에 대한 접근 권한이 없을 경우 아예 접근을 요청하지 못하도록 하는 것

예) Menus나 Shell: 사용자 권한에 따라 제한하는 것, **업무 시간에 게임/포르노 등의 사이트에의 접근을 제한하는 것**

–DB View: **DB 안의 있는 데이터에 대한 사용자의 접근을 제한**

→ **예방 통제의 한 종류**

7. 접근통제 보안 모델

-조직에서 보안 정책을 실제로 구현하기 위한 이론적인 모델

-보안 모델의 종류

종 류	설 명
Bell-Lapadula	- **기밀성에 중점**을 둔 가장 대표적인 모델
Biba	- **무결성**에 중점(무결성의 대표적 모델)
Clark and Wilson	- 상업용 무결성에 중점
만리장성 모델	- 서로 상충관계에 있는 객체간의 정보 접근을통제하는 모델, 상업적 기밀성

7.1. Bell-Lapadula

7.1.1. Bell-Lapadula 모델의 개요

-기밀성 모델로서 높은 등급의 정보가 낮은 레벨로 유출되는 것을 통제하는 모델

-정보 구분: Top Secret, Secret, Unclassified

-최초의 수학적 모델로서 보안 등급과 범주를 이용한 **강제적 정책에 의한 접근 통제 모델**

-미 국방성(DOD)의 지원을 받아 설계된 모델로서 **오렌지북인 TCSEC의 근간**이 됨

7.1.2. Bell-Lapadula의 속성: 시스템의 비밀성을 보호하기 위한 보안 정책

(1) No Read-Up(NRU or ss-property, *-property): 단순 보안 규칙

-주체는 자신보다 높은 등급의 객체를 읽을 수 없음

-주체의 취급인가가 객체의 비밀 등급보다 같거나 높아야 그 객체를 읽을 수 있음

(2) No Write-Down(NWD or *-property) = Confinement property: *(스타-보안규칙)

-주체는 자신보다 낮은 등급의 객체에 정보를 쓸 수 없음

-주체의 취급인가가 객체의 비밀 등급보다 낮거나 같을 경우에 그 객체를 주체가 기록할 수 있음

(3) Strong ss-property

-ss-property를 더욱 강화한 모델로 주체는 자신과 등급이 다른 객체에 대해 읽거나 쓸 수 없음

(4) 단계 등급별 구분

Level	ss-property 읽기 권한 (Read Access)	*-property 쓰기 권한 (Write Access)	Strong *-property 읽기/쓰기 (Read/WriteAccess)
높은 등급	통제	가능(OK Write Up)	통제
같은 등급	가능	가능	가능
낮은 등급	가능(OK Read Down)	통제	통제

(5) Bell-Lapadula 모델의 한계

-기밀성만 다루고 무결성을 취급하지 않음

-접근 권한 수정에 대한 정책이 없음

-자체적으로 비밀 채널(Covert Channel)을 내포

-자신이 쓴 파일을 읽지 못할 수도 있음

7.2. Biba 모델

7.2.1. Biba 모델의 개요

-Bell-Lapadula 모델의 단점인 무결성을 보장할 수 있도록 한 모델

-주체에 의한 객체 접근의 항목으로 무결성을 다룸

7.2.2. Biba 모델의 속성

-No Read Down(NRD or Simple Integrity Axiom)

-No Write Up(NWU or *Integrity Axiom)

Level	단순무결성규칙 (Simple Integrity Property) 읽기 권한(Read Access)	(스타)-무결성 규칙 (Integrity *-property) 쓰기 권한(Write Access)
높은 등급	가능(OK Read Up)	통제
같은 등급	가능	가능
낮은 등급	통제	가능(OK, Write Down)

7.3. 클락윌슨 모델(Clark and Willson)

7.3.1. 클락윌슨 모델의 개요

-무결성 중심의 상업용으로 설계한 것으로 Application의 보안요구사항을 다룸

-정보의 특성에 따라 비밀 노출 방지보다 자료의 변조 방지가 더 중요한 경우가 있음이 기초

–주체와 객체 사이에 프로그램이 존재, 객체는 항상 프로그램을 통해서만 접근

–2가지 무결성을 정의: 내부 일관성(시스템 이용), 외부 일관성(감사에 활용)

7.3.2. 클락윌슨 모델의 무결성 3가지 메커니즘

–well–formed transaction: 데이터는 예측가능하고 완전한방식으로 조작되어야 함

–separation of duties: 한 사람이 모든 권한을 가지는 것을 방지하는 것으로서 정보의 입력, 처리, 확인 등 여러 사람이 나누어 부분별로 관리토록 함으로써 자료의 무결성을 보장(인가자의 비인가된 행동예방)

–주체의 응용프로그램 강제 사용: 주체의 객체로의 직접접근 금지, 응용프로그램을 강제 사용하도록 한다.

7.3.3. 클락윌슨 모델의 고려사항

–주체들은 식별되고 인증되어야 한다.

–객체는 제한된 프로그램에 의해서만 다루어져야 한다.

–주체들은 제한된 프로그램만 실행할 수 있다.

–적당한 감사 로그가 유지되어야 한다.

–시스템은 적절하게 작동되도록 certify되어야 한다.

7.4. 만리장성 모델(Chinese Wall = Brewer–Nash)

7.4.1. 만리장성 모델의 개요

–서로 상충 관계에 있는 객체간의 정보 접근을 통제하는 모델

→ 이익의 상충 금지

–상업적으로 기밀성 정책에 따름

예) 한 회사에 최근 일을 한 적이 있는 파트너는 동일한 영역에 있는 다른 회사의 자료에 접근해서는 안 됨

→비즈니스 관점에서 직무분리를 접근 통제에 반영한 개념

※ 주의: 클락윌슨과 만리장성은 둘 다 직무분리를 적용시켰으나 클락윌슨 모델이 더욱 직무분리 적용이 강함

8. 공격(Attacks)

8.1. 공격의 개요

8.1.1. 공격의 정의

- 해킹과 유사한 의미로 혼용되나 가용성 파괴에 중점을 두는행위(해커: 코드 레벨에서의 악의적 행위)
- DoS가 공격의 대표적인 예

8.1.2. 공격의 유형

구분	공격 설명	주요 공격 기법
수동적 공격 (Passive)	- 악의적인 행위를 하지 않음 - 주도 도청이나 트래픽 분석을통한 비밀 자료 취득 - 탐지가 어려움	- Eavesdropping - Sniffing - Traffic Analysis
능동적 공격 (Active)	- 공격 대상 시스템에 악의적 행위 - 무결성, 가용성을 해침 - 탐지가 가능함(Why? 결과가 보임)	- Masquerade - Spoofing - Replay, Message Modification - Dos

8.1.3. 공격의 순서

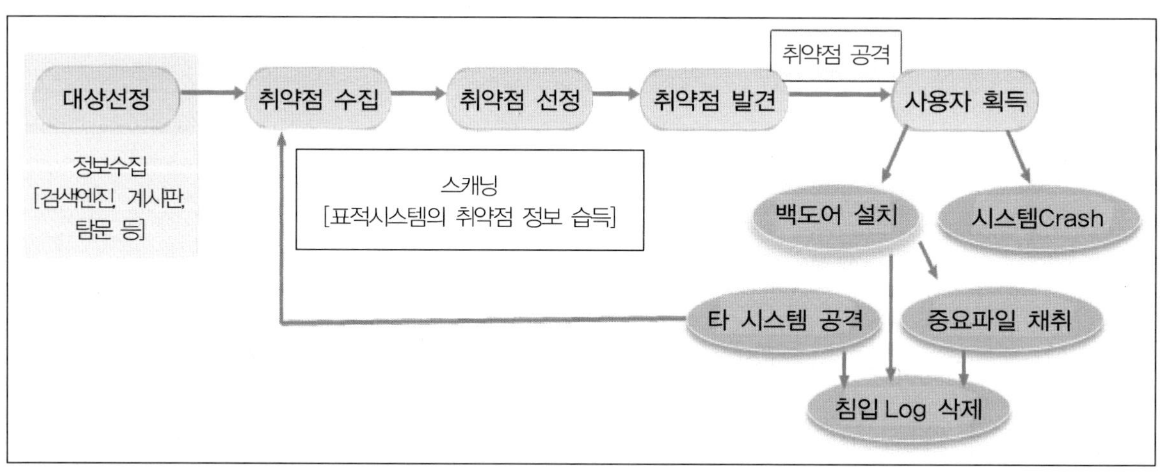

8.2. 공격 기법

8.2.1. 무차별 공격(Brute force)

- 개요: 모든 가능한 조합을 만들어 공격

– 증상: 짧은 시간 틀린 접근시도가 증가

– 예방: Clipping level 설정, Delay-time 설정

8.2.2. 사전 공격(Dictionary Attack)

– 개요: 패스워드 추측 공격으로 단어 등을 이용하는 공격기법

– 예방: OTP 사용, 패스워드 암호화, IDS 설치하여 의심스러운 행동감시

8.2.3. 패스워드 sniffing

– 개요: 네트워크에 전송되어 시는 패킷을 도청하여 패스워드나 ID를 파악

– 예방: 암호화

8.2.4. Buffer overflow Attack

– 개요: 버퍼의 크기를 넘는 메시지는 RAM의 영역에 저장되는데 이것을 이용한 기법으로 메모리의 데이터저장 공간에 그 크기보다 더 많은 데이터를 저장할 때 발생

– 유효하지 않은 값을 변수 유형에 입력하거나 매개변수를 벗어난 입력

– 예방: 신속한 패치, 프로그래밍시 경계 값 검사 적용

8.2.5. 중간자 공격(Man–in–the–middle–attacks)

(1) 공격 방법

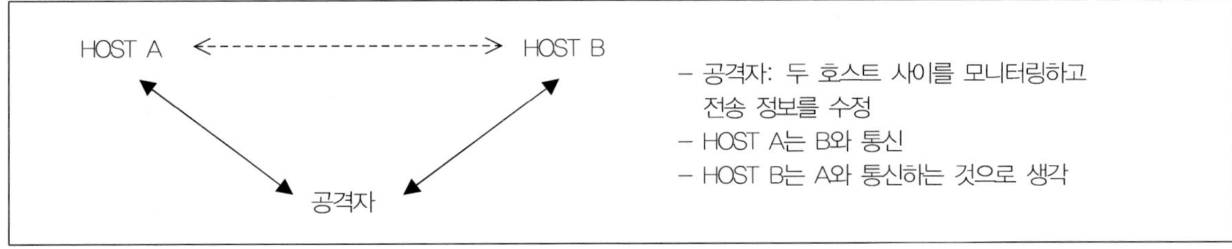

(2) 유형

– Web Spoofing: 가짜 홈페이지로 유도하여 계정 획득

– TCP Session Hijacking: 세션이 확립된 후에 세션을 이용하여 공격

– DoS 공격의 일종: 웹서버의 서비스에 접근하지 못하게 방해하는 형태

8.2.6. 세션 하이제킹(Session Hijacking Attack)

(1) 개요

- 이미 인증을 받아 세션을 생성, 유지하고 있는 연결을 빼앗는 공격을 총칭(스니핑 기술의 일종)
- **인증을 위한 모든 검증을 우회:** TCP를 이용해서 통신하고 있을 때 RST(Reset) 패킷을 보내 일시적으로 TCP 세션을 끊고 시퀀스 넘버를 새로 생성하여 세션을 빼앗고 인증을 회피
- 세션을 스니핑 추측(Brute-force guessing)을 통해 도용하거나 가로채 자신이 원하는 데이터를 보낼 수 있는 공격 방법
- **원인: 암호화되지 않은 프로토콜에서 정보를 평문으로 전송, 길이가 짧은 Session ID, 세션 타이아웃 부재**

(2) 공격 단계

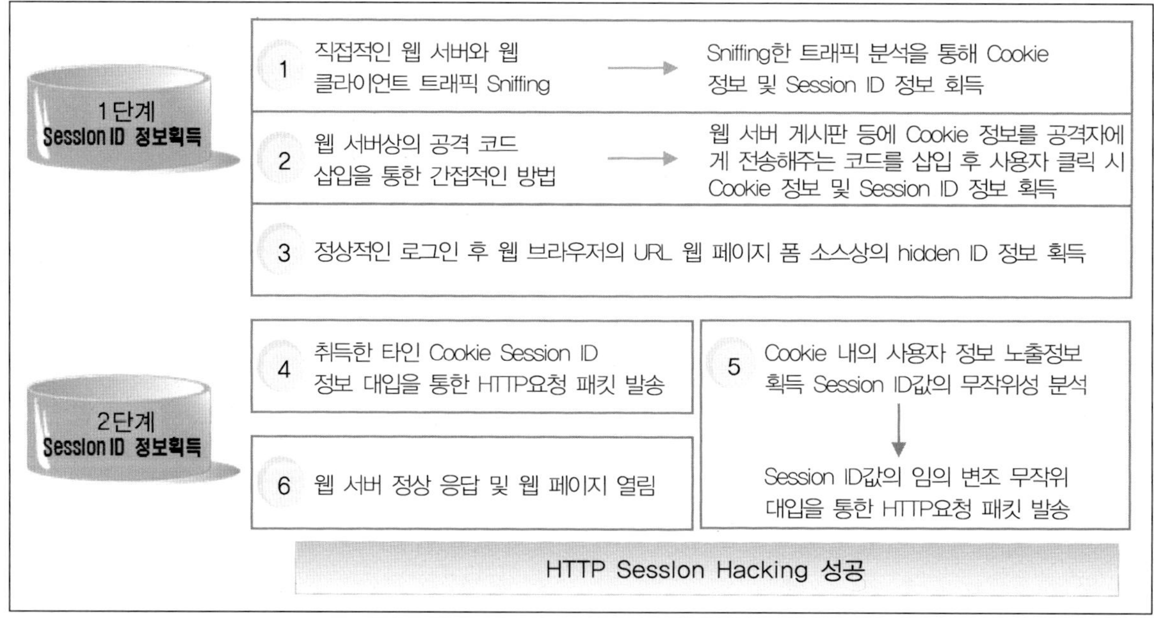

(3) 예방

- **최우선 대책은 암호화, Session Id 추측 불가능하게 생성, Session Time out 기능, 시퀀스 번호의 복잡성**
- Continuous Authentication(지속적인 인증): 주기적으로 패스워드 등을 확인

예) 이체 시 패스워드 재입력

8.2.7. IP Spoofing

(1) 개요

－TCP/IP의 구조적인 취약성/결함을 이용하는 공격으로 자신의 IP를 속여서 접속하여 IP로 인증하는 서비스를 무력화시키는 공격 방법

－TCP/IP의 취약점

순서 제어 번호 추측(Sequence number guessing), SYN flooding, Connect Hijacking, RST/FIN을 이용한 접속 끊기, SYN/RST 패킷 생성 공격, IP주소 인증(rlogin, rsh 등)

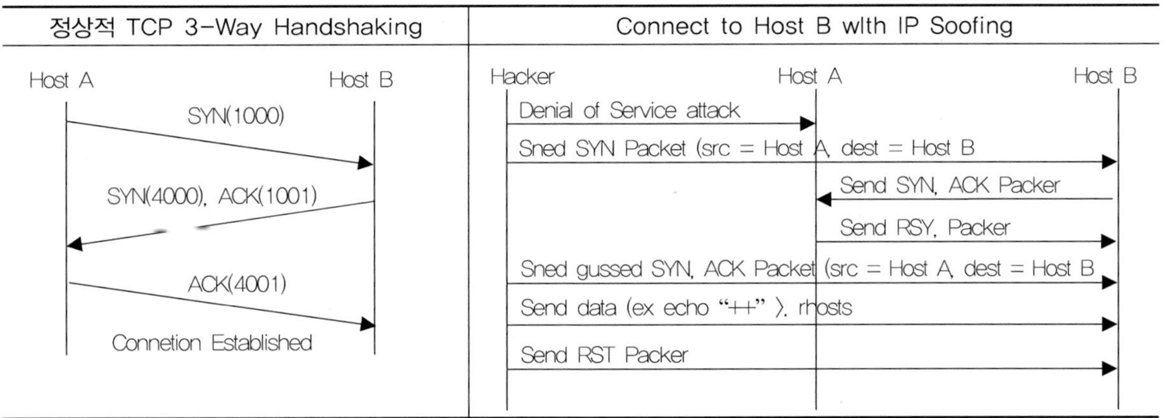

(2) 공격 단계

－공격대상 찾음 → Trust 관계 확인 → Trust와 관계된 시스템의 IP 주소 확보 → Trust Client를 서버에 접근 불가능하도록 차단 → 자신이 Trust인 것처럼 IP조작 후 공격 대상 접근 → 백도어 설치(차후공격 확보)

(3) 예방

－**Sequence Number를 random하게 생성, 암호화된 protocol 사용, IP로 인증하는 서비스 사용하지 않음**

8.2.8 DNS Spoofing

－DNS(Domain Name Server): www.yahoo.com 등의 도메인 이름을 IP주소로 바꾸는 역할

－www.yahoo.com의 IP 주소를 바꾸어 엉뚱한 사이트로 접속하게 하는 공격

예) 위장된 금융사이트 접속

8.2.9. Web Spoofing

- 공격자가 다른 컴퓨터(공격대상)로 전송되는 웹 페이지를 보거나 바꿀 수 있는 방법
- 가짜 홈페이지를 만들어 두고 로그인을 유도하여 정보 획득(ID/Password, 신용카드 정보 등)
- 공격의 성격: 중간자 공격, DoS(보고자 하는 사이트를 못보게 함)

8.2.10. DoS(Denial of Service)

① DoS의 개요

- 시스템이나 네트워크의 취약점을 공격하여 정상적인 서비스를 못하도록 서버 등을 지연시키거나 마비
- 특징: 공격의 원인 및 source를 찾기 힘듦, 공격 방법이 다양, 단순 공격으로 쉽게 이용, 뚜렷한 방지 없음
- 공격 대상: 웹 서버, 라우터, 네트워크 등의 기반 시설

② DoS 공격의 성격

- **파괴 공격**: 디스크나 데이터, 시스템의 파괴
- **시스템 자원 고갈**: CPU, 메모리, 디스크 사용에 대한 과다한 부하 가중
- **네트워크 자원 고갈**: dumy 데이터로 네트워크 대역폭을 고갈시킴

③ DoS 공격의 유형

유형	설명	공격기법
Application	– 프로그램의 버그 등을 이용	– mail bombing, buffer overflow
Protocol	– 헤더를 조작한 패킷 이용	– SYN Flooding, Ping of Death(Ping Flooding)
Network	– 과다한 패킷을 전송	– UDP Storming(Fraggel Attack), Tear Drop – Smurfing(ICMP Smurf), DDoS

④ 대응 방안

- 방화벽, IDS 설치, 안정적 네트워크 설계, **시스템 패치(가장 좋은 방법)**, 서비스별 대역폭 제한
- 반복적인 일정 수 이상의 ICMP 무시하도록 설정

a. DoS(Denial of Service)-TCP SYN Attack(SYN Flooding)

(1) 개요

-TCP 패킷의 SYN 비트를 이용한 공격 방법으로 **너무 많은 연결요청이 오도록 해서 대상 시스템 이Flooding(범람)하게 만들어 대상 시스템의 메모리가 바닥나게 하는 것**

-서버별로 한정되어 있는 동시 사용자 연결 수를 존재하지 않는 Client가 접속한 것처럼 하여 다른 사용자가 서비스를 받지 못하도록 하는 공격

-공격 형태: 대상 서버의 시스템 자원고갈, 네트워크 자원인 대역폭을 소모

(2) 공격 방법

-TCP **초기 연결 과정**(3way- Handshaking) **이용**, SYN 패킷을 요청하여 서버가 ACK 및 SYN 패킷을 보내게 함

-전송하는 주소가 무의미한 주소이며, 서버는 대기 상태이고, 대량의 요청 패킷 전송으로 서버의 대기큐가 가득 차서 DoS 상태가 됨

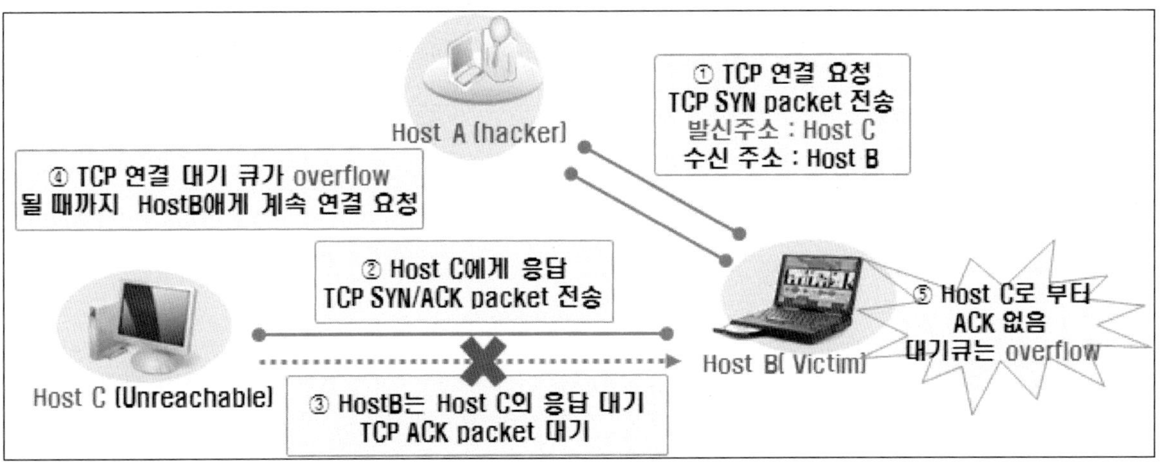

(3) 대응 방안

-**시스템 보안 패치, IDS 설치, 서버의 큐 크기를 증가, Syncookie 기능 설정**

-**Connection Timeout 시간을 줄임, 패킷 필터링 사용, 방화벽 이용하여 RST(reset) 패킷을 보내 세션 삭제**

b. DoS(Denial of Service)-IP Fragmentation(Ping of Death, Tear Drop)

(1) 개요

- 서버는 IP 프로토콜에서 MTU(Maximum Transmission Unit, 65,536byte)보다 큰 패킷이 오면 분할(Fragmentation)하는데 호스트나 라우터가 Fragmentation을 수행
- Fragment를 조작하여 패킷 필터링 장비나 IDS를 우회하여 서비스 거부를 유발시킴
- 증상: 고장, 다운, 재부팅

(2) 공격의 종류

종 류	설 명
Tiny Fragment	- 최초의 Fragment를 아주 작게 만들어서 네트워크 침입탐지 시스템이나 패킷 필터링 장비를 우회하는 공격
Fragment Overlap	- Tiny Fragment 공격 기법에 비해 더욱 정교한 방법 - IDS의 Fragment 처리 방법과 패킷필터링의 재조합과 overwrite 처리를 이용
IP Fragmentation 이용한 서비스 거부 공격	- Ping of Death: Ping을 이용하여 ICMP 패킷을 규정된 길이 이상으로 큰 IP 패킷을 전송, 수신받은 OS에서 처리하지 못함으로써 시스템을 마비시키는 공격 - Tear Drop: fragment 재조합 과정의 취약점을 이용한 공격으로 **목표시스템 정지나 재부팅을 유발하는 공격**, TCP Header 부분의 offset field 값이 중첩되는 데이터 패킷을 대상 시스템에 전송

※offset field: 특정 데이터 패킷이 운반 중인 데이터나 데이터 범위 내에서 운반할 byte를 지정

c. DoS(Denial of Service)-Land Attack

(1) 개요

- 패킷을 전송할 때 **출발지 IP와 목적지 IP 주소 값을 공격자의 IP 주소 값으로 똑같이 만들어서** 공격대상에 보내도록 하여 패킷이 밖으로 나가지 못하고 공격대상으로 다시 돌아오도록 하는 공격
- Syn Flooding처럼 동시 사용자 점유해버리며 CPU 부하까지 유발시킴

(2) 대응

- 자신이 시스템 주소와 동일한 소스 주소를 가진 외부 패킷을 필터링

d. DoS(Denial of Service)−ICMP Smurf Attack(smurfing)

(1) 개요

−IP 특징(Broadcast 주소방식)과 ICMP **패킷을 이용한 공격 방법**으로 가장 인기 있는 공격형태

−구성요소: 공격자, 희생자, Amplified N/W

(2) 공격 방법

−다수의 호스트가 존재하는 서브 네트워크에 ICMP Echo 패킷을 Broadcast로 전송(Source Address는 공격대상서버로 위조)

−이에 대한 다량의 응답 패킷이 공격대상 서버로 집중되게 하여 마비시키는 공격

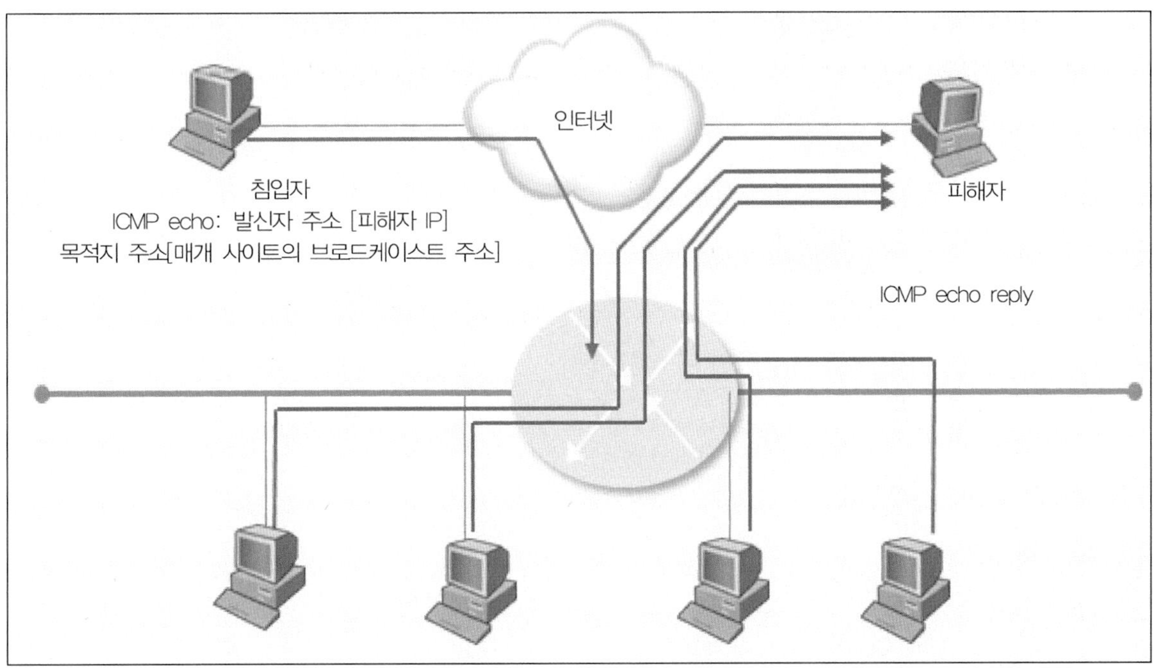

(3) 대응 방안

−라우터에서 ICMP의 Broadcast 금지

−직접적인 Broadcast를 경계 라우터에서 사용할 수 없게 설정

e. DoS(Denial of Service) - DDoS(Distributed Denial of Service)

(1) 개요

- **DoS용 공격 프로그램들(트로이 목마)을 분산 설치한 후** 통합된 형태로 서버에 일제히 데이터 패킷을 범람시켜 서버의 성능을 마비시키는 공격 기법
- 공격자의 위치 파악이 어렵고 경로 추적이 어려움(트로이 목마를 이용하므로)

(2) 공격 방법

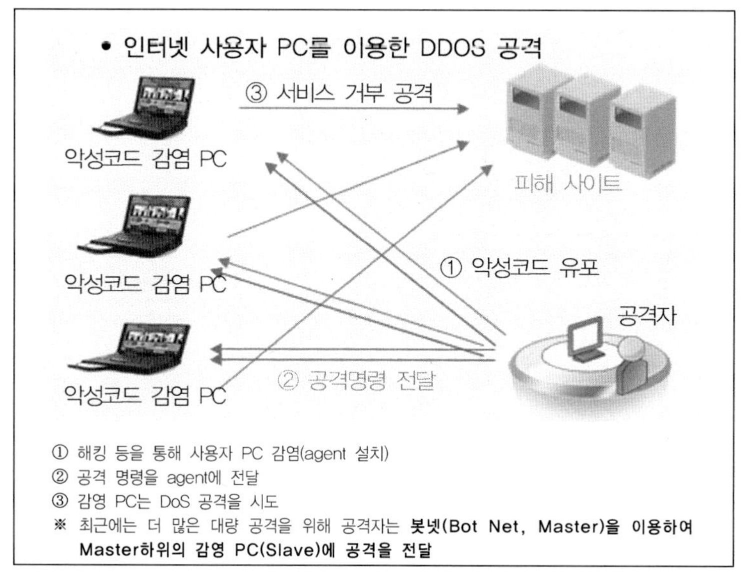

(3) Bot Net

- 로봇(robot)으로부터 유도되었으며 봇 주인(Bot Master)으로부터 명령을 기다리는 감염된 PC
- Bot들의 네트워크, 훼손된 컴퓨터 집단, 좀비

(4) 대응 방안

사용자 PC	- 보안 패치, 주기적 백신 업데이트, 다운로드 파일 실행 전 보안 검사
네트워크	- 보안 설계 시부터 고려, 보안 솔루션(IDS, IPS, 방화벽 등) 설치 - 보안 패치, 필터링, 시스템 대역폭 제한 - egress filtering: IP주소가 위조된 패킷이 인터넷으로 나가는 것을 ISP 레벨에서 차단

(5) Bot Net을 이용한 공격

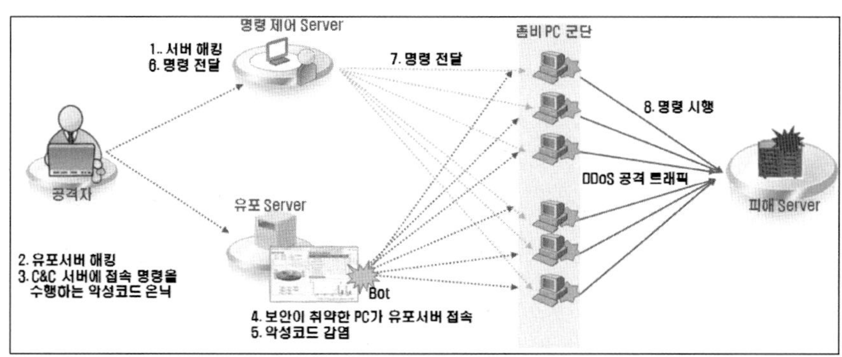

f. DoS(Denial of Service)-DrDoS(Distributed Reflection Denial of Service)

(1) 개요

-차세대 DoS 공격 형태

-공격자가 공격대상 시스템의 IP로 많은 시스템에 연결요청을 보내고, 그에 대한 응답패킷이 공격대상 시스템으로 집중되어 대상시스템이 정상적인 서비스를 못하게 하는 공격 방법

(2) 특징

-정상적 서비스 제공하는 시스템을 이용하므로 공격을 막거나 대응하기 어려움

-DoS나 DDoS의경우 패킷 경로추적을 통한 제어가 가능하나 DrDoS는 경로추적이 불가능함

-탐지 및 방어의 어려움

(3) 공격 방법

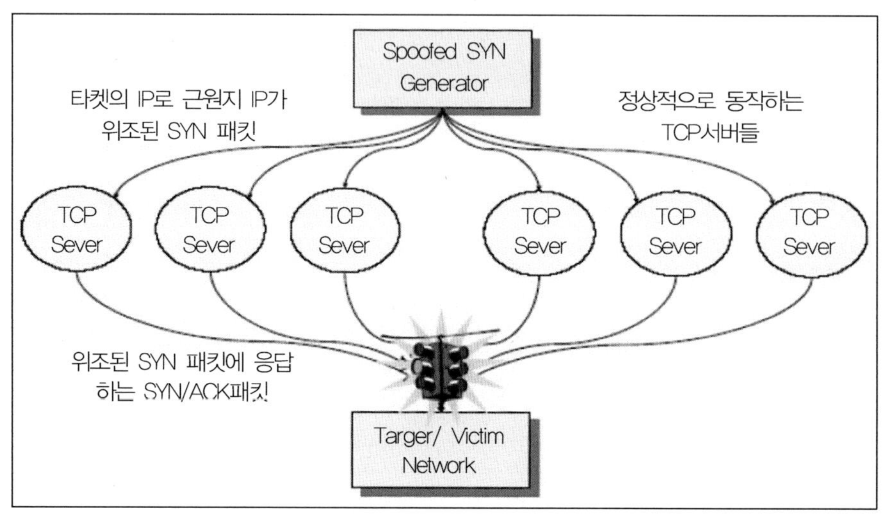

g. DoS(Denial of Service)-Spamming(Mail Bomd)

(1) 개요

-인터넷상에서 다수의 수신자에게 이메일을 무작위로 송신하는 행위

-대량의 광고를 사용자의 동의 없이 E-mail을 통해 보내는 행위

-스팸 메일을 많이 받으면 할당된 메일 디스크를 초과하게 되어 정작 받아야 할 메일을 못 받게 됨

(2) 특성

-수신인의 의사와 상관없는 메시지나 뉴스 전송

-적은 비용으로 다수에게 광고, 특정 종교 포교, 특정인 및 특정 기업비방 등의 목적으로 인터넷 메일을 악용

(3) 대응 방안

-특정 사이트 수신 거부, 일정 시간 폭주하는 메일 탐지 등

h. webDAV(web Distributed Authoring Versioning)

(1) 개요

- HTTP 사양에 대한 확장판으로서 분산형 저술 및 버전처리로서 인가된 사용자에게 원격을 통해 웹 서버상에 콘텐츠를 추가하고 관리할 수 있는 기술

(2) 취약점

- webDAV 라이브러리 파일의 속성 및 홈페이지 디렉토리에 쓰기 권한이 있는 경우 공격자가 webDAV 도구를 이용하여 원격으로 **콘텐츠를 삽입**, 변조가 가능하다

i. 공격 도구

- Dos or DDoS: Trinoo, TFN2K, Stacheldraht
- Session Hijacking Attack: Hunt
- 패스워드 크래킹: John the Ripper

9. 방어

9.1. IDS(Intrusion Detection System, 침입탐지 시스템)

9.1.1. 개요

- 침입의 패턴 데이터베이스와 지능형 엔진을 사용, 네트워크나 시스템의 사용을 실시간 모니터링 하고 침입을 탐지하는 보안시스템
- 조직 IT시스템의 기밀성, 무결성, 가용성을 침해하고, 보안정책을 위반하는 침입 사건을 사전 또는 사후에 감시, 탐지, 대응하는 보안시스템

9.1.2. 제공 기능

- 기밀성, 무결성: 비인가자 침입탐지, 백도어 탐지, Sniffing, 바이러스, 내부자 불법행위
- 가용성: DoS 공격, 시스템 변경, 인터넷 웜 탐지

9.1.3. IDS에 의해 탐지되는 대표적인 공격

공격	설 명
스캐닝	– 서로 다른 패킷을 보내고 그에 대한 응답으로 시스템의 상태와 취약점을 찾는 방법 – 공격의 전초 단계로 공격대상 시스템의 취약점을 찾아내기 위해 사용
도스공격	– Ping of Death, Syn Flooding, Smurf
침투공격	– 허가받지 않은 방법을 동원하여 시스템의 자원과 권한획득으로 DATA 변경 유발 – Buffer overflow Attack

9.1.4. IDS의 구조

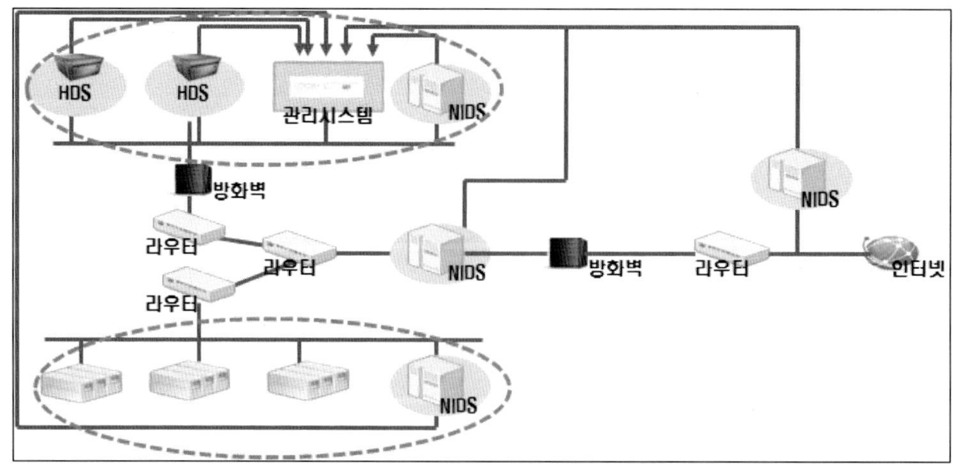

9.1.5. IDS의 동작 과정

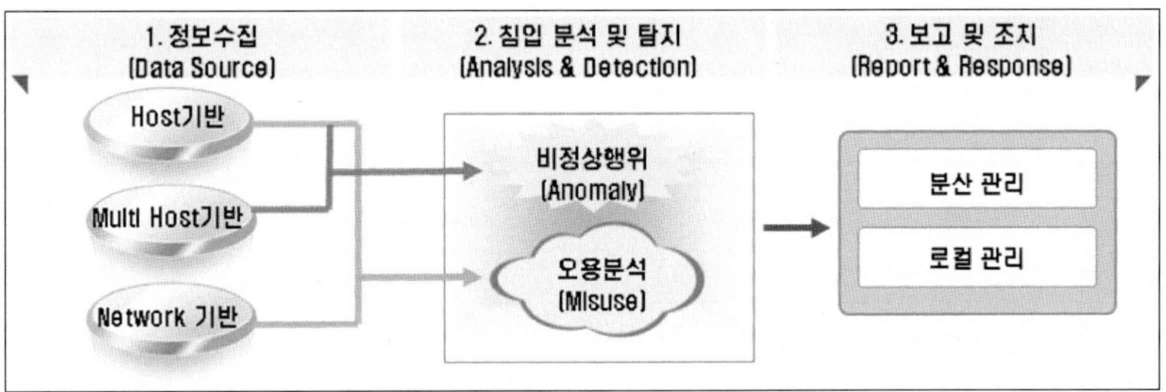

절차	세부 설명
정보수집	- 침입 탐지를 하기 위한 근원적인 자료들을 수집 - 자료원에 따라 NIDS와 HIDS로 나누어짐
정보가공 및 축약	- 불필요한 정보 제거(침입과 관련 없는 정보 제거) - 침입 판정을 위한 최소한의 정보만 남김(분석의 복잡도를 감소)
침입 분석 및 탐지	- 축약된 정보를 기반으로 침입 여부를 분석, 탐지 - 방식에 따라 오용탐지와 비정상행위 탐지로 나누어짐
보고 및 조치	- 침입 탐지 후 적절한 보고 및 대응 조치 - 다른 보안장비(방화벽) 등과의 연계

9.1.6. 자료 수집 위치에 따른 분류(NIDS, HIDS, Hybrid IDS)

구분	NIDS(Network based IDS)	HIDS(Host based IDS)
동작	- **네트워크에 흐르는 패킷들을 검사**, 침입 판단 - 방화벽 외부의 DMZ나방화벽 내부의 내부 네트워크 모두 배치 가능	- **시스템상에 설치**, 사용자가 시스템에서 행하는 행위, 파일의 체크를 통해 침입 판단 - 주로 웹 서버, DB 서버 등의 중요 서버 배치
자료원	- promiscuous 모드로 동작하는 네트워크 카드나 스위치	- 시스템로그, 시스템콜, 이벤트로그
탐지가능 공격	- **스캐닝, 서비스 거부공격(DOS), 해킹**	- **내부자에 의한 공격, 바이러스, 웜, 트로이목마, 백도어**
장점	- 네트워크 자원의 손실 및 패킷의 변조가 없음(캡처만 하기 때문) - 거의 실시간으로 탐지가 가능함 - 감시 영역이 하나의 네트워크서브넷으로, HIDS에 비해 큼	- 침입의 성공 여부 식별이 가능 - 실제 해킹 및 해킹시도판단이 용이 - **주로 S/W적으로** 서버 같은 시스템에 인스톨되며, 설치 및 관리가 간단함
단점	- 부가 장비가 필요함(스위치 등) - 암호화된 패킷은 분석 불가 - **False Positive가 높음** - 오탐으로 인해 정상적인 세션이 종료 - DoS의 경우 대응이 불가능(탐지만 가능) - 능동적인 대응 기능 미비	- 감시 영역이 하나의 시스템으로 한정됨 - 탐지 가능한 공격에 한계가 있음(주로 이벤트 로그로만 탐지) - 오탐으로 인해 정상적인 사용자가 자신의 계정을 사용할 수 없는 문제

－Hybrid IDS: NIDS + HIDS, 단일 호스트를 출입하는 네트워크 패킷을 공사해서 공격을 검색 시스템의 이벤트, 데이터, 디렉토리, 레지스트리에서 공격여부를 감시하여 보호

9.1.7. 침입 탐지 방식에 따른 방지

구분	오용탐지(Misuse)	비정상탐지(Anomaly)
동작방식	– **시그니처(signature)기반** **= Knowledge 기반**	– **프로파일(Profile)기반** **=Behavior 기반** **=Statistical 기반**
침입판단 방법	– **미리 정의된 Rule에 매칭** – 이미 정립된 공격패턴을 미리 입력하고 매칭	– **미리 학습된 사용자 패턴에 어긋남** – 정상적, 평균적 상태를 기준, 급격한 변화 있을 때 침입판단
사용기술	– **패턴 비교, 전문가시스템**	– **신경망, 통계적 방법, 특징추출**
장점	– 빠른 속도, 구현이 쉬움, 이해가 쉬움 – **False Positive가 낮음**	– 알려지지 않은 공격(Zero Day Attack) 대응가능 – 사용자가 미리 공격패턴을 정의할 필요 없음
단점	– **False Negative가 큼** – 알려지지 않은 공격탐지 불가 – 대량의 자료 분석에 부적합	– 정상, 비정상을 결정하는 임계치 설정 어려움 – **False Positive가 큼** – 구현이 어려움

※ False Positive: false(+)로 표현, 공격이 아닌데도 공격이라 오판하는 것
※ False Negative: false(−)로 표현, 공격인데도 공격이 아니라 오판하는 것
※ IDS 효과성의 척도: false(−)/false(+) = 1, 결과적으로 "Alram 오류 발생

9.1.8. 탐지 후 보고에 의한 분류

구분	설 명
Active IDS	– 침입자의 세션을 강제로 종료하고 이후 접속하지 못하도록 차단하는 방식으로 방화벽과 함께 작동
Passive IDS	– 침입자가 있다는 것을 메신저나 메일을 통해 알려주는 방식

9.1.9. IDS의 한계

－방지 기능의 부재, 해결 시간이 오래 걸림, 과도한 로그 데이터, alarm 오류

9.2. IPS(Intrusion Protection System, 능동적 침입방어 시스템)

9.2.1. 개요

－공격 시그니처를 찾아내 네트워크에 연결된 기기에서 수상한 활동이 이루어지는지 감시하여 자동으로 **해결 조치**함으로써 중단시키는 보안 솔루션(꾸준한 모니터링이 필요 없음)

－침입 경고 이전에 공격을 중단시키는 것이 주요 목적

－**Real Time 대응이 가능한 예방 통제**

－**IDS 문제점 보완: 오탐지와 미탐지, NIDS의 실시간 공격 방어 불가**

9.2.2. 특징

- 광범위한 방어: 시그니처 탐지, 이상탐지, DoS 공격탐지, Layer3~7 감시, 오용 탐지 등
- 고도의 정확성, 인라인 운영을 통한 악의적 트래픽 차단의 방지기능

9.2.3. 종류

NIPS (Network IPS)	- 공격 탐지에 기초하여 트래픽 통과 여부 결정 내리는 인라인 장치
HIPS (Host IPS)	- 호스트 OS위에서 수행, 공격 탐지 후 실행 전에 공격 프로세스 차단 기능

9.3. Honeypot

9.3.1. 개요

- **해커의 정보를 얻기 위한 하나의 개별 시스템으로 기본** 설치버전으로만 구성
- 해커의 행동, 공격 기법 등을 분석하는데 사용
- **합법적이고 윤리적인 유인(Enticement) ≠ Entrapment(유혹, 불법이며 비윤리적)**
- **Zero Day 공격을 탐지하기 위한 수단이 됨**
- **Padded-cell: IDS와 연계하여 IDS에서 탐지 후 Honeypot으로 패킷을 전달하는 것으로 교정통제 효과가 있음**

9.3.2. 목적

- 경각심(Awareness), 정보(Information), 연구(Research) 해커를 유인하여 정보수집 및 시스템 제어
- 공격의 회피(중요 시스템 보호용 위장서버 역할)
- 침입자를 오래 머물게 하여 추적 가능한 능동적 방어, 침입자 공격 차단 가능

9.3.3. 구축 시 고려사항

- 해커에 쉽게 노출되어 해킹 가능한 것처럼 취약해 보여야 함
- 시스템의 모든 구성요소를 갖추고 있어야 함
- 시스템을 통과하는 모든 패킷을 감시해야 함
- 시스템 접속자에 대해 관리자에게 알려야 함

9.3.4. 위치

구분	설 명
방화벽 앞	– IDS처럼 Honeypot 공격으로 인한 내부 네트워크 위험도 증가는 없음
방화벽 내부	– 효율성 높아 내부 네트워크에 대한 위험도 커짐
DMZ 내부	– **가장 적당한 위치**, 설치시간 소요, 관리불편, 다른 서버와의 연결은 반드시 막아야 함

9.4. Honeynet

– Honyepot의 발전된 유형으로 **Honeypot을 포함한 네트워크**

– 일반시스템, 보안 솔루션, Honeypot 시스템으로 구성된 네트워크 구조

– 목적: 침입사고 대응 및 분석 기술 발전을 위한 인터넷 위협 정보 수집 및 위협에 대한 자산 보호 정보 제공

9.5. 보안 테스트 기법

– 기업의 보안 취약성을 찾거나 테스트하기 위한 기법

– 기법

기법	세부기법
Network Scanning	**– NMAP(Port Scanner → 열린서비스 찾기 → UDP/TCP 응답확인)**
Vulnerability Scanning	– SATAN, Nessus
Password Cracking	– 패스워드 깨기
Integrity Checkers	– TripWire(무결성 검사기)
War Dialing	**– 비인가된 모뎀 찾는 법, 시나리오 기반**
War Driving	**– 802.11 or 무선 랜 테스트**
Penertration Test	– 침투테스트, Application Testing, DoS Testing, War-dialing, 사회 공학

9.6. Penetration Test(침투 테스트)

9.6.1. 침투테스트의 개요

– 시스템을 보호하고 있는 수준을 진단하고 개선하기 위해 침입 행위를 실제 구현하여 테스트하는 것

– 윤리적 해킹, 시스템의 보안성을 확인하기 위한 가장 강력한 방법

9.6.2. 침투테스트 특징

- 성공요소: 경영진의 승인(가장 중요), 잘 계획된 침투 시나리오, 잘 정리된 time table(문서화)
- 목적: **알려지지 않은 취약점 확인(모든 취약점은 아님)**, Security Gap 발견, 공격에 대한 내성 확인

  ※취약점: 조직이 보유한 System이 안전하지 않음을 확인시켜 줌
- 실행주기: 관리직 직원의 동의와 인지하에 **최소 1년에 1번씩**

  (BCP/DRP: 1/년, 보안정책검토: 1/년, 휴대용소화기 점검: 1/분기별)
- **유형: Application Security Testing, DoS Testing, War-Dialing, 사회공학, 무선랜 침투 테스트**

9.6.3. 침투테스트 수행 주체

Team	설 명
Tiger Team	**- Blue Team,** 침투테스트가 이루어진다는 것을 아는 상태에서 수행
Sneakers	- 조직에 침입하여 시스템에 대한 보안 상태를 테스트하기 위한 피고용자
Samurai	- 합법적인 크래킹 임무를 수행하기 위해 고용된 해커
Red Team	- 관리자들이 모르게 테스트 수행

9.6.4. 침투테스트 단계

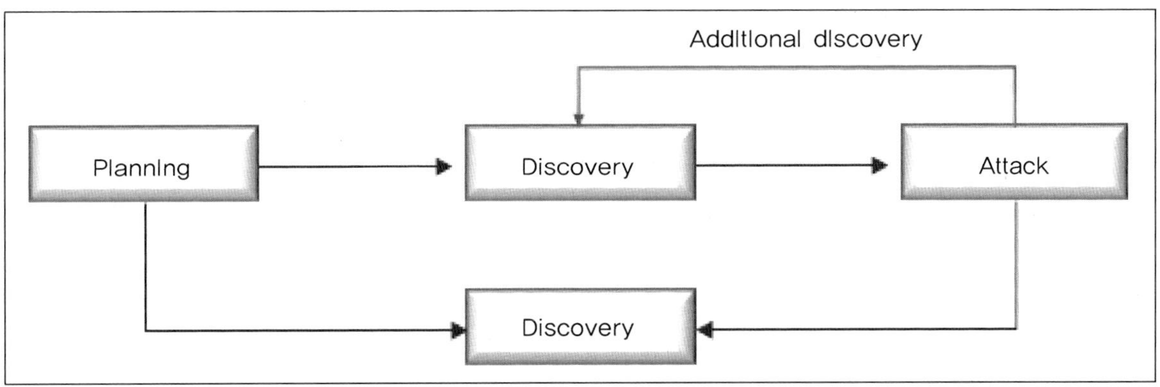

단 계	설 명
Planning	- Rule 확인, 경영진 승인, 테스트 목적 수립
Discovery	- 취약성 확인, 포트스캐닝(타깃 설정 및 확인), 취약점분석(서비스, 응용, OS 확인), **- 이 단계에서는 확인만 하는 것이며 Report는 작성하지 아니함**
Attack	- 발견된 취약성들을 이용하는 공격 시도하고 취약점의 영향을 제거하기 위한 대책정의
Reporting	- 보고서 작성

9.6.5. 침투테스트 방법

방 법	설 명
White Box	- Full Knowledge Attack, **공지 후 테스트**
Black Box	- Zero Knowledge Attack = Blind Test, **공지 없이 테스트**
Double Blind	- Target **시스템의 운영자 및 보안 직원 모르게 테스트**(사고 대응 능력 평가)
Open Box	- **내부 코드의 취약성 찾기**(general purpose OS)
Internal penetration	- 물리적 보안 취약점, 사회 공학 등을 이용
External penetration	- 인터넷(장비) 연결에 존재하는 취약점 테스트

9.7. Covert Channel(은닉채널)

9.7.1. 개요

- **공유된 자원을 통해 높은 등급의 인가를 가진 주체가 낮은 등급의 안기를 가진 주체에게 메시지를 보내는 방법으로 정보가 High에서 Low로 통신되도록 하는 것을 남용하는 메커니즘, 오렌지북 B2레벨**
- 비밀정보를 탐지되지 않게 전달하는 방법, 즉 보안 정책을 어기면서 정보를 전달하는 방법

9.7.2. Covert Channel의 사례

사 례	설 명
Covert Storage Channel	- 한 프로세스가 **시스템의 저장 매체**에 데이터 쓰기를 가능하게 하여 다른 프로세스가 그것을 읽을 수 있게 하는 것 - 공통의 스토리지 영역에 데이터를 기록하여 **메시지를 전달** - **파일명에 고급 정보를 적는 방식, 오렌지북 B2**
Covert Timing Channel	- 시스템의 시간정보를 이용한 방식, 시스템 자원을 사용하여 시간을 변동, 성능에 영향을 주어서 정보를 전달하는 형태 - **시스템의 자원(CPU, IO 등)**을 조정함으로써 한 프로세스가 다른 프로세스로 정보를 중계할 수 있게 함, 오렌지 북 B3, A1

9.7.3. Covert Channel 방어

- **로그 분석, HIDS의 사용으로 탐지**
- **통신 대역폭(band width)의 엄격한 제한(즉, 은닉채널의 위험은 band width에 의존한다)**
- **시스템 자원 분석(가장 확실하고 중요한 방어법, why? 공유된 자원을 이용하므로)**

:: 핵심 문제 풀이

문제 1〉	정보보안 용어에서 다음 중 식별(Identification)을 설명한 것을 선택하시오. ① 사용자가 시스템에 의해서 확인(Authenticated)되는 것을 말한다. ② 사용자가 시스템에 의해서 공유된 비밀을 제공하는 서비스이다. ③ 사용자가 시스템에 의해서 패스워드를 제공하는 것이다. ④ 사용자가 시스템에 신분을 표시 혹은 표현 하는 것이다.
카테고리	CISSP 〉 접근통제

문제풀이

– ①, ②, ③번은 신분을 검증하는 인증(Authentication)에 해당되고, 사용자가 시스템에 신분을 제시하는 것이 식별(Identification)이다.

* 식별(Identification)
시스템에게 주체의 식별자를 알리는 작업으로 대부분 이름을 입력함

정답 ④

문제 2〉	정보보안 용어 중에서 다음 중 인증(Authentication)을 설명으로 가장 올바른 것은 무엇인가? ① 제시된 신분을 유효화(유효성)을 확인하는 것을 의미한다. ② 시스템에 의해서 사용자의 ID를 표현 혹은 표시하는 것이다. ③ 사용자 패스워드를 사용하는 것이다. ④ 원격 사용자에게만 해당되는 것으로 원격 사용자가 시스템에 접근하는 것이다.
카테고리	CISSP 〉 접근통제

문제풀이

* 인증
1) 신분을 아는 것(something you know)
2) 가진 것(something you have)
3) 신체특성(something you are)에 따라 확인

정답 ①

문제 3〉

정보보안 용어 중에서 다음 중 인증(Authentication)을 설명으로 가장 보안 담당자가 기업A의 중요 시스템에 대해서 접근 가능한 사용자의 역할 및 권한을 규정하였다. 이를 통하여 작업관련 내용을 기록할 수 있게 되었다. 이것을 통해서 얻는 효과는 무엇인가?

① 사전에 보안 사고를 예방
② 내부 침입자에 의한 부정 행위를 제거
③ 대외적으로 기업의 이미지를 강화
④ 책임 추정성

카테고리 CISSP 〉 접근통제

문제풀이

* 책임추적성(Accountability)
시스템 내의 각 개인은 유일하게 식별돼야 한다는 정보보호 원칙으로 이 원칙에 의해서 정보처리시스템은 정보보호 규칙을 위반한 개인을 추적할 수 있고, 각 개인은 그의 행위에 대해서 책임을 짐

정답 ④

문제 4〉

다음 중 정보보안 용어 중에서 기업 내 중요 시스템에 대하여 접근이 유효한 사용자를 식별하고, 비인가된 자의 접근을 거부하여, 정보 자원의 손실을 예방할 수 있는 관리 방법으로 가장 올바른 것을 선택하시오.

① 접근통제
② 부인방지
③ 암호화
④ 보안인식교육

카테고리 CISSP 〉 접근통제

문제풀이

* 접근통제(Access Control)
사용자, 프로그램, 프로세스, 시스템 등의 인가된 주체만이 정보시스템의 자원에 접근할 수 있도록 제한하는 것. 접근통제로는 신분기반(DAC), 객체기반(MAC), 롤 기반(RBAC)이 있음

정답 ①

문제 5〉

내부 해커의 의해서 네트워크 취약점을 악의적으로 이용하여 네트워크 침입 가능성이 존재하는 것을 파악했다. 서버 내 중요 데이터를 관리하기 위한 보호 방법으로 가장 적합한 것은 무엇인가?

① 방화벽과 침입탐지시스템 구축
② 보안인식교육 실시
③ 외부 접근 가능 모든 패킷을 차단
④ 서버의 접근 통제 구현

카테고리 CISSP 〉 접근통제

문제풀이

- 네트워크 취약점으로 인한 해킹에 의해서 중요 데이터를 보호하기위해서는 서버에 접근통제를 구현
- 접근통제의 구현은 네트워크 단의 통제와 서버 접근통제가 공극적으로는 모두 구현되어야 함

정답 ④

문제 6〉

사용자 인증 과정에서 ATM 카드와 PIN을 사용하여 인증하는 것은 무엇인가?

① 이중 요소 인증
② 비밀번호 인증
③ 아는 것에 기반한 인증
④ 가진 것에 기반한 인증

카테고리 CISSP 〉 접근통제

문제풀이

- ATM 카드는 사용자의 소유에 의한 것(something you have)이고, PIN은 사용자의 지식에 의한 것(something you know)을 확인하는 것으로, 두 가지를 모두 요구하는 것은 이중 요소 인증 방식이다.

정답 ①

문제 7〉

아래의 내용 중에서 접근통제 기법과 가장 관련이 있는 것은 무엇인가?

① 로그관리, 암호화, 무결성
② 능동적 및 수동적, 혼합식
③ 관리적, 기술적, 물리적
④ 기밀성, 무결성, 가용성, 효과성, 효율성

카테고리 CISSP 〉 접근통제

문제풀이

- 접근통제의 구현 정책적인 측면을 고려하는 관리적 측면과 출입 통제와 같은 물리적 측면, 정보보안 솔루션 도입을 통한 기술적 측면 모두가 고려되어야 한다.

* 접근통제 메커니즘(Access control mechanism)
1) 정보시스템으로의 인증받지 못한 접근을 검출하여 막고 인증받은 접근을 허락하도록 설계된 보안 보호조치
2) 하드웨어나 소프트웨어의 특성, 운영 절차, 관리 절차 및 자동화된 시스템상에서 인증받지 못한 접근을 검출하여 막고 인증받은 접근을 허가하도록 설계된 이들의 결합

정답 ③

문제 8〉

임베스트에서 CISSP를 학습하는 홍길동 군이 시스템 작업 도중 정전이 발생하였고, 이로 인하여 모든 시스템을 사용할 수 없게 되었다. 전기가 다시 공급된 이후 진행 중인 작업을 다시 읽어서 작업을 할 수 있다면, 관련 정보는 어디에 보고되어 있는가?

① 레지스터
② 캐시메모리
③ RAM
④ 저장매체

카테고리 CISSP 〉 접근통제

문제풀이

- 레지스터는 CPU 내에서 연산을 처리하기 위해 임시적으로 저장하는 저장소
- 캐시 메모리는 CPU와 Memory 사이의 처리속도 차이를 해결하기 위한 휘발성메모리
- RAM은 CPU에서 처리될 데이터를 임시적으로 보관하는 휘발성 메모리

정답 ④

문제 9〉	사내 시스템에 로그인 후 작업을 처리하는 도중에 점심식사를 하러 갔다. 점심식사를 갔다 오고 개인정보가 노출된 사실을 확인하였다. 이러한 사고를 방지하기 위한 보안 통제기법으로 가장 효과적이라고 생각되는 것은 무엇인가? ① 클라이언트와 서버 간의 암호화 통신 ② ID와 Password를 활용하여 시스템에 로그인하는 접근통제 기법 ③ 일정한 시간 사용하지 않을 경우 세션은 자동 로그오프 ④ 모든 직원이 화면 보호장치 사용
카테고리	CISSP 〉 접근통제

문제풀이

– 특정한 시간 사용하지 않을 경우 세션을 자동으로 로그오프하여 사내 정보시스템을 보호할 수 있다.

정답 ③

문제 10〉	일회용 패스워드를 사용하는 원격 접근은 다음 중 무엇의 예인가? ① 소유에 의한 인증 ② 생체에 의한 인증 ③ 이중 요소 인증 ④ 지식에 의한 인증
카테고리	CISSP 〉 접근통제

문제풀이

– 일회용 패스워드는 일명 OTP 단말을 사용하여 패스워드를 생성한다. 패스워드는 그때그때 다르게 발생되도록 난수를 발생한다.
– 그러므로 사용자는 OTP 단말을 소유해야지만, 패스워드를 알 수 있다.

정답 ①

문제 11〉 아래의 다음 중 생체 인식도구(Biometrics)에서 시스템 성능을 측정하는 가장 유용한 방법을 선택하시오.

① 교차 오류율(Crossover Error Rate)
② 긍정 수용률(Positive Acceptance Rate)
③ 잘못된 탐지
④ 민감도(Sensitivity)

카테고리 CISSP 〉 접근통제

문제풀이

– 생체인식 도구(Biometrics)는 신체특성에 사용하기 때문에 민감도가 높으면 작은 신체특성의 변화에도 잘못된 거부(False Rejection)를 수행할 가능성이 존재한다. 또한 민감도가 지나치게 낮으면 잘못된 허용(False Acceptance)을 수행하기 때문에 FRR과 FAR을 합한 ER(Equal Error Rate) 혹은 CER(Crossover Error rate)이 가장 낮은 것을 선택하는 것이 좋다.

정답 ①

문제 12〉 다음 중 지문보다 높은 CER을 가진 생체 인식 도구는 무엇인지 선택하시오.

① 망막
② 홍채
③ 손바닥
④ 키누름(keystroke dynamics)

카테고리 CISSP 〉 접근통제

문제풀이

– 생체인식 도구 효과성은 CER(Crossover Error Rate)이 가장 낮을 때 높아지는 특성이 있다. 즉, CER은 손바닥, 손, 망막, 홍채, 지문, 목소리, 얼굴, 서명동작, 키누름 동작 순서로 높아진다.

정답 ④

	공격자가 스니퍼를 사용하여 패킷 정보를 획득 후 패킷 소스 IP를 변경하여 특정 시스템에 접근권한을 부여받아 공격하는 것과 관련성이 가장 높은 것은 무엇인가?
문제 13〉	① 베스천 호스트 ② 허니팟 시스템 ③ 사용자기반 인증 ④ 주소기반 인증
카테고리	CISSP 〉 접근통제

문제풀이

– 개방형 프로토콜인 TCP/IP는 구조의 개방성과 단순성으로 인하여 스니퍼와 같은 해킹 도구로 누구나 쉽게 정보획득이 가능하다. 이를 이용하여 IP 주소를 변경할 수가 있고 변경된 IP 주소를 활용하여 공격할 수 있다.

* 인증(Authentication)

1) 임의 정보에 접근할 수 있는 주체의 능력이나 주체의 자격을 검증하는 데 사용되는 수단임. 이는 시스템의 부당한 사용이나 정보의 부당한 전송 등을 방어할 수 있음
2) 전송, 메시지, 혹은 발신자를 증명하기 위한 보안대책 혹은 특정 범주를 가진 정보를 수신할 자격이 있는지를 검증하는 수단

정답 ④

	다음 중 스머프 공격기법과 관련성이 적은 것은 무엇인가?
문제 14〉	① ICMP ② Broadcast ③ DDoS ④ Covert channel
카테고리	CISSP 〉 접근통제

문제풀이

– 스머프 공격기법은 DDoS 공격의 한 형태로 ICMP 프로토콜을 활용하여 공격하는 기법임. 즉, 스머프는 ICMP의 응답 메시지를 공격대상 서버로 전송하여 서비스 거부를 유발한다.

정답 ④

문제 15〉	공격자가 사용자가 이용하는 웹사이트와 동일 사이트를 만들어 개인정보를 유출하거나 금전적 피해를 유발하는 해킹기법은 무엇인가? ① 사회공학 기법 ② 파밍 ③ 서비스거부 공격 ④ 무차별 공격
카테고리	CISSP 〉 접근통제

문제풀이

- 파밍은 사용자가 사용하는 웹 사이트와 동일한 사이트를 만들고 DNS(Domain Name Service)를 해킹하여 해킹 사이트로 접근하게 하는 공격기법이다.
- 이러한 공격을 통해서 개인정보를 취득하거나 금전적 피해가 발생한다.

정답 ②

문제 16〉	다음 중에서 무선네트워크의 가장 큰 문제점은 무엇이라고 생각하는가? ① QoS가 낮아서 패킷 손실이 심하다. ② 많은 데이터 요금이 발생한다. ③ 유선에 비해서 속도가 느리다. ④ 도청에 취약하다.
카테고리	CISSP 〉 접근통제

문제풀이

- 무선 네트워크는 무선 주파수 신호를 잡아서 누구나 쉽게 도청을 할 수 있다. 무선 주파수는 공간으로 보내지는 전기적 신호로 신호를 수신하기 위한 안테나를 만들어 손 쉽게 신호를 수신할 수 있다.

정답 ④

문제 17〉

특별한 해킹기술을 사용하지 않고 사람의 심리를 이용하여 개인정보를 유출하는 공격기법을 사회공학 기법이다. 이러한 사회공학적 해킹기법의 대응방법으로 가장 올바른 것은 무엇인가?

① 지속적인 보안인식교육
② 시스템 및 네트워크 차원의 보안과 통제가 강한 접근통제 구현
③ IT관련 서비스를 관련해서 전문 보안업체에게 지속적인 보안 취약성 평가 받고 개선함
④ 사회공학기법 공격자에 대한 처벌규정 강화 및 국가차원의 사이버테러 센터 운영

카테고리 CISSP 〉 접근통제

문제풀이

- 사회공학적 해킹에 대응하기 위해서 사용자의 지속적인 보안인식 교육을 수행한다.
- 또한 이러한 해킹 발생 시에 여러 매체를 통하여 해킹기법에 대한 공고 및 교육이 필요하다.

정답 ①

문제 18〉

최근 발생하는 해킹기법 중에 하나로 사람의 심리를 이용하여 중요한 개인정보를 유출해 가는 해킹방식을 무엇이고 하는가?

① 무차별 공격
② DDoS
③ 피싱
④ 사회공학

카테고리 CISSP 〉 접근통제

문제풀이

- 무차별 공격은 패스워드를 알아내기 위해서 사용 가능한 조합을 실행시키는 해킹기법
- 피싱은 E-mail을 통해서 해커가 가짜 사이트를 보내고 해킹 사이트로 유도하여 개인 정보 유출 및 금융사기를 수행하는 해킹기법

정답 ④

문제 19〉 E-mail을 통한 악성코드 감염의 피해를 최소화하기 위한 방법으로 가장 옳지 않는 것은 무엇인가?

① 메일 첨부파일을 즉시 다운로드 하지 않고 바이러스 등을 점검 후 다운로드 수행
② HTML 혹은 xHTML 형식보다는 Text 형식의 메일 보기 기능 사용
③ 메일 수신 시에 메일에 첨부파일을 실행해 보고 악성코드를 확인한다.
④ 인터넷 브라우저의 보안 설정을 높음으로 하고 사용한다.

카테고리 CISSP 〉 접근통제

문제풀이

- 첨부파일 다운로드 시에 첨부파일에 악성코드가 내포되어 있을 수 있으므로 다운로드 전에 백신을 활용하여 안전점검을 수행하는 것이 좋다.

정답 ③

문제 20〉 재택 근무 시에 가정에서 기업의 업무를 처리하기 위해서 가장 안전한 인증방법은 무엇인가?

① 일회용 패스워드
② 혼합인증
③ 지식기반 인증시스템
④ 복잡하고 기억하기 어려운 패스워드

카테고리 CISSP 〉 접근통제

문제풀이

- 인증의 종류는 소유에 의한, 지식에 의한, 생체에 의한 인증으로 분류된다. 이 중에서 가장 안전한 인증은 여러 개의 인증기법을 같이 사용하는 혼합에 의한 인증이다.

정답 ②

문제 21〉	사내 HRM(Human Resource Management) 시스템 담당자가 서버의 로그인 실패로그가 빈번하게 발생되는 현상을 파악하였다. 이를 해결하기 위한 방법으로 가장 올바른 것은 무엇인가? ① 직원들에게 주기적으로 보안인식교육을 한다. ② 강력한 암호화 기법을 사용한다. ③ 로그 실패 시 일정 시간 지연 효과과 계정 잠금을 실행한다. ④ 침입방지시스템 및 침입탐지시스템을 설치하도록 한다.
카테고리	CISSP 〉 접근통제

문제풀이

- 문제에서는 로그인 실패의 이유가 정상적인 실패인지, 공격자에 의한 실패인지에 대해서는 파악할 수 없다. 그러므로 시간 지연효과 및 계정 잠금이 적정하다.

정답 ③

문제 22〉	최근 해킹의 증가로 인하여 CEO는 사내에 네트워크 침입차단시스템(Firewall)을 설치하도록 했다. 이것은 어떤 공격에 대비할 수 있는가? ① 해킹 도구를 활용한 스니핑 ② 피싱 및 파밍을 사전 대응 ③ 사내 서버의 서비스거부공격 ④ 사내 이용자의 서비스거부공격
카테고리	CISSP 〉 접근통제

문제풀이

- 침입차단시스템 네트워크 트래픽을 필러링하고 외부망과 내부망을 분리할 수 있는 보안 장비임. 사용자에 의한 DDoS 공격은 어떻게 보면 정상적인 서비스이기 때문에 식별이 쉽지 않다. 하지만 서버의 DDoS는 패킷을 모니터링하여 분석할 수 있다.

정답 ③

문제 23〉

관리자의 허술한 패스워드 관리 문제로 인하여 관리자 패스워드가 유출되었고, 이로 인하여 중요한 기업정보가 유출되는 사건이 발생했다. 이러한 일의 재발방지를 위한 대책은 무엇인가?

① 침입방지시스템 설치 및 관리자 교육을 실시한다.
② 서버 내 침투테스트 및 관련 로그를 파악한다.
③ 복잡하고 강력한 패스워드를 사용하고 패스워드는 오직 한 명의 관리자만 알고 있다.
④ 암호를 통제하기 위하여 하드웨어 토큰을 요청한다.

카테고리 CISSP 〉 접근통제

문제풀이

- 기본적으로 고정된 ID, Password는 단말 활동 모니터링 해킹 도구로 간단하게 해킹이 가능하다. 이러한 문제를 해결하기 위해서는 패스워드가 매번 변경되는 패스워드를 사용하는 것이 안전하다.

정답 ④

문제 24〉

다음 중 커버로스 재생공격 기법에 대한 해결책에 해당되는 기법은 무엇인가?

① 타임스탬프
② OTP
③ IPSec
④ SSL

카테고리 CISSP 〉 접근통제

문제풀이

- 커버로스는 티켓을 발급받아 인증하는 구조로 발급받은 티켓은 제한 시간이 설정되어 있어 재인증 없이고 제한 시간 내에서 티켓을 통한 인증이 가능한 문제가 있다.

정답 ①

문제 25〉	커버로스 인증 시스템에서 가장 큰 문제점은 아래의 내용 중에 무엇인가? ① 커버로스는 재생공격을 통해서 공격할 수 있다. ② 보안담당자의 지속적인 관리 및 모니터링이 필요하다. ③ 커버로스 인증서버 문제 발생 시 모든 시스템을마비시킬 수 있다. ④ 취약한 암호 알고리즘 사용이 용이한 문제가 있다.
카테고리	CISSP 〉 접근통제

문제풀이

– 중앙의 인증서버 공격 시 아무도 인증을 받지 못하는 문제가 발생한다.

정답 ③

문제 26〉	아래의 내용 중에서 DAC(Discretionary Access Control) 접근 방식과 관련성이 적은 것은? ① 쓰기 ② 읽기 ③ 데이터 소유 권한 ④ 실행
카테고리	CISSP 〉 접근통제

문제풀이

*임의적 접근통제(DAC, Discretionary Access Control)

1) 접근통제 정책의 하나로 시스템 객체에 대한 접근을 사용자 개인 또는 그룹의 식별자를 기반으로 제한하는 방법. 여기서 임의적이라는 말은 어떤 종류의 접근 권한을 갖는 사용자는 다른 사용자에게 자신의 판단에 의해서 권한을 줄 수 있다는 것임
2) 주체 및 객체의 신분 및 임의적 접근통제 규칙에 기초하여 객체에 대한 주체의 접근을 통제하는 기능

정답 ③

문제 27〉 조직의 인사 이동 시에 권한의 할당과 해체를 편리하게 할 수 있는 방법은 무엇인가?

① DAC
② MAC
③ RBAC
④ OTP

카테고리 CISSP 〉 접근통제

문제풀이

– RBAC는 롤 단위로 권한을 할당 및 해제할 수가 있어 DAC 및 RBAC보다 접근제어 편의성이 높다.

* 강제적 접근통제(MAC, Mandatory Access Control)
정보시스템 내에서 어떤 주체가 어떤 객체에 접근하려 할 때 양자의 보안레이블 정보에 기초하여 높은 보안을 요하는 정보가 낮은 보안수준의 주체에게 노출되지 않도록 접근을 제한하는 접근통제 방법

정답 ③

문제 28〉 NMAP이라는 해킹도구를 활용하여 얻을 수 있는 것은 무엇인가?

① 취약점 스캐닝
② 포트 스캐닝
③ 사용 운영체제 스캐닝
④ 패스워드 사전 공격

카테고리 CISSP 〉 접근통제

문제풀이

– NMAP은 시스템에 열려 있는 포트 정보를 스캔하여 정보를 획득, 즉 불필요하게 열려 있는 포트를 파악할 수 있다. 보안 담당자는 사용하지 않는 포트를 제거해야 한다.

정답 ②

문제 29〉	다음 중 전문 해커를 고용하여 침투테스트를 실시하는 이유는 무엇인가? ① 해킹에 대한 방어능력 테스트 ② 모의 훈련 ③ 보안 위협 요소들을 확인 ④ 확인되지 않은 보안 위협 요소를 발견
카테고리	CISSP 〉 접근통제

문제풀이

– 침투 테스트는 확인되지 않는 보안 위협 요소를 식별하기 위해서 수행된다.

정답 ④

통신

1. OSI 7Layer(Open System Interconnection)

1.1. OSI 7 Layer의 개요

- 개방형 시스템의 모든 데이터 통신의 기준, 어떻게 하면 네트워크를 효율적으로 이용할 것인가로 시작
- 목표: 정보가 전달되는 Framework를 제공, 네트워크 형태에 차이가 발생해도 데이터 통신을 지원

OSI 7 Layer	주요 내용	주요프로토콜(매체)
7. Application	- 사용자 S/W를 네트워크에 접근 가능하도록 함 - 사용자에게 최종 서비스를 제공	- FTP, SNMP, HTTP, Mail, Telnet
6. Presentation	- 포맷기능, 압축, 암호화 - 텍스트 및 그래픽 정보를 컴퓨터가 이해할 수 있는16진수 데이터로 변환	- 압축, 암호, 코드 변환 - MIDI, MPEG, JPEG, 암호화 - GIF, ASCII, EBCDIC
5. Session	- 세션 연결 및 동기화 수행, 통신 방식 결정 - 가상 연결을 제공하여 Login/Logout	- 반이중, 전이중, 완전이중 결정 - RPC, X Window, NFS, SQL, ASP - SSL
4. Transport	- 가상연결, 에러제어, Data 흐름제어, Segment 단위 - 두 개의 종단 간 End-to-End 데이터 흐름이 가능하도록 논리적 연결 - 신뢰도, 품질보증, 오류탐지 및 교정 기능 제공 - 다중화(Multiplexing) 발생	- TCP, UDP, SPX
3. Network	- 경로선택, 라우팅 수행, 논리적 주소 연결(IP) - 데이터 흐름 조절, 주소 지정 메커니즘 구현 - 네트워크에서 노드에 전송되는 패킷 흐름을 통제하고, 상태메시지가 네트워크상에서 어떻게노드로 전송되는가를 정의, Datagram 단위	- IP, ICMP, IPX, ARP - 라우팅 프로토콜(RIP, OSPF, BGP)
2. Data Link	- 물리주소 결정, 에러제어, 흐름제어, 데이터 전송 - Frame 단위, 전송오류를 처리하는 최초의 계층 - Frame 비트의 구성 1.주소필드: 송신자와 수신자의 물리 주소 2.제어필드: 흐름 제어 3.데이터필드: Frame이 전송하는 실제 데이터 보유 4.오류제어필드: 오류를 탐지 - Frame의 하위 계층 1. MAC(Medium Access Control): 공유 물리적 매체에 대한 접근 제어 2. LLC(Logical Link Layer): Data Link 계층이 네트워크의 두 인접 노드 사이의 데이터 전송을 책임	- 흐름제(Stop&Wait, Sliding window), 오류제어(ARQ) - 브리지, PPTP, L2TP, HDLC - Frame Relay
1. Physical	- 전기적, 기계적 연결정의, 실제 Data Bit 전송 - Bit 단위, 전기적 신호, 전압구성, 케이블, 인터페이스 등을 구성 - Data Rates, line noise control, 동기화 기능 수행	- 매체: 동축케이블, 광섬유,Twist Pair Cable - ISDN, 리피터, Hub, X.21

- End-to-End: 7~4계층, 송수신자 간의 에러 Control
- Point-to-Point: 3~1계층, 각 구간에 대해 에러 Control

※ 위의 표는 반드시 숙지하셔야 합니다.

–OSI 7 Layer 데이터 전달방식

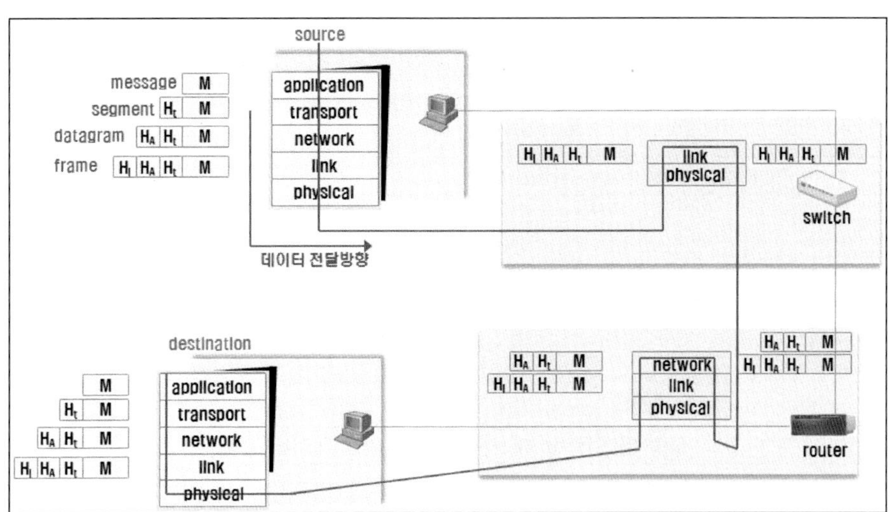

1.1.1. Application Layer

(1) 개요

–해당 Application(E-mail, Ftp, Http 등)에 맞게 사용자 인터페이스를 설계하는 계층

–통신하는 상대편 응용계층과 연결을 하고, 상대편 컴퓨터와 기본적인 사항들, 에러제어, 일관성 제어를 맞춤

–어떻게 파일을 보낼지, 프린터를 어떻게 공유할지, 전자우편을 어떻게 보낼지를 다룸

(2) 프로토콜(port)

–TCP 기반: FTP(21), SSH(22), Telnet(23), SMTP(25), HTTP/S(80), PoP23(110), SSH(22)

–UDP 기반: SNMP(161), DNS(53), TFTP(69), SYSLOG(514)

(3) DNS(Domain Name Server)의 주요 특징

항 목	내 용
보안 취약점	– 프로토콜 내에 인증 기능이 없음 →DNSSEC – UDP/Clear Text – DNS cache poisoning
사용 포트	– **UDP 53 : DNS Query** – TCP 53 : Zone transfer between Primary and Slave DNS Service

(4) SMTP(Simple Mail Transfer Protocol)

항 목	내 용
보안 취약점	– 인증: 메일 발송 시 인증을 하지 않음 – 암호화: ESMTP로 지원은 가능하나 통상 암호화를 하지 않음 – E-mail Spoofing, Mail Relay
사용 포트	– **TCP 25**, DNS의 MX Record 이용

(5) FTP(File Transfer Protocol)

항 목	내 용
전송 모드	– Active Mode(Port mode): Control은 21 Port, Data는 20 Port 사용 – Passive Mode(PASV mode): Control 21 Port, Data는 임의의 포트사용
사용 포트	– **TCP 21: 접속 및 인증할 때 사용, TCP 20: 데이터 전송**
기타 사항	– FTP의 보안적 문제점(암호화 등)을 해결하기 위해 SSH 사용 – TFRP(Trivial File Transfer Protocol): UDP 69, 인증이 없음

1.1.2. Transport Layer: 신뢰성 있는 연결, 흐름 통제

(1) TCP와 UDP의 비교

항목	TCP	UDP(TCP보다 빠름)
3-Way Handshake	Y	N
Reliable, Connection	**Y, Connection-oriented**	**N, Connectionless**
Sequence	Y(Seq # in TCP)	N
Flow Control	Y(Window in TCP)	N
Fragmentation	거의 발생 안함 (MSS in TCP)	주로 발생
Attack	SYN Flooding, Port Scan	Fraggle, Port Scan
사용 프로토콜	SMPT, FTP, HTTP, Telnet	SNMP, NFS, Kerberos
기타	재전송 처리	**Best-effort 프로토콜**

(2) TCP 구조와 특징 3-Way Handshaking

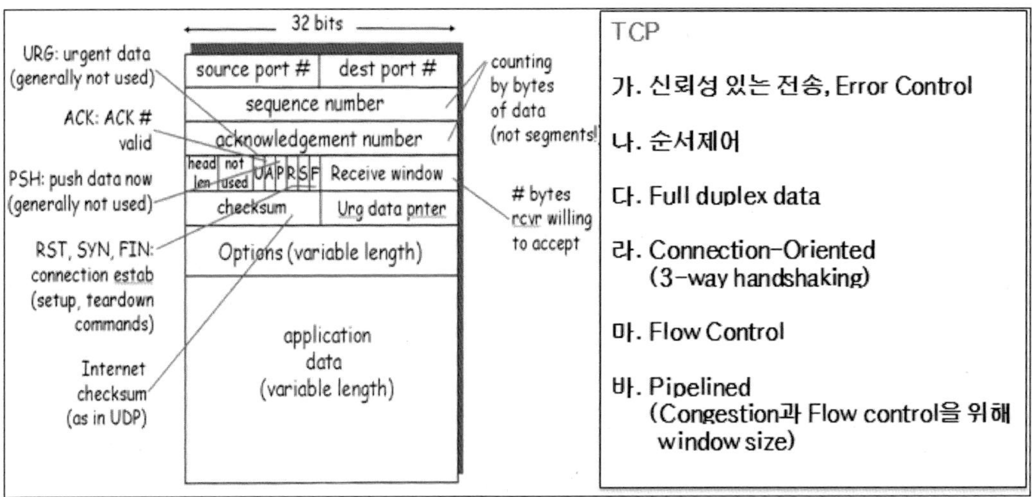

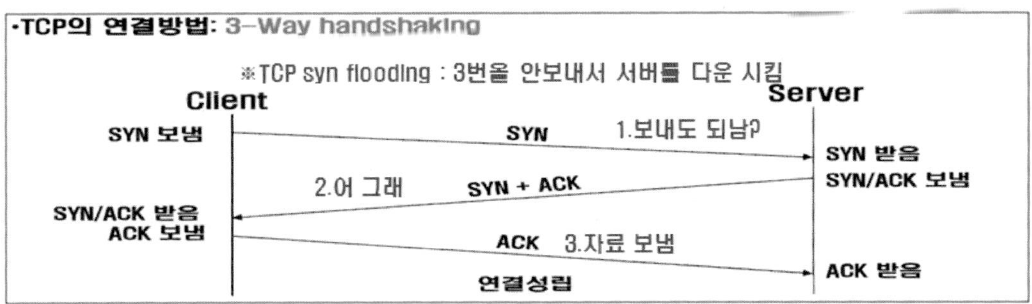

(3) UDP 구조와 특징

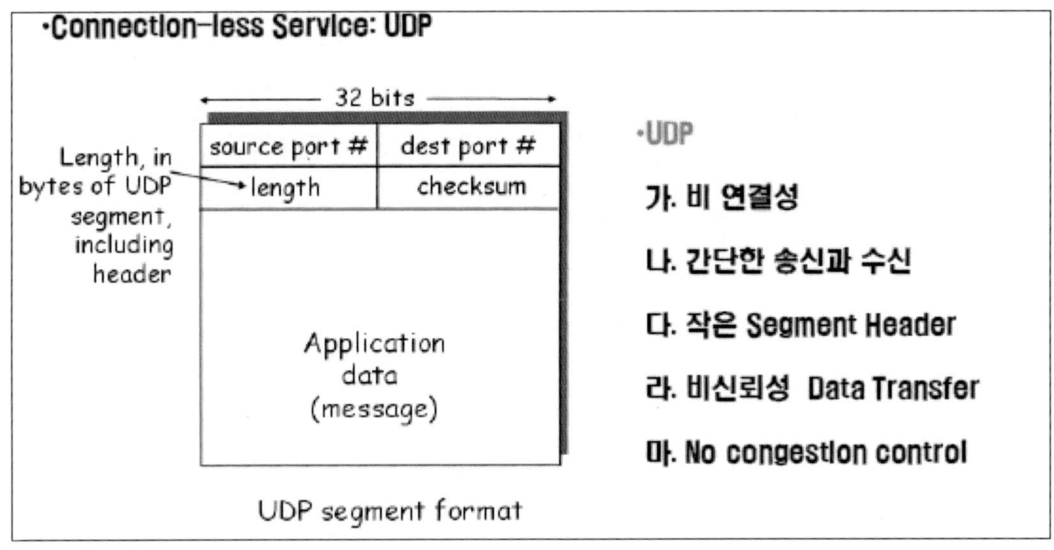

1.1.3. Network Layer(3계층): 패킷 전송, 라우팅 결정, Datagram 단위

◎ Routing

－Routing: Internetwork를 통해 데이터를 근원지에서 목적지로 전달하는 기능

Routing 방법	내 용
정적 경로(Static Routing)	– 관리자가 직접 경로 설정
동적 경로(Dynamic Routing)	– 인접 라우터 간에 자동으로 경로 정보를 교환 설정

－Routing protocol: 목적지에 대한 경로 정보를 인접한 라우터들과 경로 정보(Routing Table) 교환을 위한 규약

Routing Protocol	내 용
IGP (Internal Gateway routing protocol)	– 동일 그룹(기업 또는 ISP)내에서 라우팅 정보를 교환
EGP (Exterior Gateway routing protocol)	– 다른 그룹과의 라우팅 정보를 교환

Protocol Type	Distance Vector	Link State
Interior Gateway Protocol (IGP)	RIP IGRP EIGRP	OSPF Integrated IS-IS
Exterior Gateway Protocol (EGP)	BGP	

- RIP : Routing Information Protocol
- OSPF : Open Shortest Path First
- IGRP : Interior Gateway Routing Protocol
- EIGRP : Enhanced Interior Gateway Routing Protocol
- IS- IS : Intermediate System to Intermediate System

• Routing Table의 구성에 따라
- 정적 라우팅
- 동적 라우팅

◎ Routed protocol

－Routing되는 protocol로 패킷 형태의 데이터 전송단위로 표현

－주요 프로토콜: 3계층 전용 - IP, ICMP, IGMP, VoIP 2~3계층 - RAP, RARP

① ICMP(Internet Control Message Protocol)

−**패킷 전송 과정의 오류를** reporting하고 예상치 못한 환경 발생 시 시스템에 정보를 제공하는 프로토콜

−패킷이 전송 과정 중 문제점이 발생하면 해당 시스템이나 라우터는 ICMP 메시지를 생성하여 출발지 시스템에 대해 error를 전송함

−패킷 전송 시의 오류만 Reporting할 뿐 오류를 해결하는 것은 아님

−TCP/UDP 헤더를 필요치 않으며 IP헤더와 IP Data 부분에 ICMP 메시지를 포함하여 패킷을 발송함

−Ping: ICMP **대표적인 기능**으로 통신하고자 하는 상대방 Node와 통신 가능한지를 Test하는 기능

−ICMP가 제공하는 메시지

Message	설 명
Destination Unreachable	− Router가 목적지를 찾지 못할 경우 보내는 메시지
Time Exceeded	− 패킷을 보냈으나 시간이 경과하여 Packet이 삭제되었을 때 보내는 메시지
Parameter Problem	− IP Header field에 잘못된 정보가 있다는 것을 알림
Source Quench	− 패킷을 너무 빨리 보내 Network에 무리를 주는 호스트를 제지할 때 사용
Redirect	− 패킷 Routing 경로를 수정, **Smurf 공격에서 사용**
Echo request/Reply	− Host의 존재를 확인
Timestamp Request/Reply	− Echo와 비슷하나 시간에 대한 정보가 추가

② VoIP(Voice Over Internet Protocol)

−IP망을 이용하여 음성, 데이터, 멀티미디어를 전송하는 기술(대표적인 서비스: 인터넷전화)

−장점: 통신 비용 저렴, 망 가용성과 효율성 극대화

−Gate Keeper: **전화번호와 IP 주소를** Mapping

−VoIP의 보안 위협과 대응 방안

구분	내 용
보안 위협 유형	− 도청, Sniffing, Spoofing, Replay Protection, Man-in-the Middle Attack − Session Hijacking, VoIP 이용 음성메일 폭탄공격, DoS
대응 방안	− IDS, VoIP 전용 방화벽, 호스트 모니터링, 보안 패치 등

–VoIP의주요 프로토콜

구 분	내 용
H.323	– 멀티미디어, 화상회의 데이터를 iP 패킷 교환 방식의 네트워크를 통해 전송하기 위한 ITU-T 표준
SRTP(Secure RTP)	– 기밀성 및 메시지 인증을 제공하는 프로토콜
RTP (Real-time Transport Protocol)	– 자원예약, 실시간 데이터를 전송, QoS(서비스품질) 지원 안 됨
RTCP (RTP Control Protocol)	– RTP의 QoS를 지원하기 위한 프로토콜
SIP (Session Initiation Protocol)	– 접속 설정 프로토콜(세션의 수립과 해제)
SDP (Service Discovery Protocol)	– 서비스 검색 프로토콜

③ ARP(Address Resolution Protocol)와 RARP(Reverce ARP)

–3계층과 2계층의 하드웨어 주소, IP주소를 연계시키는 프로토콜

a. IP(Internet Protocol)

(1) IP 개요

–패킷들이 Routed될 수 있도록 주소 정보와 제어 정보를 가지고 3계층에서 작동되는 Connectionless 방식

–각 패킷을 독립적으로 전송하기 때문에 신뢰성을 보장할 수 없음

–목적: 가장 널리 사용되는 프로토콜로서 Datagram을 목적지까지 전달

(2) IP Address

① IP v4(4 Byte - 32Bit 주소체계)

Class	0	1	2		8	16	24	Network ID 범위
A	0	Network ID[126개]			Host ID[16,777,214개]			1.0.0.0~126.255.255.255
B	1	0	Network ID[16,382개]			Host ID[65,534개]		128.1.0.0~191.254.255.255
C	1	1	0	Network ID[2,907,150개]		Host ID[245개]		192.0.1.0.~223.255.254.255

② Private IP(사설주소)

–IANA 규정한 전 세계 어디에도 할당되지 않는 특수 목적의 IP주소로 충돌 위험이 없음

- 사설망에서만 사용해야 하며 인터넷에 접속할 경우 NAT(Network Address Transiation) 과정을 거쳐 IP주소를 공인 IP주소로 변환하여 통신해야 함
- 127.0.0.1은 Loopback 주소라고 하며 한 노드가 자신의 TCP/IP에 대한 테스트용으로 사용

Class	범위
A	10.0.0.0/8(10.0.0.0 ~ 10.255.255.255)
B	172.16.0.0/12(172.16.0.0 ~ 172.31..255.255)
C	192.168.0.0/16(192.168.0.0 ~ 192.168.255.255)

(3) IPv6(32byte - 128 Bit 주소체계)

- IPv4 주소체계의 고갈 및 유비쿼터스 환경에서의 모든 사물의 All-IP 구현을 위해 등장
- 특징: 128 주소체계, IPSec 지원, Traffic Class, Flow Label에 의한 QoS(Quality of Service), 16진수 표시
- IPv4와 IPv6 변환 방법: 터널링 기술, Gateway 변환, 듀얼스택

(4) IP Subnet Mask

① 개요

- 할당받은 IP Address의 Network 수를 더 늘려 사용하고자 할 때 subnet mask를 이용
- IP Host 부분의 비트를 빌려서 Network 부분으로 사용함
- 원래의 IP Address에 masking을 하면 network 장비들은 Network ID 대신 subnet 된 Network ID로 인식

② Subnet Masking 방법

예제) 우리 회사는 B클래스의 IP 155.243.1.1을 할당받았다. 이때 사용 가능한 Host의 수는 65,534개인데, 이것을 10개 정도의 네트워크로 구성하려고 한다.

(풀이) B class는 앞의 두 블록까지가 network 부분이므로 여기까지가 default masking이 된다. Masking network 부분을 1로 채우면 된다. IP와 subnet mask를 AND 연산하여 network ID를 만들어 낸다.

```
    165.243.1.1  =11001101.11110011.00000001.00000001
AND 255.255.0.0  =11111111.11111111.00000000.00000000 -->subnet mask
=====================================================
    165.243.0.0  =11001101.11110011.00000000.00000000 --> Network ID
```

b. 기타

(1) Broadcast, Multicasst, Unicast

방 식	설 명
Broadcast	– 네트워크상의 모든 노드로 데이터 패킷을 보내는 것을 의미, Ipv6에서는 빠짐
Multicast	– 동일 그룹에 같은 데이터를 효율적으로 전황하기 위한 방법 – IGMP(등록된 그룹을 관리하는 프로토콜)
Unicast	– 1:1 통신
Anycast	– IPv6에 추가된 전송방식으로 등록된 사용자를 대상으로 최단 경로에 있는 노드에 전송

(2) Broadcast, Multicasst, Unicast의 IP, MAC 표현

OSI 7	TCP/IP	Broadcast	Multicast	Unicast
Network	IP	10.1.1.255	224.x.x.x	10.1.1.1
DataLink	MAC	ff:ff:ff:ff:ff	01:00:5e:y:y:y	00:x:x:y:y:y

1.1.4. Datalink(2계층): Physical Layer가 이해할 수 있는 헤더를 붙여주는 Layer, Frame 단위, MAC Address 사용

(1) 주요 기능

–Point-to-Point 간 신뢰성 있는 전송, Flow control

–Error Control: Error detection(에러 검출), Error correction(에러 정정)

–MAC(Multi Access Channel): Lan 카드의 물리적 주소

(2) Error detection 방법

–비트 스트림을 표현하는 전기적 신호는 전자기적 간섭에 의해 쉽게 변경이 될 수 있다. 이진 값 1이 0으로 또는 그 반대로 잘못 읽힐 수 있는데 이런 경우 데이터는 사용 불가

1.1.5. Physical(1계층): 상위의 Frame을 Bit로 바꿔 전송

(1) 주요 매체(Cabling)

전송 매체	설 명
Twist Pair	– 구성이 용이하고, 비용이 저렴하나 혼선, 감쇠, 도청이 쉬움
Coaxial Cable	– 동축 케이블
Fiber-Optic	– 빛에 의한 데이터 전송, 감쇠에 영향을 받지 않음, 도청에 강함 – 단점: 높은 비용, 설치가 어려움

(2) Cabling 문제 - 노이즈, 감쇠, 혼선

전송 매체	설 명
노이즈 (Noise)	- 전송시스템에 의해 생긴 다소의 **왜곡을 포함한 전송신호 및 송수신 과정에서 추가된 불필요한 신호** - 주변의 모니터, 형광등, 전자레인지 등 회선이 설치된 환경 특성에서 유발 - 노이즈가 심할수록 송신 측의 데이터를 수신 측에서 원본 데이터로 받을 수 없음
감쇄 (Attenuation)	- 데이터가 회선을 통하여 전송되는 도중 **전기적 신호가 약해지는 현상**
혼선 (Crosstalk)	- 서로 다른 전송로의 상이한 **전송신호가 전기적 결합에 의해** 다른 회선에 영향을 주는 현상으로 통신 품질을 저하시키는 직접적인 요인

1.2 OSI 계층별 Hardware Device

검출 방법	장비명	설명
Physical	Cable	- Twisted Pair Cable, Coaxial, Fiber-Optic Cable
	Repeater	- 네트워크 구간의 케이블의 전기적 신호를 재생하고 증폭하는 장치 - 디지털 신호를 제공, 아날로그 신호 증폭 시 **잡음과 왜곡까지 증폭**
Data Link	**Bridge**	- 서로 다른 LAN Segment를 연결, 관리자에게 MAC 주소 기반 필터링 제공하여 더 나은 대역폭(Bandwidth) 사용과 트랙픽을 통제 - 리피터와 같이 데이터 신호를 증폭하지만 MAC 기반에서 동작
Network	**Router**	- 패킷을 받아 경로를 설정하고 패킷을 전달 - Bridge는 MAC 주소를 참조하지만 Router는 네트워크 주소까지 참조하여 경로를 설정 - 패킷 헤더 정보에서 IP 주소를 확인하여 목적지 네트워크로만 전달하며 Broadcasting을 차단
	Switch	- 목적지의 MAC 주소를 알고 있는 지정된 포트로 데이터를 전송 - Repeater와 Bridge의 기능을 결합 - 네트워크의 속도 및 효율적 운영, Data Link 계층에서도 작동
Application	**Gateway**	- 서로 다른 네트워크망과의 연결(PSTN, Internet, Wireles Network 등) - 패킷 헤더의 주소 및 포트 외의 거의 모든 정보를 참조

구 분	Repeater	Bridge	Switch	Switch w/LAN	Router
Collison Domain분리	X	O	O	O	O
Broadcast Domain분리	X	X	X	O	O

1.3. TCP/IP

1.3.1. TCP/IP 개요

- Transmission Control Protocol/Internet Protocol)은 DoD(미국성방)모델이라고 하며 OSI 7 Layer와 매우 흡사
- 이 기종 간 네트워크 환경에 대한 표준으로 OSI보다 먼저 만들어지고 가장 많이 사용되고 있음

1.3.2. TCP/IP 구조

OSI 7 Layer	TCP/IP	TCP/IP 주요기능
Application Presentation Session	Application	- 네트워크를 실제로 사용하는 응용프로그램으로 구성 - FTP, TELNET, SMTP 등이 있음
Transport	Host-to-Host	- 도착하고자 하는 시스템까지 데이터를 전송 - 시스템의 adress와 port를 가지고 프로세스를 연결해서 통신함 - TCP, UDP
Network	Internet	- Datagram을 정의하고 routing하는 일을 담당 - IP, ARP, RARP, ICMP
Data Link Physical	Network Access	- 케이블, 송수신기, 링크 프로토콜, LAN 접속과 같은 물리적 연결 구성을 정의

1.4. 방화벽(Fire Wall)

1.4.1. 방화벽의 개념

(1) 방화벽의 개요

- 네트워크상에서 외부 사용자에 의한 내부망으로의 출입을 통제로서 경비원을 배치하는 것과 같음
- 인증되지 않은 외부 사용자로부터 내부 네트워크의 접근을 차단
- 기본적인 기능: 패킷필터링, proxy 서비스

(2) 방화벽의 제한 사항

- 병화벽을 통과하지 않는 트래픽에 대해서 대응이 불가
- 허용된 서비스에 대해서 허용된 패킷 안의 데이터를 변조하여 공격하는 기법에 무방비 상태가 됨

(3) 방화벽의 추가적인 기능

- NAT(Network Address Translation): 내부에서 사용하는 사설 IP를 공인 IP로 변환
- VPN(Virtual Private Network): 원격지 간의 안전한 통신 보장

  ※ **NAT(Network Access Translation)**: 사설 IP(보안, IP 효율성)를공인 주소로 변환시켜 주는 역할
- 일반적으로 나갈 때에는 출발지 주소를 바꾸고 들어올 때는 목적지 주소를 바꾼다.
- **목적: 내부 Client IP 주소 숨김**

  ① Static mode(1:1): 주어진 사설 IP 주소에 대해 공인 IP 주소가 지정되어 있기 때문에 양방향 매핑이 가능

② Dynamic(1:n, n:n)

- Hide mode(1:n) = PAT(Port Addrss Translation) = NAPT
- IP Pool mode(n:n)

(4) Proxy Server

① Client가 자신을 통해 다른 네트워크 서비스에 간접적으로 접속할 수 있게 해주는 컴퓨터나 응용 프로그램을 말함, **Proxy를 통해 내부 IP를 숨길 수 있음**

② 서버와 Clinet 사이에서 중계기로서 대리를 통신할 수 있는 기능을 Proxy라 하며, 그 중계 기능을 하는 것을 Proxy Server라고 함

③ 웹 브라우저에서 Proxy server에 접근하는 방법으로 사용되는 기술이며 웹 브라우저에서 Proxy를 저장하면 웹 Client에서 요청되는 URL이 해당 서버에 연결되는 것이 아니라 Proxy Server에 연결된다. Proxy 요청을 받은 Proxy Server는 URL의 해당 서버와 접속하여 요청을 보내고 Client 내신 응답을 받아이를 Client에 넘겨주는 역할을 한다.

1.4.2. 방화벽의 종류

(1) Packet Filtering

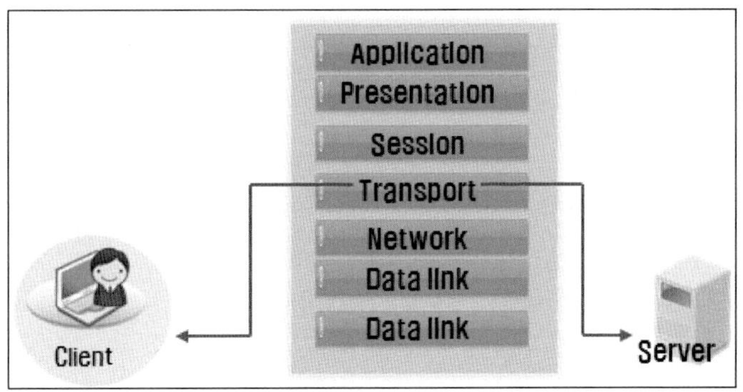

① 특징

- 계층: Network 계층과 Transport 계층에서 작동
- 미리 정해진 규칙에 따라 패킷 출발지 및 목적지 IP 주소 정보와 각 서비스의 port 번호를 이용해 접속제어

② 장점과 단점

- 장점: 다른 방화벽에 비해 **속도가 빠르며 사용자에게 투명성과 새로운 서비스에 대해 쉽게 연동이 가능**
- 단점: TCP/IP 구조적인 문제로 인한 패킷의 헤더는 쉽게 조작이 가능, 강력한 logging 및 사용자 인증 기능을 제공하지 않음

(2) Application Gatewary

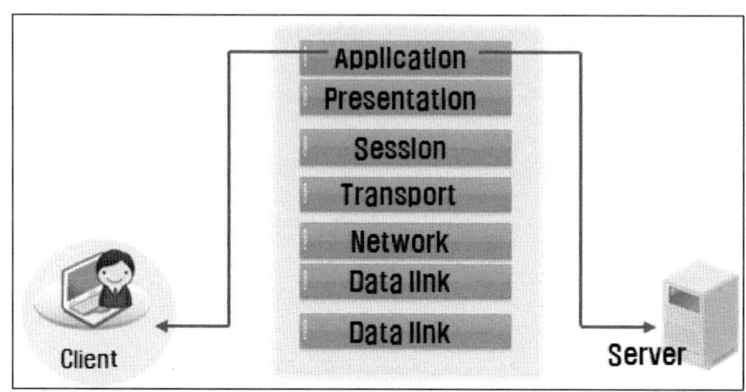

① 특징

- 계층: Application**계층, 프로토콜별로** proxy daemon**이 있어** Proxy Gateway**라고도 함**
- 사용자 및 응용 서비스에서 접근 제어를 제공하여 응용 프로그램 사용을 기록하여 감시 추적에 사용

② 장점과 단점

- 장점: Proxy 통해서만 연결이 허용되므로 **내부 IP 주소를 숨길 수 있음.** Packet 필터링에 비해 보안성 우수, **가장 강력한** Logging**과** Audit **기능 제공**
- 단점: 성능이 떨어짐, 새로운 서비스에 대해 유연성이 결여

(3) Circuit Gateway

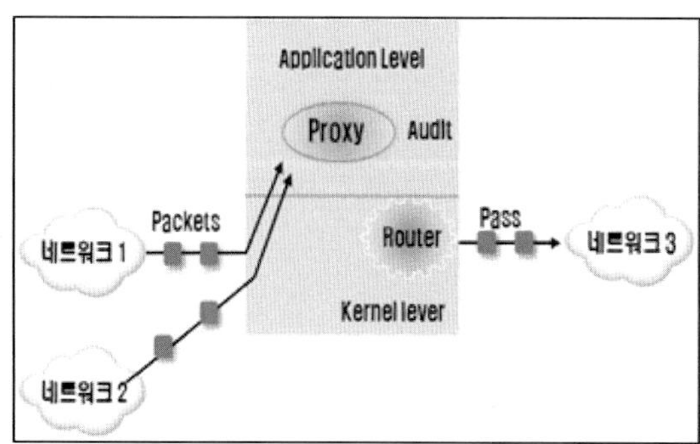

① 특징

－계층: Applicaton~**Session 계층 사이**

－방화벽을 통해 내부 시스템의로 접속하기 위해서는Clinet측에Curcuit Proxy를 인식할 수 있는 수정된 **Client 프로그램(예: SOCKS)이 필요**하며 설치된 Client Circuit 형성이 가능

② 장점과 단점

－장점: 내부의 IP 주소를 숨길 수 있음, 투명한 서비스 제공, **Application에 비해 관리가 수월**

－단점: 수정된 Client 프로그램 필요, 비 표준 포트로 우회접근 시 방어 불가

(4) Stateful Inspection

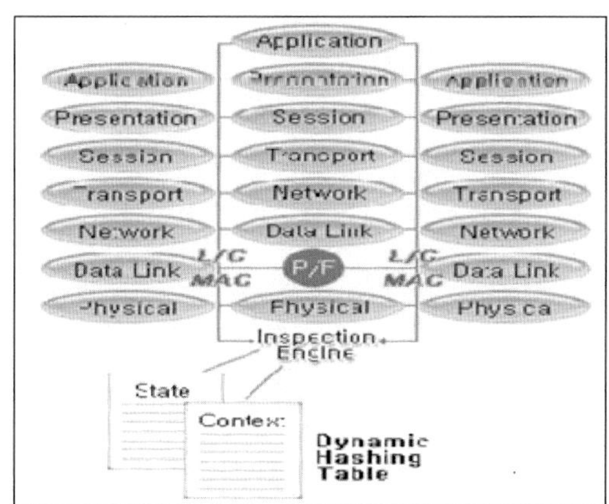

① 특징

－계층: 전 계층에서 동작, 패킷 필터링 방식에 비해 세션 추적 기능 추가, 패킷의 헤더 내용 해석하여 순서에 위배되는 패킷 차단

－패킷필터링의 기술을 사용하여 Client/Server 모델을 유지하면서 모든 계층의 전후 상황에 대한 문맥 데이터를 제공하여 기존 방화벽의 한계극복

② 장점과 단점

－장점: 패킷필터링 방식에 비해 세션 추적 기능 추가, 패킷의 내용까지 해석하여 순서에 위배된 패킷 차단, 상태를 검사함으로써 UDP, RPC 등의 connectionless 프로토콜도 검사, 방화벽 표준으로 자리 매김

(5) Hybrid

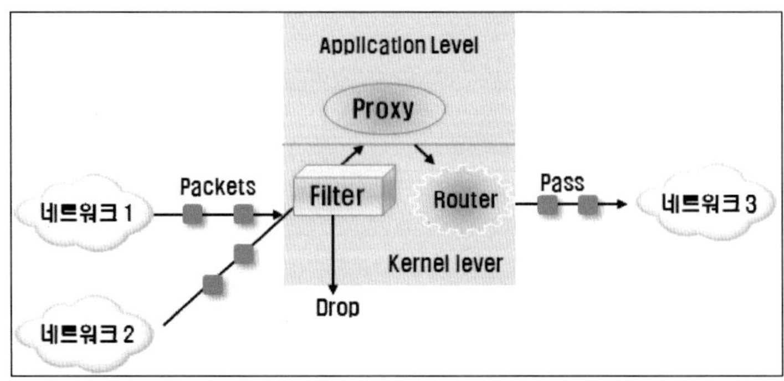

① 특징

－서비스의 종류에 따라 복합적으로 구성할 수 있는 방화벽

② 장점과 단점

－장점: 서비스의 종류에 따라서 사용자의 편의성, 보안성 등을 고려하여 방화벽 기능을 선택적으로 부여

－단점: 구축 및 관리의 어려움

※ **보안이 우수한 방화벽:** Application 〉 Stateful 〉 Packet Filtering

※ **성능이 우수한 방화벽:** Packet Filtering 〉 Stateful 〉 Application

※ 1st generation firewall: Packet Filtering
2nd generation firewall: Application fire wall
3rd generation firewall: Sfateful fie wall

1.4.3. Firewall Architecture－**구축형태에 따른 방화벽**

(1) 방화벽 Architecture 형태

형 태	설 명
스크리닝 라우터 (Screening Router)	일반인터넷 / 스크린 라우터 / 개인네트워크 – IP, TCP, UDP 헤버부분에 포함된 내용만분석하여 동작하며 내부 네트워크와 외부 네트워크 사이의 패킷 트랙픽을 perm/dorp하는 Router

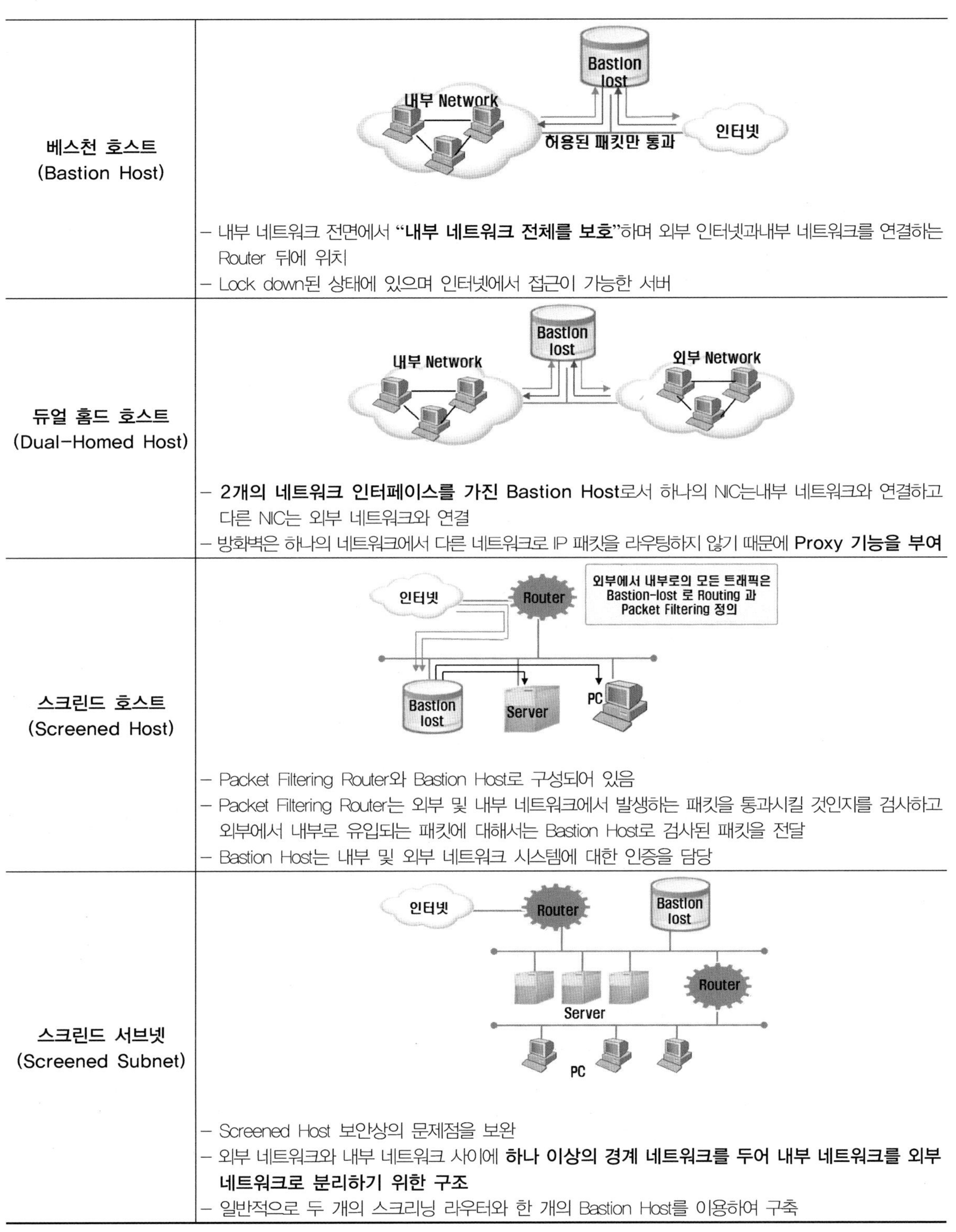

베스천 호스트 (Bastion Host)	- 내부 네트워크 전면에서 **"내부 네트워크 전체를 보호"**하며 외부 인터넷과내부 네트워크를 연결하는 Router 뒤에 위치 - Lock down된 상태에 있으며 인터넷에서 접근이 가능한 서버
듀얼 홈드 호스트 (Dual-Homed Host)	- **2개의 네트워크 인터페이스를 가진** Bastion Host로서 하나의 NIC는내부 네트워크와 연결하고 다른 NIC는 외부 네트워크와 연결 - 방화벽은 하나의 네트워크에서 다른 네트워크로 IP 패킷을 라우팅하지 않기 때문에 **Proxy 기능을 부여**
스크린드 호스트 (Screened Host)	- Packet Filtering Router와 Bastion Host로 구성되어 있음 - Packet Filtering Router는 외부 및 내부 네트워크에서 발생하는 패킷을 통과시킬 것인지를 검사하고 외부에서 내부로 유입되는 패킷에 대해서는 Bastion Host로 검사된 패킷을 전달 - Bastion Host는 내부 및 외부 네트워크 시스템에 대한 인증을 담당
스크린드 서브넷 (Screened Subnet)	- Screened Host 보안상의 문제점을 보완 - 외부 네트워크와 내부 네트워크 사이에 **하나 이상의 경계 네트워크를 두어 내부 네트워크를 외부 네트워크로 분리하기 위한 구조** - 일반적으로 두 개의 스크리닝 라우터와 한 개의 Bastion Host를 이용하여 구축

(2) 방화벽 Architecture 형태별 장단점

형태	장점	단점
스크리닝 라우터 **(Screening Router)**	- 필터링 속도가 빠르고 비용 적음 - 클라이언트와 서버 환경 변화 없이 설치가 가능 - 전체 네트워크에 동일한 보호 유지	- OSI 3, 4계층만 방어하여 필터링 - 규칙을 검증하기 어려움 - 패킷 내의 데이터는 차단 불가 - 로그 관리가 어려움
베스천 호스트 **(Bastion Host)**	- 스크리닝 라우터보다 안전 - Logging 정보 생성 관리가 편리 - **접근제어와 인증 및 로그 기능 제공**	- Bastion Host 손상 시 내부 망 손상 - 로그인 정보 유출 시 내부 망 침해 가능
듀얼 홈드 호스트 **(Dual-Homed Host)**	- 정보 지향적인 공격 방어 - Logging 정보 생성 관리가 편리 - 설치 및 유지보수가 쉬움	- 방화벽에서 보안 위반 초래 가능 - 서비스가 증가할수록 Proxy 구성 복잡
스크린드 호스트 **(Screened Host)**	- 2단계 방어이므로 매우 안전 - 네트워크 계층과 응용계층 방어로 안전 - **가장 많이 사용, 융통성 우수** - Dual-Homed 장점 유지	- 스크리닝 라우터의 정보가 변경되면 방어가 불가능 - 구축 비용이 높음
스크린드 서브넷 **(Screened Subnet)**	- 스크리닝 호스트 구조의 장점 유지 - **가장 안전한 구조**	- 설치 및 관리가 어려움 - 구축 비용이 높음 - 서비스 속도가 느림

1.5. OSI 계층별, TCP/IP, Device, Firewall, 취약점 비교

<table>
<tr><th colspan="2">OSI 7 Layer</th><th>TCP/IP</th><th>Device</th><th>Firewall</th><th>Vulnerability</th></tr>
<tr><td colspan="2">Application</td><td rowspan="3">Application</td><td rowspan="4"></td><td rowspan="3">Application
Level
Proxy</td><td>바이러스, 웜,
메일 스패밍</td></tr>
<tr><td colspan="2">Presentation</td><td>Unicode
Vulnerabilities</td></tr>
<tr><td colspan="2">Session</td><td>RPC exploit</td></tr>
<tr><td colspan="2">Transport</td><td>Host-to-Host</td><td>Circuit level
Proxy</td><td>Port Scan
SYN attack</td></tr>
<tr><td colspan="2">Network</td><td>Internet</td><td>Router</td><td>Packet Filtering</td><td>IP Spoofng,
DoS</td></tr>
<tr><td rowspan="2">Data Link</td><td>LLC</td><td rowspan="3">Network Access</td><td rowspan="2">Bridge
Switch</td><td rowspan="3">Stateful</td><td rowspan="2">MAC flooding
Spoofing</td></tr>
<tr><td>MAC</td></tr>
<tr><td colspan="2">Physical</td><td>Repeater</td><td>전력선 절단
Wireless noise</td></tr>
</table>

2. VPN(Virtual Private Network)

－공중망을 이용하여 사설망과 같은 효과를 얻기 위한 컴퓨터 시스템과 프로토콜의 집합

－보안성이 우수, 사용자 인증, 주소 및 라우터 체계의 비공개와 데이터 암호화, 사용자 Access 권한 제어

－VPN의 종류

Layer	설 명
Application	SSL/SSH
Network	IPSec
Data link	L2TP, PP2P

2.1. PPTP(Point-to-Point Tunneling Protocol)

① **PPP(Point-to-Point Protocol)의 Packet을 IP Packet으로 Encapsulation**하여 IP 네트워크에 전송하기 위한 터널링 기법, 2계층 작동

② Miscrosoft의 RAS(Remote Access Service)에 기반

③ 정보보호 서비스: **암호화와 인증**

－양방향 Tunnel 형성

－기밀성: RC4 **알고리즘 사용**, 주소 부분은 암호화하지 않음

－사용자 인증: MS-CHAP(PPP 인증)

2.2. L2TP(Layer 2 Tunneling Protocol)

① L2F 프로토콜(Cisco에서 제안)과 PPTP 프로토콜과의 호환성을 고려하여 만들어진 터널링 프로토콜

－Dial-up 사용자 인증, Network-based에 routed connection 지원

② 인터넷 서비스 제공자(ISP)를 목표로 제안

－Window NT Server 지원 안 함

③ 정보 보호 서비스

－기밀성: 제공 안 함 →L2TP over IPSec에서 지원

－인증(Certificate)

2.3. IPSec: 인증, 무결성, 기밀성, Replay 공격에 대한 방어

- IP망에서 안전하게 정보를 전송하는 표준화된 3계층 터널링 프로토콜로서 IP계층 보안을 위해 사용
- TCP/IP 통신을 더 안전하게 유지하기 위해 IP 데이터그램의 인증, 무결성과 기밀성을 제공, IPv6 버전에 채택
- IPSec 구분

구분기준	종류	설 명
인증과 암호화를 위한 헤더	AH	- **데이터 무결성과 IP패킷의 인증을 제공**, MAC 기반 - **Replay Attack으로부터의 보호 기능(순서번호 사용)을 제공** - 인증 시 MD5, SHA-1인증 알고리즘을 이용여 Key 값과 IP패킷의 데이터를 입력한 인증 값을 계산하여 인증 필드에 기록 수신는 같은 키를 이용하여 인증 값을 검증
	ESP	- 전송 자료를 암호화하여 전송하고 수신자가 받은 자료를 복호화하여 수신 - IP 데이터그램에 제공하는 기능으로서 데이의 **선택적 인증, 무결성, 기밀성, Replay Attack 방지를 위해 사용** - AH와 달리 암호화를 제공(대칭키, DES, 3-DES 알고리즘) - TCP/UDP 등의 Transport 계층까지 암호화할 경우 Transport 모드 - 전체 IP 패킷에 대해 암호화 할 경우 터널 모드를 사용
전송방법 (연결형태)	터널모드	- VPN과 같은 구성으로 패킷의 출발지에서 일반 패킷이 보내지면 중간에서 IPSec을 탑재한 중계 장비가 패킷 전체를 암호화(인증)하고 중계 장비의 IP주소를 붙여 전송
	전송모드	- 패킷의 출발지에서 암호화(인증)를 하고 목적지에서 복호화가 이루어지므로 End-to-End 보안을 제공
키 관리 담당	ISAKMP	- Internet Security Association and Key Management Protocol - Security Association 설정, 협상, 변경, 삭제 등 SA 관리와 키 교환을 정의했으나 키 교환 메커니즘에 대한 언급은 없음
	IKE	- **Internet Key Exchange: 키 교환 담당** - IKE 메시지는 UDP 프로토콜을 사용해서 전달되면 출발지 및 도착지 주소는 500ort를 사용하게 됨

2.4. SSL VPN(Secured Socket Layer)

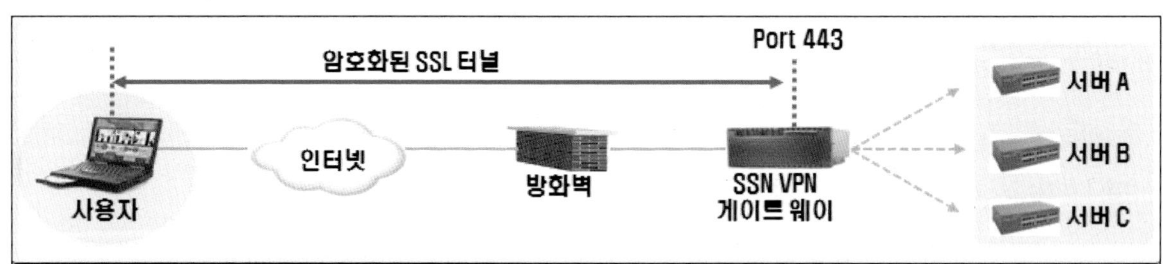

- 네트워크 기반기술로서 OSI 4~7계층에서 동작
- 환경: 다수의 원격 사용자를 가진 환경, 웹 기반 Application 운영 환경
- 장점: 별도 장비 없이 웹브라우저만으로 VPN 구현 가능, 뛰어난 사용성과 관리 편의성

-단점: SSL 자체의 부하(압복화화 지연)

2.5. SSH(Secure Shell)

-네트워크의 다른 컴퓨터에 로그인, 원격 실행, 파일 전송 등을 안전하게 통신하는 기능을 제공
-패킷 자체를 암호화하여 보냄으로 IP Spoofing, DNS Spoofing 등에 안전하며 RSA 공개키 방식을 이용

3. Wireless LAN

3.1. WLAN – 802.11(Wi-Fi)

3.1.1. 무선랜의 개요

– 정의: LAN 기반망과 단말기 사이를 무선주파수(RF: Radio Frequency)를 이용하여 전송하는 근거리 통신기술

– 특징: 유연성과 이동성 보장, 기존 N/W 확장을 통한 확장성 보장

3.1.2. 무선랜 표준 간의 비교

구분	IEE 802.11b	IEE 802.11a	IEE 802.11g	IEE 802.11n
평균속도	6.5 Mbps	25 Mbps	25 Mbps	200 Mbps
최대속도	11 Mbps	54 Mbps	54 Mbps	**600 Mbps**
주파수대역	2.4 GHz	5 GHz	2.4 GHz	2.4 GHz, 5GHz,
변조방식	DSSS	OFDM	DSSS,OFDM	**OFDM**

※ **802.11I: 보안 표준 설정(인증: 801.1X/EAP, 암호: AES)**

–그 외의 표준802.15: WPAN(Wireless Personal Area Network) Blutooth, 802.16: Wireless Man: WiMAX

※ B02.11n: 802.b/a/g 의 속도 및 전송 품질을 향상시키기 위해차세대 통신 기술을 접목, 기존 대비 11배 빠름

3.1.3. 무선랜 환경의 보안 위협

– 접속 시 인증 과정에서의 문제점과 무선 전송 데이터의 암호화 취약점이 존재

위 협	설 명
패킷 스니핑	– 무선구간의 프레임은 공개되어 전송되므로 내용 도청이 가능하며 해결책은 암호하
DoS	– **jamming이라고 함**. 802.11i에서 1초에 2개 이상 허용되지 않은 프레임은 단절함
비인가 접근	– 암호가 없는 개방시스템 인증방식에서 발생 – 해결책: AP와 단말간 패스워드나 인증서버 기반의 상호 인증 가능
불법 AP	– 불법 AP를 설치 프레임을 수집하거나 변조함, **man-in-the-middle 공격** – 해결책: 불법 AP차단기 또는 802.11i에서 규정한 Crypto-binding 기법 통한 불법인증 차단

3.1.4. 무선랜 보안 요소

요 소	설 명
SSID (Service Set ID)	– 무선랜 서비스 영역 구분을 위한 식별자로서 AP(Acess Point)는 동일한 SSID를 가진 Client만 접속을 허용 – 단점: SSID를 Broadcast하는 경우 무선랜 서비스 영역과 제공 기관을 쉽게 알 수 있어 공격자에게 목표 식별 기회를 제공, 도청에도 취약
MAC 인증	– AP에서 Client의 MAC Address를 인증하는 방식으로 주소 필터링에 의한 단말 인증만 실시하는 경우 정상 사용자와 AP 사이의 신호 분석을 통해 정상 사용자의 MAC 주소를 알아낸 후 자신의 MAC 주소를 위조할 수 있음
WEP	– AP와 Client 사이의 데이터 암호화 시 키 공유와 노출에 따른 취약점 존재

※ SSID, MAC address 인증에 대한 취약점을 개선하여 나온 것이 EAP-TLS와 EAP-TTLS임

3.1.5. 무선랜 인증 방식

－무선랜 인증 설명시 IEEE에서 정의한 3가지: Supplicant, Authenticator, Authentication Server

방 식	특 징
PSK (Pre shared Key)	– 인증서버 없이 단말과 AP 간에 미리 공유한 키를 기반으로 AP 접속 인증 – Personal mode(WPA–PSK)와 Enterprise mode(WPA–enterprise)로 운영
IEEE 802.1x port Based Access Control	– Layer 2 동작, 강력한 네트워크 접근 정책 구현이 가능하며 Port control을 통한 비인가된 사용자들은 네트워크 접속이차단
EAP (Extensible Authentication Protocol)	– 유선망에서 PPP 절차에 의한 사용자 인증을 위해 개발 – 모든 링크 계층에 적용, 다양한 인증 방법을 사용할 수 있게 설계 – 단말과 인증서버 간 인증 프로토콜에 관여하지 않는 인증 메커니즘

3.1.6. 무선랜 보안 프로토콜

프로토콜	내 용
WEP (Wired Equivalent Privacy)	**– 사용되는 공유키는 40 또는 104Bit, Data Link 계층** **– Initailization vertor(IV)와 조합시 키 길이 64Bit 또는 128Bit** – 전송되는 프레임은 40Bit 키 길이와 24Bit Initailization vertor(IV)로 조합된 64Bit키를 이용한 RC4 스트림 암호방식을 사용 – 단말과 AP는 동일한 패스워드 문장으로부터 4개의 고정된 장기 공유키를 생성한 후 이들 중에서 하나를 선택하여 암호 및 인증에 활용, 하지만 선택된 공유키의 Key ID와 IV값이 평문으로 상대방에 전송되므로 위험 – WEP의 설계 목표 a. Exportable b. Reasonably Strong c. Self–synchronization d.optional
TKIP	– Temporary Key integrity Protocol – WEP 취약점 보완을 위해 WPA(Wi–fi Protected Access)에서 표준화(WPA–1) – **RC4 알고리즘을 사용**하나 프레임별로 상이한 키를 적용하며 필요시 임시 비밀키를 갱신으로서 보안성을 강화, SW 방식
CCMP	– Counter Mode Encryption Protocol) – RC4 Stream 암호방식을 사용하는 TKIP 대신에 블록 암호화 방식을 사용함 – 128 Bit block key 사용하는 CCM 모드의 **AES block 암호화 방식을 사용(wPA–2)** – 메시지에 대한 무결성 처리 후 암호를 수행

※ WEP(4개의 고정 공유키, 스트림 방식) → TKIP(임시비밀키, 스트림 방식) → CCMP(블록암호화 방식, 인증을 강화)

3.2. WLAN 기타 사항

3.2.1. Phone Cloning(폰 복제, 대포폰)–full name 꼭 기억

－ESN(Electronic Serial Number): HW의 시리얼번호 이용

－MIN(Mobile Indentification Number): 전화번호 이용

3.2.2. SIM(Subscriber Indentity Module) Card

- IMSI(Electronict Serial Number)
- Individual subscriber's authentication key(128Bit)
- A3 and A8 Algorithm
- User PIN Code
- PIN unlocking key(PUK): 사용자가 PIN을 잊었을 때만 필요
- **GSM 망에서 Operator별로 단말기를 바꿔도 되지 않는 이유는 SIM Card 때문**

3.2.3. Bluetooth

- 가정이나 사무실 내에 있는 컴퓨터, 프린터, 휴대폰 등 정보 통신기기는 물론 디지털 가전 제품을 2.4GHz 대역의 주파수를 이용해 무선으로 연결해 주는 근거리 무선 접속 기술
- **특징: 2.4GHz 대역, 1Mbsp 전송속도, FHSS(Frequency Hop Spread Spectrum) 이용한 암호 기술, Challenge & Response 방식의 인증(CHAP 방식)**
- FHSS: 1초간에 1,600회 채널을 바꾸는 방식으로 2.4GHz 대역에서 대역폭 1MHz 채널을 79개 설정

3.2.4. Spread Spectrum(확산 스펙트럼)

- Data를 전송하기 위해 필요한 이론적 대역폭보다 훨씬 넓은 대역폭을 사용하여 정보를 전송하는 기법
- 5Kbps 정보의 경우 5KHz 대역폭에서 가능하나 이보다 훨씬 넓은 1MHz 주파수 대역을 이용하여 전송하게 되면 주파수 대역의 이용 효율은 떨어지나 오류 및 신호 대 잡음비는 향상됨
- 확산되는 동안 신호의 세기가 매우 약해도 통신이 가능하고 잡은 신호에 강해 많은 송신자가 동시에 신호를 송출하더라도 특정 코드를 가진 특정 수신자에게 신호를 전달할 수 있음
- **CDMA가 GSM보다 보안적으로 우수한 이유는 Spread Spectrum을 적용하기 때문**

DSSS	- Direct Sequence(직접확산방식) - 디지털 전송 신호에 주기가 훨씬 짧은 펄스열(일종의 암호코드)을 곱하여 전송하고 수신 쪽에서 전송에 사용된 펄스열과 똑같은 펄스열을 다시 곱해주면 원래의 신호가 복조됨 **- 장점: 암호코드를 사용하여 보안에 우수, 신호 품질과 연결성 증가** **- CDMA, 802.11b에서 사용**
FHSS	- Frequency Hopping(주파수 도약 방식) - 디지털 전송신호의 중심주파수가 특정 주파수 대역 내에서 계속 이동되도록 하는 방식 - Bluetooth에서 사용

3.2.5. Cellular Network

－Cellular: 이동 무선 통신에서 셀의 설치에 의해 통신망을 구성 운영하는 것

－Cell: 기지국이 커버할 수 있는 서비스 지역

GSM	– Global System for Mobile Communication, 범 유럽 디지털 셀룰러 통일 규격 – 유럽 각국의 다양한 아날로그 시스템을 단일 시스템으로 표준화
CDMA	– Code Division Multiple Access – 데이터를 디지털화한 다음 그것을 가용한 대역폭에 걸쳐 확산시키는 방식
TDMA	– Time Division Multiple Access, 900MHz 방식 – 전송할 수 있는 데이터 양을 늘리기 위해 셀룰러 채널을 3개의 시간대로 나누는 기술
FDMA	– Frequency Division Multiple Access – 무선 셀룰러 통신에 할당된 주파수 대역을 30개의 채널로 분할 – 각 채널은 한 명의 사용자에게 할당

:: 핵심 문제 풀이

문제 1〉	ISO 표준 OSI 7계층에서 광섬유 및 동축케이블 등은 어느 계층에 포함되는가? ① Network 계층 ② Transport 계층 ③ Data link 계층 ④ Physical 계층
카테고리	CISSP 〉 통신

문제풀이

– 물리계층은 실제 물리적 신호를 보내는 계층으로 광섬유, 동축 케이블, UTP 등과 같은 전송매체가 존재

정답 ④

문제 2〉 개방형 프로토콜인 OSI 모델과 TCP/IP 모델을 매핑한 것으로 틀린 것을 찾으시오.

① Physical, Data Link – Network Access
② Network Layer – Network Access
③ Session – Application
④ Application – Application

카테고리 CISSP 〉 통신

문제풀이

* OSI 7계층과 TCP/IP 4계층의 매핑
1) Network Access ↔ (Physical, Data Link)
2) Internet ↔ Network
3) Host-to-Host ↔ Transport
4) Application ↔ Application, Presentation, Session

정답 ②

문제 3〉 네트워크 토폴로지는 Star, Peer to Peer, Mesh가 존재한다. 이 중 Mesh Topology의 특징에 해당하는 것을 찾으시오.

① 한 노드의 고장이 전체 네트워크의 고장으로 전이되는 문제점을 가지고 있음
② 중앙 제어가 쉽고 단순하여 시스템에 대한 일괄 변경도 용이함
③ 케이블의 장애에 대한 백업(Redundancy)을 많이 가지고, 비용이 많이 소요되는 문제점
④ 노드 연결이 어댑터를 통하여 이루어지고 종단기(Terminator)를 사용

카테고리 CISSP 〉 통신

문제풀이

- Mesh Topology는 네트워크를 통해 중복 경로를 제공하고 한케이블이 고장 나면 다른 경로의 케이블이 트랙픽을 처리하여 네트워크가 계속해서 동작될 수 있어 백업구성은 높으나, 비용이 많이 소모된다.

정답 ③

문제 4〉	아래의 OSI 7계층 중 식별 및 인증 기능은 어느 계층에서 수행되는지 선택하시오. ① 애플리케이션 계층 ② 프레젠테이션 계층 ③ 세션계층 ④ 네트워크 계층
카테고리	CISSP 〉 통신

문제풀이

– 애플리케이션 계층은 사용자 애플리케이션이 존재하는 계층으로 식별 및 인증과 같은 기능을 수행할 수 있다.

정답 ①

문제 5〉	다음 중 전송매체 중에서 보안성이 가장 우수하다고 생각되는 것은 무엇인가? ① UTP ② STP ③ Coaxial Cable ④ Fiber–Optic Cable
카테고리	CISSP 〉 통신

문제풀이

– 광섬유 케이블(Fiber–Optic Cable)은 전송신호를 방출하지 않아서 도청하기가 어렵다.

정답 ④

문제 6〉

백본 네트워크 기술인 Frame-Relay와 X.25 protocol이 공통적으로 사용하고 있는 스위칭 방식이 무엇인지 선택하시오.

① 패킷 스위칭(Packet Switching)
② 회선 스위칭(Circuit Switching)
③ 축적 및 전송 스위칭(Store & Forward Switching)
④ 셀 스위칭(Cell Switching)

카테고리 CISSP 〉 통신

문제풀이

- Frame-Relay, X.25, TCP/IP 등은 패킷 스위칭 방식을 사용함. 또한 전화, 팩스와 같이 회선을 독점적으로 사용한는 통신은 회선 스위칭 방식을 사용. 백본 네트워크 중에서 고정길이 Cell을 사용하는 ATM은 셀 스위칭 기술을 사용하고 Store & Forward는 LAN에서 사용

정답 ①

문제 7〉

NMAP 도구를 사용해서 얻을 수 있는 정보는 무엇인가?

① 시스템에서 기동되고 있는 프로세스 리스트와 Process Control Block 정보
② 시스템에 오픈되어 있는 모든 포트 정보
③ 사용 중인 운영체제의 취약점 및 Log 관련 정보
④ 사용 중인 시스템의 소프트웨어 구성 정보

카테고리 CISSP 〉 통신

문제풀이

- NMAP 도구는 포트 스캔 도구로 시스템에서 열려 있는 모든 포트 정보를 획득하여 불필요한 포트를 제거하기 위해서 사용

정답 ②

문제 8〉 다음 보기 중 LAN(Local Area Network)환경과 거리가 먼 것은?

① CSMA/CD
② BUS
③ CSMA/CA
④ Optical Fiber

카테고리 CISSP 〉 통신

문제풀이

- 유선 LAN은 CSMA/CD를 활용하여 MAC(Multi Access Channel) Protocol을 구성하고 무선 LAN은 CSMA/CA 방식을 사용
- 또한 LAN은 BUS형태의 구조로 각 단말을 연결

정답 ④

문제 9〉 사내 데이터베이스가 해킹의 피해를 입었을 때 보안 관리자로서 첫 번째로 해야 할 일은 무엇인지 선택하시오.

① 사이버 수사대에 신고한다.
② Log를 분석하여 해커의 공격기법을 확인한다.
③ 데이터베이스 관리자에게 보고한다.
④ 네트워크로부터 데이터베이스를 분리한다.

카테고리 CISSP 〉 통신

문제풀이

- 해킹사고 발생 시 보안 관리자가 첫 번째 해야 할 일은 해킹 피해가 다른 곳으로 전이되지 않도록 시스템을 격리시키는 것
- 그리고 그다음 신고 및 로그확보 등과 같은 작업 수행

정답 ④

문제 10〉 아래의 해킹 기법 중에서 공격유형이 다른 것은 무엇인지 선택하시오.

① Ping of Death
② Teardrop Attack
③ Smurf Attack
④ Sniffing

카테고리 CISSP 〉 통신

문제풀이

- Sniffing은 IP 패킷을 캡처하여 정보를 획득하는 기법

정답 ④

문제 11〉 아래의 내용 중에서 라우팅 프로토콜이 아닌 것은 무엇인가?

① ARP
② IS-IS
③ BGP
④ OSPF

카테고리 CISSP 〉 통신

문제풀이

- 라우팅 프로토콜은 IS-IS, BGP, OSPF 등이 존재하고 사용 알고리즘에따라 거리기반과 링크 값 기반으로 분류됨
- 또한 BGP는 그룹 간의 라우팅 프로토콜

정답 ①

문제 12〉	TCP/IP 프로토콜 의 ARP에 대한 설명으로 맞는 것은 무엇인가? ① OSI Model에서 전송 계층에서 동작하는 Protocol로 신뢰성 있는 데이터 전송 수행 ② LAN 구간에서 상대 노드의 MAC Address를 알기 위한 Protocol ③ 호스트의 오류 메시지나 제어 메시지를 제공하기 위해서 Error Control 기능을 가짐 ④ Diskless Host에서 사용하는 Protocol
카테고리	CISSP 〉 통신

문제풀이

– ARP(Address Resolution Protocol)는 OSI 참조 모델에서 네트워크 계층에서 동작하고 상대의 IP 주소는 알고 있지만, MAC 주소를 얻고자 할 때 사용하는 프로토콜

정답 ②

문제 13〉	다음 중 데이터링크 계층에서 PPTP가 안전한 통신을 위해 필요한 것은 무엇인가? ① Authentication & Certification ② Authentication & Synchronization ③ Encryption & Encapsulation ④ Checksum & Synchronization
카테고리	CISSP 〉 통신

문제풀이

– 안전한 통신을 지원하기 위해서 기밀성을 제공해야 하고 기밀성은 암호화를 수행

정답 ③

스니핑을 패킷의 모니터링해서 송신자와 수신자의 IP 주소를 얻을 수가 있다. 이러한 스니핑 공격에 대한 해결방법으로 가장 관련성이 적은 것은 무엇인가?

문제 14〉

① 보안인식교육
② VPN
③ IPSec
④ SSL

카테고리 CISSP 〉 통신

문제풀이

- 스니핑을 예방하기 위해서 패킷에 대한 암호화를 수행해야 하며 암호화는 IPSEC, SSL을 사용할 수 있다.
- 또한 이러한 암호화 기술를 활용한 IPSEC VPN도 스니핑을 예방할 수 있다.

정답 ①

다음 보기 중 스니퍼를 활용하여 신뢰성 있는 IP주소를 획득하고 자신의 IP를 서버에 접근 가능한 신뢰 IP로 변조하여 네트워크 공격을 하는 기법을 가리켜 무엇이라 하나?

문제 15〉

① Buffer Overflow
② Smurf Attack
③ IP Spoofing
④ ARP Spoofing

카테고리 CISSP 〉 통신

문제풀이

- IP Spoofing은 IP 주소를 변조하여 신뢰성 있는 IP로 인식하게 하여 접근하는 기법

정답 ③

	DoS 공격를 대비하기 위해서 웹 서버의 최대 허용 세션 수를 증가시켰다. 이와 같은 방법을 활용 시 나타날 수 있는 문제점은 무엇이라고 생각하는가?
문제 16〉	① 시스템의 자원이 많이 소모된다. ② 관리자는 모니터링을 해야 할 서버 및 네트워크 서비스가 늘어난다. ③ 늘어나는 세션 수로 인한 취약점이 늘어나지만 DDoS는 대비가 가능하다. ④ 추가로 발생하는 문제점은 없다.
카테고리	CISSP 〉 통신

문제풀이

- 불필요하게 최대 세션 수의 증가는 시스템의 부하를 발생시킨다. 궁극적으로 최대 세션 수의 증가가 DDoS를 예방할 수 없고 오히려 취약점을 발생시키는 문제점을 유발할 수 있다.

정답 ①

	MD5와 SHA-1는 어떠한 공격에 대비하기 위한 것인가?
문제 17〉	① 삽입공격 ② 도스공격 ③ 도청 ④ 중간자공격
카테고리	CISSP 〉 통신

문제풀이

- MD5와 SHA-1은 해시함수를 통하여 메시지의 변조여부를 확인할 수 있다.

정답 ①

문제 18〉 보이스피싱에 대한 공격 사례가 많은데 이를 해결하지 못하는 이유는 무엇인가?

① 법률 및 제도 등의 장치가 미비함
② 추적 방법이 없어서 공격자를 파악할 수 없음
③ 뚜렷한 대안책이 없음
④ 피해규모가 적고, 특정 개인의 문제

카테고리 CISSP 〉 통신

문제풀이

– 보이스피싱에 대한 완전 대응 방법은 없다. 단, 보안교육 등을 통해서 홍보를 하거나 개인식별 기능을 강화할 수 있다.

정답 ③

문제 19〉 다음 방화벽 시스템 중에서 로깅 기능이 없는 것은 무엇인가?

① 애플리케이션 레벨 게이트웨이
② 서킷 레벨 게이트웨이
③ 베스천 호스트
④ 스크리닝 라우터

카테고리 CISSP 〉 통신

문제풀이

– 방화벽의 구성 중에서 스크리닝 라우터는 OSI 3, 4계층에서 패킷 필터링을 수행

정답 ④

문제 20〉 방화벽 유형 중에서 프락시 방화벽이 가지는 가장 큰 특징은 무엇인지 선택하시오.

① 호스트로 들어오는 패킷 트래픽을 캡처
② 장애발생 시에 바이패스
③ 패킷처리 속도가 향상됨
④ 패킷의 기밀성을 위해서 암호화가 가능

카테고리 CISSP 〉 통신

문제풀이

– 프락시는 호스트로 들어오는 패킷의 트래픽을 캡처하고 관리할 수 있다.

정답 ①

문제 21〉 스크리닝 라우터 방화벽 시스템의 패킷 필터링(Packet Filtering)은 무엇을 참조하여 동작하는가?

① Source IP
② Destination IP
③ Header Information
④ Packet Size

카테고리 CISSP 〉 통신

문제풀이

– IP Header에는 Source Address가 가지고 있음. 이 Source Address를 가지고 블랙리스트 IP를 차단

정답 ③

	아래의 방화벽의 유형 중 가장 안전한 방화벽은 무엇인지 선택하시오.
문제 22〉	① Bastin Host 방화벽 ② 스크리닝 라우터 방화벽 ③ 패킷 필터링 방화벽 ④ 게이트웨이 방화벽
카테고리	CISSP 〉 통신

문제풀이

- 게이트웨이 방화벽은 애플리케이션 레벨에서 패킷 필터링을 할 수 있는 구조로 안정성이 우수

정답 ④

	다음 중 해킹을 방지하기 위한 해결책으로 가장 효과적인 것은 무엇인가?
문제 23〉	① 개인방화벽 ② 암호화 ③ 침입탐지시스템 ④ 백신설치
카테고리	CISSP 〉 통신

문제풀이

- 개인 PC에 백신을 설치하여 주기적으로 점검하는 것이 가장 중요하다. 이것을 통해서 개인PC가 좀비PC로 전락하는 것을 예방할 수 있다.

정답 ④

보안관리

1. 보안관리 개념 및 원칙

1.1. 보안 관리 개념

1.1.1. 보안관리의 개념

- **보안 정책 절차를 개발하고, 위험 분석에 따라 보안 계획을 수립한 후 이를 구현 및 유지보수하는 일련의 활동**
- 정보는 다른 중요한 Biz 자산과 같이 가치를 가진 자산이며 이에 대해 적절하게 보호되어야 함
- 정보의 가치: 기밀성, 가용성, 무결성을 유지
- (ISC)^2 Survey의 보안 이슈, 1st: **경영진의 지원**, 2nd:보안인식교육
  3rd:악성코드, 4th: 패치관리, 5th: 취약성 및 위험관리

1.1.2. ISO 7498-2와 NIST 800-33의 보안 원칙(목표)

ISO 7498-2	– 기밀성, 가용성, 무결성, 책임추적성
NIST 800-33	– 기밀성, 가용성, 무결성, 책임추적성, Assurance

※ **보안의 목적은 상호 의존적: 기밀성은 무결성에, 무결성은 기밀성에 의존**
※ **가용성은 OSI 7 Layer 규정과 관련 없다.**
※ **책임 추적성**
- 보안 사고 발생시 누구에 의해 어떤 방법으로발생한 것인지 추측할 수 있어야 함
- 사전 침입 의도 감소
- 관여하지 않은 사람에게 엉뚱한 책임을 물어 불이익을 당하지 않도록 해야 함
- 식별, 인증, 권한부여, 접근통제, 감사의 개념 위에 세워진다

1.1.3. 보안 관련 용어

용 어	설 명
Threat(위협)	– 정보나 시스템의 잠재적인 위험 예) error & omissions, 도청, 파일삭제, 지진, 번개
Risk	– 위협적인 요소가 취약점을 이용하여 조직에 악영향을 미치는 결과를 가져올 가능성 – Total Risk: V(취약점)*A(자산)*T(위협)
Exposure	– 위협이 취약점을 이용하여 시스템에 해를 끼치는 그 순간
대응수단/보안대책	– 위협에 대응하여 자산을 보호하기 위해 **취약성을 감소 제거**하는 관리적, 기술적, 물리적인 예방활동 예) 강력한 패스워드 정책, 보안교육 – Safe Guard, Countermeasure, Control
Top-down 접근	– 성공적인 보안 관리를 위해서는 top-down 원칙을 지켜야 함, 경영진 지원이 핵심

※ **경영진의 역할**
- **승인: 보안정책 배보/승인, 보안인식교육, 위험관리, 효율적인 CERT 운영, 침투테스트**
- **참여: BCP/DRP(회사의 자원 소요를 알게 하기 위해서)**

1.1.4. 보안관리의 절차

- 보안 정책 수립 → 기업 내 중요 자산 파악 → 자산의 위험 파악 → 위험에 대한 보안대책 강구 → 보안프로그램 시행(정책수립, 교육)

2. 데이터 분류(Data Classification)

2.1. 데이터 분류의 목적

- 기밀성, 무결성, 가용성을 증진시키고 정보에 대한 위험을 최소화
- 비용대비 효과적인 정보보호 수행(Cost-to-benefit의 수립)
- Classification: 자산을 그루핑하여 적절한 class로 할당해 어떻게 보호할 것인지에 대해 인식
- **민감한 데이터를 더 잘 보호하기 위함(중요한 데이터가 아님)**

2.2. Classification Criteria(분류 기준)

- 목적: 자산에 부여된 **민감성(Sensitivity, 기밀성)과 중요성(Criticality, 무결성, 가용성 관점)과 label을 기반하여 데이터를 보호하는 과정을 정형화하고 계층화**
- 데이터의 분류는 데이터의 보관, 처리, 전송을 위한 보안 메커니즘을 제공하기 위해 사용
- **데이터 분류는 기밀성 관점이 큼(재해 복구는 가용성관점)**

- 데이터 분류 기준

기 준	설 명
가치(value)	- 데이터 등급 결정의 **#1 factor**
Lifetime	- 분류된 데이터는 일정 기간이 지나면 자동으로 분류 해제
Usefulness	- 기존 데이터에 대한 새 데이터가 만들어지면 기존 데이터는 자동 분류 해제 예) 회사 정책의 변화

- 사산 분류의 원식: 데이터는 가능한 힌 딘순하게, 분류레벨도 최소화하여 분류
- 자산의 가치를 결정해야 하는 이유

① CBA(Cost Benefit Analysis)
② 보험 가입
③ 보안 대책 선택
④ due care(정보보호에 대한 경영진의 책임)

2.3. 데이터의 분류 등급

- 군/정부 기관에서의 데이터 등급

등급	설명	예제
Top Secret	중대한 해(Grave damage)	신무기 정보, 인공위성정보, 첩보 활동 정보
Secret	심각한 해(Serious damage	부대배치, 핵폭탄 배치계획
Confidential	약간의 해(Some damage)	
SBU	민감하나 분류되지 않은 정보	준대외비, 정보보호 통제를 수행해야 할 대상, 의료정보
Unclassified	미분류 정보	

2.4. 정보 분류 역할 – the key player

역 할	내 용
Data/Info owner	– 비즈니스 정보 자산에 대한 궁극적인 책임 – 데이터 분류 결정, 데이터 관리(유지, 보안, 백업) 권한을 정보 관리인에 위임 – 자신이 소유한 데이터에 대한 Due Care의 적절한 통제에 대한 책임
Data/info Custodian	– Data Owner에 의해 데이터 관리의 책임을 위임 받은 사람, 백업과 복구 수행 – 데이터 유지보수와 보호의 책임 → 보안 정책에 의거 실질적인 절차를 수행
Security Admin	– 사용자 접근 요청을 다룸, 계정 생성, 삭제, 접근 권한 관리, **직원 퇴사 시 계정 만료**
System Admin	– H/W, S/W, OS 환경에서 **패치 테스트** 및 Update 위한 S/W 분배 시스템 운영 **– 시스템의 취약점 테스트의 주기적 수행**
ISSP	– Information System Security Professional – 보안 정책 개발, 표준, 절차, 가이드라인을 지원
ISO	– Information Security Officer – 보안 인식 프로그램의 개발과 제공, 비즈니스의 목적을 이해

※ 자산의 기밀성, 무결성, 가용성의 책임 준유술서
① Data Owner ② Data Custodian ③ Security Admin ④ 정보보안 관리자

3. Policy, Standard, Guideline, Procedure

- CISSP에서의 보안 프로그램?

  Security Policy, Standards, Guidelines and Procedure, Baselines, Security awareness, training, Incident handling, Compliance program

- 효과적인 보안에 대한 장애물

  ① **경영진의 지원 부족** ② Security Policy 부족

  ③ Security 교육 부족 ④ 예산의 부족

3.1. 보안 정책

3.1.1. 정의

- 반드시 충족해야 할 특정 요구사항, 규칙에 대한 것으로 반드시 이행해야 하는 **의무사항**이며 **경영진의 보안 정책에 대한 신념과 목표가 반영된 최상위 문서**

3.1.2. 보안 정책 서술 기법

- **Broad(포괄적), General(일반적), Overview(개괄적)**
- 적용대상을 명시, 특수한 기술이나 방법론의 서술은 배제한다.

3.1.3. 보안 정책 수립 시 고려사항(우선순위)

① Achievable(attainable) ② Flexible

③ understand ④ Business Objective

3.1.4. 보안 정책 문서에 들어가야 할 내용

- 개요, 목적, 범위, 정책, **시행에 따른 처벌**

3.1.5. 보안정책의 역할

- 개인의 책임(Responsibility)과 책임추적성(Accountability)의 제공
- 기업의 비밀보호, 지적 재산의 보호
- 기업 컴퓨팅 자원의 낭비 방지

3.2. 보안 정책의 종류

구 분	내 용
AUP	**- Acceptable Use Policy(허가된 사용에 대한 정책)** - 1st listed Security Policy: 첫 번째 고용 시 AUP를 읽고 서명을 하게 함**(조직원에게 밀접한 영향)** - 목적: 회사 컴퓨팅 자원의 개인적 사용 금지 **- unacceptable Use Policy(금지된 사용에 대한 정책)** 불법 S/W, 저작권/특허권/기업비밀 위반행위 - 다음의 활동에 대해 엄격히 금지 - 불법 S/W 설치, 저작권 콘텐츠 무단배포, 기술 유출, 악의적인 바이러스 배포, 성희롱 등등
User Account (계정정책)	- 시스템 계정에 대한 사용자, 운영 직원, 관리자에 대한 책임을 정의 - 침입이 탐지되면 누가, 무엇을 했는지 제공해야 함
인증정책	- 원격 위치 인증의 지침과 인증 장치의 사용을 설정(예: OTP: 정책)하여 패스워드 관리
원격접속정책	- HOST가 회사 네트워크에 접속하는 표준을 정의 - 민감한 데이터, 회사 기밀, 지적 재산 손실을 최소화 하도록 설계(2 Factor 인증/RBAC)
Extranet **연결**	- VPN, 파트너 회사 사람들의 접근에 대한 방법과 요구사항을 다룬다

3.3. Security Policy의 3가지 주제별 분류-NIST 분류 기준

분류기준	내 용
Organizational / Program Security Policy	- Senior level management statement로 역할 - 전략적 문서: 개괄적이며 별로 수정을 요하지 않음 - 조직의 전략적 방향 제시, 자원의 할당, 목적과 범위를 규정 - 구성요소: Objective, Resource, Scope, Direction
ISSP (Issue-Specific Security Policies)	- 상황에 맞는 적절성과 조직의 관심사항 초점, 관련 요소의 변화에 따라 잦은 개정(업데이트)이 요구됨 - 관련토픽: 이메일 privacy, 인터넷접근, 악성코드, 회사 소유물 개인적 사용 예) 이메일 유출금지, 외부로부터 온 메일은 백신으로부터 감염여부 체크
SysSP (System Specific Policy)	- **접근 통제 목록을 작성**하거나 사용자들에게 허용되는 행위 등에 대한 교육을 실시할 때 필요한 일반적인 정보나 방침을 제공 **- 개별 시스템(컴퓨터, 네트워크)에 대한 보안 목적을 정의** **- 비즈니스 목표, 범위, 목적, 접근통제를 위한 일반적인 규칙** 예) Firewall Configuration Policy, 라우터 ACL은 어떤 통제와 같이 사용하는가? → 접근 통제

3.4. 보안 관리 계획

- 포함 요소: 보안 역할의 정의, 보안 정책의 개발, 위협분석 수행, 직원의 보안 교육요구를 포함
- 보안 관리 계획팀의 아래의 세 가지 유형의 계획을 개발해야 한다.

항목	접근	설 명
Operational	단기	- **매달/분기별로 갱신**
Tactical	중기	- 6~18개월 유용, 특별한 보안 목적을 달성하기 위해 고안, **프로젝트, 고용계획**
Strategic	장기	**- 3~5년 유효**, 조직의 목표, 임무 정의, 장기 목표와 비전논의

3.5. Standards, Guidelines, Procedures

3.5.1. Standard-**일관성**

- 조직 내에서 의무적인 사항으로서 특정한 기술, 절차의 공통된 사용을 규정
- **정책을 어떻게 Accomplish할지, 기술을 어떻게 Deploy할지를기술**
- 정책에 정의된 목표와 전체 방향을 성취하기 위한 방식을 정의한 **전술 문서**
- How 관점에서의 기술 방법

3.5.2. Guidelines-**융통성**(Flexible)

- 조직 내에서 의무적인 사항이 아닌 **제안적인(Suggest) 사항**
- 시스템을 보호하는 데 있어서 사용자, 시스템 직원 및 제3자를 효율적으로 보조

3.5.3. Procedure-**세부**(Detailed) **단계적 수행 절차**(Step by Step)

- 특정 업무를 수행하기 위한 사용자나 시스템 운영자가 적용되고 있는 보안정책, 표준, 가이드라인을 수행하는 데 필요한 자세한 단계를 기술

3.5.4. **예제**

- Policy: 기밀정보가 올바르게 보호되어야 한다(무엇을 보호할 것인가에 대한 기술).
- Standard: DB의 모든 고객 정보는 암호화되어 저장되어야 하며 암호화 기술을 사용하여 전송해야 한다.
- Procedure: DES와 IPSEC을 실행하는 방법을 실행
- Guideline: 전송 중 데이터가 우연히 암호가 풀리거나, 손상되거나, 침해되었을 경우 처리하는 방법

4. 위험관리

4.1. 위험관리의 개요

4.1.1. 목표

- **위험을 수용 가능한 수준으로의 감소**(Acceptable Level), 그 수준은 조직, 조직의 자산 가치, 예산의 정도에 의존
- IT 예산 내에서 관련 지출을 정당화하기 위한 최고 경영자 설득을 위한 데이터 제공

4.1.2. 성공적인 위험 관리의 핵심

- 경영진의 지원, 참여 IT Team의 전폭적인 지원, 지속적인 위험평가와 위험관리

4.2. 위험관련 주요 용어

- Exposure Factor: 자산의 가치에 대한 손실이나 영향의 크기를 측정한 값으로 어떤 위협 사건으로부터 발생하는 자산가치의 손실, 0~100% 표현
- Single Loss Expectancy(**단일 손상 예상**): 특정 위협이 발생하여 예상되는 1회 손실액, SLE = **자산가치 x EF(1회 손실액)**
- Annualized rate of occurrence: 매년 특정한 위협이 발생할 가능성에 대한 빈도수 혹은 특정 위협/위험이 1년에 발생할 예산빈도, ARO: 회수/연도 발생수, ARO는 계산이 복잡하다(why? 추측, 통계분석, 역사적 기록)
- Annualized loss expectancy(ALE): 정량적인 위협분석의 대표적인 방법, 특정 자산에 대한 특정 실현된 위협의 모든 경우에 대한 가능한 연간 비용(연간 예상 손실) ALE: SLE * ARO

4.3. 위험관리 프로세스와 위험 평가와 분석

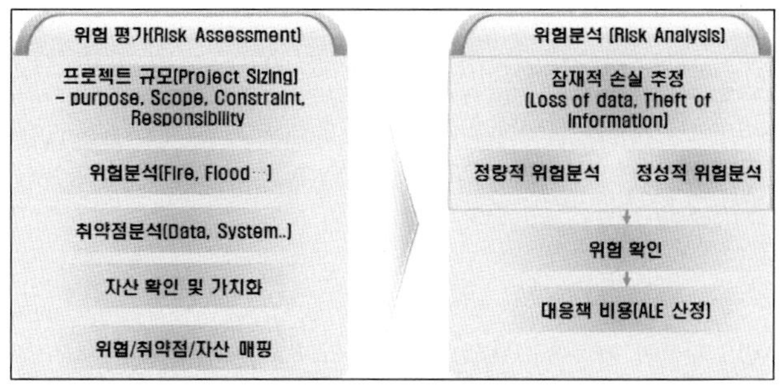

※ Project Sizing: 모든 참가자, target audience가 그 프로젝트에 대해서 이해하고 동의한다는 것을 확신하는단계

-중요성: 프로젝트가 명확히 정의되고 모든 당사자들이 프로젝트를 충분히 이해하고 있음을 확신시킴

4.4. ROSI - 추가된 내용

4.4.1. ROSI의 등장 배경

-Web defacement 또는 해킹 공격은 고객 Confidence의 손실을 일으킨다. 어떻게 Financial Impact를 구할 것인가?

4.4.2. ROSI의 필요성

-사고 후 보안 투자를 얻기는 쉬우나 사고 발생 전에 투자받기는 쉽지 않다.

-경영진은 위험을 정량화하기를 원한다. 보안 통제가 없다면 재정적 피해를 얼마나 얻을 수 있는지 알기 위해서이다.

4.4.3. ROSI의 유형

(1) SROI(Soft Return On Investment): **주주들에게 말로 겁을 줌으로써 예산을 확보하고자 함**

-많은 보안 관리자들은 여기에 의존하며 FUD(Fear, Uncertainty, Doubt)를 이용

예) 방화벽과 보안인원 2명을 뽑는다면 어떻게 경영진을 설득시킬 것인가?

(2) HROI(Hard Return On Investment): **명확한 근거를 제시하여 예산을 확보**

-특징: 보안 사용을 정당화하는 데 도움을 주는 정량적인 답을 제공

-7단계: 자산확인 및 Valuation → 위협, 취약점, 노출도 → SLE → ARO → ALE → Survey control → ROSI 계산 = ALE - CCC(Current cost of control}

〈계산 예제〉

1. 회사에 대한 위협
   - 토네이도, 50% 회사 시설에 손상을 입힘
   - 회사 시설의 가치$200,000, 발생확률 1년에 한 번

1) ALE = 10,000
(풀이) ALE = SLE(단일손실액) x ARO(연간 발생률)
SLE 공식은 자산가치 x 노출도(EF, %표현)이므로 200,000 x 0.5 하면 100,000이 되고, 따라서 ALE는 100,000 x (1/10, 10년에 한번 발생) = 10,000이 된다.

2) 토네이도에 의한 손상으로부터 회사 시설을 보호하기 위한 예산 책정 한도는 매년 10,000까지

2. 홍수가 발생하여 자산가치 100억짜리 슈퍼 컴퓨터가 10%의 손실을 입었다.
1) SLE = 10억
2) 5년에 한번씩 발생한다면 ALE = 2억
3) 책정될 수 있는 매년 투자금액의 최대 한도액은 ___억, 즉 Safeguard 수립 시 $__2억 미만 내에서 세워야 함

3. NOC를 운영하는 조직에서 NOC 자산의 가치 $500,000, 주요 위협이 화재, 화재 발생 시 전체 손실이 45%로 추산된다.
   - 소방부서에 의하면 NOC가 위치한 장소에서는 5년마다 화재가 발생한다. ALE는?

※ BEP(Break Even Point): 1년간 소비할 수 있는 통제 비용을 정당화

4.5. Risk Mitigation(위험완화)

4.5.1. 개요

– 위험 분석 후 cost-benefit analysis를 통해 가장 효율적인 대책이나 대응 방안을 수립하는 것

4.5.2. 위험 완화 방법

손실액 H		
	Risk Transfer(위험전가) - 보험, 아웃소싱, SLA	Risk Reduction(위험 감소) 보안대책비용 < 손실비용
	Rist Rejection(위험무시)	Risk Acceptance(수용) - 보안 대책비용 > 예상 피해액 - 보안 대책 비용 > 자산 · 손실확률
		발생가능성 H

4.6. 위험분석

① 개요

– 자산에 어떤 위협요소가 존재하는지를 분석하고 연관 있는 위협을 찾아내어 취약점 분석을 통해 위험 발생 가능성을 종합 분석하여 위험을 계산해 내는 것

– 위험관리의 핵심으로 위험 완화, 전가, 수용 등에 대해 결정을 내리기 위해 필요한 내역을 경영진에 제공(Security Safeguards를 정당화) → ALE 제공

– on going process: 위험 분석은 특정 주기마다 하는 것이 아니라 주기적으로 해야 함

② 목표

– 식별 측정된 위험이 허용 가능한 수준인지 아닌지를 판단할 수 있는 근거 제공

– 잠재적인 위협의 영향을 정량화

③ 위험 분석의 결과

– 중요 자산의 가치화, 위협요소와 취약점 분석, 발생 가능성 분석, 대응 방안이나 countermeasure 추천

④ 자동화 된 위험분석

– 목적: 시간의 감소, 수동 노력 감소

– 단점: 데이터를 수집하기 위해 많은 시간이 필요하기도 함

– 제품 선정 시 고려사항: 입력데이터 정확성, 수작업 병행, 분야별 전문적인 도구(취약성 분석 도구)

4.6.1. 정량적 위험 분석(Quantitive)

- 위협, 영향, 위험을 수치적(화폐)으로 표현하는 분석 기법
- 정보 시스템 및 관련 자산에 대한 위험 발생 확률과 잠재적 손실 크기를 곱해서 이를 화폐 가치로 환산하여 위험의 정도를 측정하는 방법
- 특징: 객관적, Hard dollars, Straightforward approach, 공식적 cost/benefit analysis 제공
- 기법: **과거자료 분석법**, 수학공식 접근법, 확률 분포법, 점수법, ALE
- 장점: 의미 있는 통계적 분석 지원, 정보의 가치에 대한 이해성, **객관적 Data 제공**(경영진 설득 용이)
- 단점: 계산이 복잡, 자동화 툴이 없으면 힘듦

4.6.2. 정성적 위험 분석(Qualitative)

(1) 개요

- 위험 가능성의 시나리오에 자산의 중요성, 위협, 취약성의 심각성을 **등급 또는 순위**에 의해 상대적으로 비교
- 특징: 주관적, 경영진에 신뢰성 있는 데이터 제공은 안 됨, 주요 위협의 시나리오는 1Page 정도

(2) 주요 기법

① Delphi Technique: **전문가 기법**으로 짧은 시간 내에 수행이 가능하여 비용 절감 효과가 있음 (단순 합의에 도달하기 위해 익명의 피드백과 응답과정)

② 기타: Story Boarding, Check List, One-to-One Meeting, Brain Storming, Survey

4.6.3. 위험 관리에서 알아야 할 것

- 정량적인 위험 분석의 접근법이 정성적인 접근법보다 바람직하다.
- **위험 관리는 회사 전체 IT 기능에 적용되어야 한다.**
- 위험관리는 최고 경영진 책임이다.
- **정량적인 위험 분석은 언제나 위험 확률을 산정해야 하는 어려움이 있고 주관적이고 정성적인 접근법에 의존한다.**
- 사용한 방법론이나 Package가 고도화된 것이라고 해서 비즈니스 상식이나 전문가의 성실성을 무시하면 안 된다.
- 정성적 위험 분석은 정량적 위험 분석에 비해 좀 더 주관적이다. → 틀린 말이다(좀 더가 아니다).

5. 보안 인식 교육과 개인 보안

5.1. 보안 인식 교육

5.1.1. 개요

- IT 보안의 가장 본질적인 기초(ISO/IEC TR13335-1), Top-Down 방식(경영진부터)
- **목적: 정보보호의 목표, 전략, 정책, 필요성, 관련된 책임, 역할 등을 직원, 파트너, 공급자에게 설명하기 위함**
- 특징: 행동의 변화와 좋은 보안 정책이 실행을 강화, 좋은 정보보호 습관의 강화

5.1.2. 장점

- 직원의 태도 개선 → 자신의 행동에 대한 Accountability의 인식 증가, Fraud 감소, 비인가된 행동 감소, 회사 사원의 개인적 사용 감소(AUP)

5.1.3. 보안 인식을 전달하는 기술

- 장식물 위의 메시지, 포스터
- 기관의 이메일 메시지 및 뉴스레터, 책상 위의 경고문
- **웹기반(CBT, 여러 장소에 있을 경우 비용과 훈련 시간을 감소시킬 수 있는 가장 효과적 방법)**
- 보상 프로그램 및 컴퓨터 정보보호의 날

5.1.4. 보안 인식 교육의 종류

항목	인식	훈련	교육
특성	무엇을	어떻게	왜
단계	정보	지식	통찰력
목적	인지(recognition)	skill	이해
방법	매체, 비디오, 뉴스레터, 편지	실질적인 교육, 강의, 워크숍 실습	이론 교육, 토론세미나, 배경 지식 알기
평가척도 (퀴즈 통한 정량적 평가)	참/거짓, 문제 (배운 내용 확인)	문제 해결 (배운 것의 응용)	단편의 글 (배운 내용 기술)
영향 미치는기간	단기간	중간	장기간

5.1.5. 보안 인식 교육의 주제

- 주제: 보안정책, PDA 보안, P/W 변환, 악성코드, 사회공학, S/W 라이선스

－고려사항: 모든 사용자의 업무와 관심사가 동일하지 않으므로 교육 시에는 대상자에 따라 내용이 달라야 함

5.1.6. 효과적인 보안 인식 교육(기억에 오래 남는 법, 순서)

① Role Play : **역할**

예) Piggyback, pw reset

- piggyback: 인가자의 뒤를 따라 비인가자가 들어가는 것, 대응은 mantrap

② Analogies 사용: 복잡한 상황을 비유하여 설명

예) 방화벽, IDS

③ Humor

④ recent, significant, real world example 사용

⑤ 명백하고 이해하기 쉬운 형태로 토픽의 중요성 설명

5.1.7. 보안에 대해 경영진을 자극할 수 있는 Motivator

① FUD: Fear(걱정), Uncertainty(불확실성), Doubt(의구심)

－경영진의 관심을 얻는 가장 빠른 방법 → adverse happening

② Dud care(경영진의 책임): BCP/DRP, Privacy 법률 → 법적 책임

③ Productivity: 바이러스, 스팸의 경우

④ Team up: 실무자와 법률 부서와의 긴밀한 협조

5.1.8. 보안 인식 교육의 효과 측정법

－Distribute a Survey or Questionnaire → 퀴즈를 통한 정량적 평가

－질문, 보안 위반 건수(교육 전/후), Spot Check: 즉시 check(P/W 보안, 물리적 보안의 경우)

※ Dumpster Diving 예방책(순위): 분쇄기(Shredder), 문서파기 정책, 쓰레기통을 밝은 곳에 배치

5.2. Personal Security(인적 보안)

5.2.1. 개요

－기업의 정보 시스템과 관련된 모든 직원, 외주직원, 퇴직자들에 대한 보안 관리

－서약서 서명, 기업 소유물 반환, 퇴사 시 또는 파견 종료 시 권한 및 출입 등에 대해 해당 관리자에 즉각 보고

– 고의에 의한 사고 예방을 위해 직원의 채용, 고용 및 퇴사 과정의 통제가 필요

5.2.2. 고용 절차

– 직위 정의(직무분리, 최소권한 원칙) → 직위의 민감도 결정 → 특정 직위에 응모자를 선별하여 고용(신원조회(학력, 자격), 범죄경력, 전직 경력 증명, **모터사이클 경력**, 약물 남용 이력) → 훈련

5.2.3. 직무분리(Separation of Duty)

– 중요 업무를 한 직원이 수행하지 않고 2인 이상의 직원이 나누어 수행하도록 함으로써 부정의 가능성을 예방하는 통제(**예방 통제**)

– 분리되어야 할 업무

① 개발/운영　② 보안/감사

③ 암호키 관리/암호키 변경　④ 테스터/운영

– 직무 분리의 효과와 단점

① 효과: 자원 남용 예방, 경영자와 관리자의 실수와 권한 남용

② 단점: 공모(collusion)에 취약 → 직무순환으로 예방 가능

5.2.4. 직무순환(Job Rotation)

– 지식 감소(knowledge redundancy), Fraud(부정) 적발: 정보의 오용에 대한 감소)

– peer auditing **제공: 유사한 직위를 가진 직원들 사이의 상호 감사(한 직원이 오랫동안 직무를 수행함으로써 발생할 수 있는 부정 가능성 예방)**

5.2.5. 강제 휴가(Required Vacation)

– 1~2주 정도 직원의 업무와 특권을 감사/검증, 횡령 예방효과, 탐지 통제

5.2.6. 퇴사절차(Termination)

– Friendly: 퇴사 양식에 사인, 컴퓨터 계정 및 접근 권한 삭제

– Unfriendly: 나쁜 조건에서 해고(인원 감축, 강제 전출 등) → 면직 사실 통보, 즉시 ID카드, 열쇠, 권한 반납

– 퇴사 시 주요 사항

① 내부 정보에 접근할 수 있는 모든 권한을 회수

② 출구인터뷰: NDA(Non-Disclosure Agreement, **기밀유지동의서**), 채용합의서, 다른 보안 관

련 문서에 기반하여 퇴직직원에게 부과되는 책임과 제한을 검토, 전자 메일이나 음성 메일의 퇴사 후 전달 방법 설정

③ 논리적 측면: Delete, remove, Disable(가장 확실한 것은 delete)→ **계정 삭제**

④ 물리적 측면: escort

예) 퇴사자가 장애 처리를 위해 방문했다. 어떻게 할 것인가?

답: escort

6. 사회 공학(Social Engineering)

6.1. 개요

- 사람을 속여서 민감한 정보를 유출하게 하는 기술
- 캐빈 미트닉(해커): 밸런타인데이 때 메일 제목에 I LOVE YOU를 쓰고 첨부 문서로 바이러스를 보냄

6.2. 사회 공학의 특징

- 공격 방법: 동정심 유발, 공감(sympathy), 협박(blackmail), 설득
- 종류: Shoulder Surfing, Dumpster Diving, Blackmail etc.
- 공격 대상: Receptionist, Telephone Operators, Help Desks, 신입 사원

6.3. 사회 공학 공격 징후

- 요청사항이 일반적이지 않음, 권위를 내세워 긴급성을 요함, 질문하면 불편한 심기를 드러냄, 칭찬 및 아부

6.4. 사회 공격의 효과적 대응

- 기업의 정책과 계획을 분명화, 보안 사고시 즉각적인 보고체계 존재, **보안인식 교육을 통한 개개인의 주의**

:: 핵심 문제 풀이

문제 1〉	정보 자산의 중요성 단계 및 정보자산의 가치를 결정하고 그것을 확인하는 사람은 누구인가? ① 부서장 ② 보안 담당자 ③ 소유자 ④ 사용자
카테고리	CISSP 〉 보안관리

문제풀이

– 정보자산의 소유자는 정보자산의 중요성과 정보자산의 가치를 결정하고 보안 담당자는 이렇게 결정된 정보자산에 대해서 관리적, 기술적, 물리적 대응계획을 수립

정답 ③

문제 2〉	정보보안 정책 및 단계를 규정하려고 할 때는 가장 우선적으로 ( )을 고려해야 한다. ① 통합성 ② 융통성 ③ 편의성 ④ 실행가능성
카테고리	CISSP 〉 보안관리

문제풀이

– 정보보안 정책 및 단계를 규정할 때 가장 중요한 것은 기업에서 실질적으로 할 수 있는 실현 가능성

정답 ④

문제 3〉	기업에서 보안 정책 수립 목표에 대한 설명으로 가장 올바른 것은 무엇인가? ① 직원들의 보안 활동 표준 지침을 제공 ② 기업의 중요 자산을 식별하고 통제방안을 수립 ③ 조직의 경영 전략을 고려하여 경영 전략을 지원할 수 있는 정책 ④ 직원들을 통제할 수 있는 도구
카테고리	CISSP 〉 보안관리

문제풀이

- 정보보안 정책 수립은 직원들의 보안의식을 고취시키고 실질적으로 준수해야 하는 표준지침을 제공하여 교육

정답 ①

문제 4〉	기업에서 정보보안 정책을 수립하였다. 누가 보안 정책을 기업 전체에 공표해야 하는가? ① 경영진 ② 보안 담당자 ③ 담당 부서장 ④ 주주
카테고리	CISSP 〉 보안관리

문제풀이

- 정보보안 정책은 경영진이 보안정책을 공표하여 전 직원의 보안의식을 고취시키고 Top down 관점에서 추진해야 함

정답 ①

	정보보안 정책 수립 시에 경영진에서 가장 높은 레벨의 보안정책 실행을 요구했다. 이러한 경우 나타날 수 있는 활동으로는 가장 올바른 것은 무엇인가?
문제 5〉	① 고객에게 회사 이미지를 개선시켜 매출향상이 발생된다. ② 정보보안 정책 수립의 이행을 위해서 보안 예산이 증가할 수 있다. ③ 너무 엄격한 통제로 인하여 시스템 사용이 불편해질 수 있다. ④ 불편함으로 직원들의 이직률이 높아질 수 있다.
카테고리	CISSP 〉 보안관리

문제풀이

– 가장 높은 레벨의 정보보안 정책 실행은 정보보안 관련 예산이 증가할 수 있다.

정답 ②

	프로젝트 혹은 유지보수 시에 보안업무 서약서는 어떠한 조치를 위한 것인지 가장 올바른 것을 선택하시오.
문제 6〉	① 직원들에게 회사에 대한 소속감을 높이고 보안의 중요성을 인식하기 위해서이다. ② 보안 담당자가 보안정책을 교육했음을 증빙하기 위해서이다. ③ 보안서약서를 통하여 직원을 평가하고 감독하기 위해서이다. ④ 직원들의 보안정책 위배가 발생할 경우 조직차원에서 조직보호 증빙자료로 활용하기 위해서이다.
카테고리	CISSP 〉 보안관리

문제풀이

– 보안업무 서약서는 정보보안정책 수립, 정보보안정책 표준 지침서 작성, 정보보안정책 교육을 실시하고 최종적으로 정보보안의 중요성을 인식시키고 보안 위배가 발생할 경우 조직보호를 위한 증빙자료로 활용

정답 ④

문제 7〉

다음 보기 중 위험에 대응하고 남은 잔여위험의 계산식은 무엇인가?

① (위협 × 자산가치 × 취약점) × 통제GAP
② 위협 × 자산가치 × 취약점
③ SLE × 주기
④ 위협 × 위험 × 자산가치

카테고리 CISSP 〉 보안관리

문제풀이

– 잔여위험 = (위협 × 자산가치 × 취약점) × 통제GAP

정답 ①

문제 8〉

근무기간이 10년이 넘은 직원들 사이에서 공모를 통한 기업의 중요 정보 유출 사고가 발생했다. 이러한 경우 이를 해결하기 위한 방법으로 가장 적정한 것은 무엇인가?

① 최소권한
② 직무순환
③ 휴가
④ 교육

카테고리 CISSP 〉 보안관리

문제풀이

– 공모를 통한 사고가 발생하였으므로 직무순환을 하는 것이 좋음

정답 ②

문제 9〉

연간 기대손실에 대한 계산방식으로 올바른 것은 무엇인가?

① 총 예상 손실 × 손실 빈도
② 자산 가치 × 예상 손실
③ 단일 예상 손실 × 연간 발생 확률
④ 총 손실 비용 × 연간 대체 가치

카테고리 CISSP 〉 보안관리

문제풀이

- 연간 기대 손실(ALE) = 단일 기대 손실(SLE) × 연간 발생 비율(ARO)
- 단일기대손실(SLE) = 자산 가치(Asset Value) × 노출 요소(Exposure Factor)

정답 ③

문제 10〉

정보시스템 위험분석에서 정성적 및 정량적 위험 분석 간의 차이에 대한 설명으로 가장 올바른 것은 무엇인가?

① 정성적 위험분석은 현금비용을 사용하지만 정량적 위험분석은 사용하지 않는다.
② 정성적 위험 분석은 정량적인 숫자보다는 등급을 사용한다.
③ 정성적 위험 분석은 복잡한 계산 사용하여 등급을 파악한다.
④ 정량적 위험 분석은 자동화될 수 없고 전문가에 의한 판단을 수행해야 한다.

카테고리 CISSP 〉 보안관리

문제풀이

- 정성적 분석은 구간을 활용한 등급 혹은 특성을 분석
- 정량적 분석은 모든 손실 비용을 계량화하여 사용

정답 ②

문제 11〉	규모가 작은 중소기업에서 처음으로 위험분석을 하려고 한다. 이때 가장 합리적인 분석방법은 무엇인가? ① 복합 방법 ② 모든 위험요소를 식별하고 상세 위험 분석 방법 ③ 전문가를 이용한 분석기법 ④ 기준선(baseline) 방법
카테고리	CISSP 〉 보안관리

문제풀이

- 규모가 작은 중소기업의 경우 비용과 시간을 고려한 분석을 수행하는것이 적당. 그래서 기준선 방법이다. 반대로 상세 위험분석 방법은 많은 비용과 시간 발생

정답 ④

문제 12〉	보험가입과 같은 위험대응방법은 무엇인가? ① 위험 수용 ② 위험 감소 ③ 위험 회피 ④ 위험 이전
카테고리	CISSP 〉 보안관리

문제풀이

- 위험대응 방법은 위험감소, 위험회피, 위험이전(전이), 위험수용 방법이 존재하고 보험은 위험을 이전하는 대응전략, 즉 위험으로 발생되는 손실비용을 전가한다.

정답 ④

보안담당자는 매월 보안 의식 프로그램 교육을 시행했다. 이를 통해 얻을 수 있는 이점으로 생각되는 것을 선택하시오.

문제 13〉 ① 보안에 대한 의식 및 태도, 행동 변화
② 경영진의 마인드 개선
③ 중요 데이터 보호 강화
④ 사내 이미지 제고 및 직원 만족도 향상

카테고리 CISSP 〉 보안관리

문제풀이

– 주기적인 보안 의식 교육은 직원들로 하여금 정보보안의 중요성을 인식하고 정보보안 원칙, 표준 가이드를 준수하게 하는 효과를 얻을 수 있다.

정답 ①

최근 3개월 내에 신입 직원들이 대다수 입사했다. 직원들의 보안시스템의 적응성을 높이기 위해서 관리자 관점에서 수행해야 하는 역할은 무엇이라고 생각하는가?

문제 14〉 ① 직원들의 보안교육을 전문 기관에 위탁
② 최신의 보안시스템 도입을 통하여 사용자 교육을 실시
③ 사내 커뮤니티를 활용하여 보안 관련 중요 사항을 주기적으로 공지
④ 보안을 위배한 사람을 주기적으로 파악하여 처벌

카테고리 CISSP 〉 보안관리

문제풀이

– 신입 직원들의 적응성을 높이기 위해서 관리자가 사내 커뮤니티를 활용하여 주기적으로 보안 관련 중요사항을 공지하고 모든 조직원이 공유할 수 있도록 하는 것이 중요

정답 ③

문제 15〉 특정 직원이 DB 관리자에게 위장하여 다른 사람의 패스워드 변경을 요청했다. 이러한 일을 방지하기 위한 활동으로 가장 올바른 것은 무엇인가?

① 한 사람의 관리자만 비밀번호를 변경 및 관리
② 관련 담당자를 징계
③ 보안 솔루션 도입
④ 보안 인식 프로그램을 수행

카테고리 CISSP 〉 보안관리

문제풀이

– 보안 인식 프로그램을 수행하여 해당 직원에 대한 교육 및 개선 유발

정답 ④

문제 16〉 조직의 보안 정책을 승인 및 특정 보호 대책을 받아들일 궁극적인 책임은 누구에게 있다고 생각하는가?

① 모든 팀원
② 시스템 관리자, 데이터베이스 관리자, 네트워크 관리자 등
③ 최고 경영진
④ 보안 관리자

카테고리 CISSP 〉 보안관리

문제풀이

– 보안정책 승인 및 공표, 유효성, 보안대책 수용책임은 최고 경영진 책임 조직의 보안 정책을 실질적 이행은 보안 관리자

정답 ③

문제 17〉 보안담당자는 보안 표준을 작성 후 아래와 같이 사용자 보안 교육을 실시하였다. 이 중에서 가장 적정하지 않는 것은 무엇인가?

① PC, 노트북, 스마트 폰 관리지침
② ID 및 Password 관리지침
③ 보안 사고처리, 취약성 점검 방법 및 보고방법
④ 기업의 보안정책

카테고리 CISSP 〉 보안관리

문제풀이

– 보안 사고처리, 취약점 점검, 보고방법은 보안담당자가 고지하는 것이다.

정답 ③

문제 18〉 대부분의 기업에서 보안인식 프로그램을 도입하였지만, 실질적으로 많은 어려움이 발생한다. 보안 인식 프로그램의 성공률을 높이기 위해서 도입초기에 가장 우선적으로 고려해야 할 것은 무엇인가?

① 전 직원들의 동의
② 경영진의 적극적인 참여 유도
③ 외부 전문가 집단의 자문을 통해서 객관성을 높임
④ 직원들의 사용환경을 분석하고 적합하게 프로그램을 커스터마이징

카테고리 CISSP 〉 보안관리

문제풀이

– 보안인식 프로그램 도입 시에 실제 직원들의 환경분석 후 적합하게 수정하는 것이 중요

정답 ④

문제 19〉	다음 중 특정 위험 제거 통제가 구현되어야 하는지를 가장 명확하게 보여주는 기법은? ① 위협 및 취약성 분석 ② 정성적 및 정량적 위험 평가 ③ 정보보호 대책의 비용대비 효과 분석 ④ ALE 계산하고 결정
카테고리	CISSP 〉 보안관리

문제풀이

– 위협 및 취약점 분석, 정성적 및 정량적 위험 평가, ALE 계산은 모두 위험의 크기를 측정. 특정 통제가 구현될 때 보호 대책의 비용이 위험의 감소분보다 작은지 여부에 따라 결정

정답 ③

응용개발

1. Application 환경

1.1. Application 환경과 이슈

1.1.1. Application 환경

환 경	특징
중앙 집중식 (Centralized)	- 모든 정보 시스템 작업들이 한 장소에서 이루어짐 - 장점: 업무 일관성, 관리 편리 - 단점: 효율성 저하, SPOF
비중앙 집중식 (Decentrailized)	- 조직의 각 부서가 자신의 데이터를 처리 - 로컬 수준에서 결정이 이루어짐 - 다수의 컴퓨터 사이트가 상호 간의 통신 없이 독립적으로 운영(네트워크로 연결 안됨)
분산형 (Distributed)	- 다수의 사이트 상호 간에 통신 - Client와 Server로 구성된 Architecture - 관리 포인트 증가, 효율적

1.1.2. Application 이슈

환 경	특징
분산 환경	- Agent: 사용자를 대신하여 자동으로 작업을 수행하는 프로그램 - Mobile code: www 브라우저를 통해 다운로드되어 실행되는 작은 프로그램 예) Active-x, Java Applet
로컬/비분산 환경	- Virus: Host file 감염, 비독립적 - Trojan Horses: 개인정보 유출, 위장한 S/W, Mimic - Logic Bombs: 정상 S/W에 정해진 시간에 작동하도록 함 - Worms: 확산, network 자원 소모, 독립적 - RATs(Remote Access Trojan): 개인정보 유출, 원격 - Spyware & Adware: 사용사 취향을 수집, 광고 - Pranks(=joke): 장난 목적 - Backdoor: 인증 우회가 목적

1.2. 분산 환경

- 프로그램, 데이터, 컴퓨터 자원들이 여러 컴퓨터에 분산되어 네트워크로 통합 운영되는 환경
- **보안 취약점: 분산환경 〉 중앙집중식 환경**
- 분산 환경의 요구사항: 이식성(Portability), 상호운영성(Interoperability), 투명성(Transparency), 확장성(Extensibility), 견고성과 보안(Robustness, Security)

1.2.1. 분산 기술

(1) DCE(Distributed Computing Environment)

- OSF(Open System Foundation)에서 만든 개방형 표준
- 분산 컴퓨터들의 시스템 내에서 컴퓨터 및 데이터 교환을 설정하고 관리하는 데 필요한 산업 표준 S/W 기술
- **UUID(Universal Unique Identifier)를 식별자로 사용**

(2) DCOM(Distributed Component Object Model)

- MS에서 만든 분산 기술
- **COM에서 시작**(OLE1 → OLE2 → ActiveX)
- 네트워크상에서 Client 프로그램 객체가 다른 컴퓨터에 있는 서버 프로그램 객체에 서비스를 요청할 수 있도록해주는 MS의 프로그램 Interface
- **GUID(Globally Unique Indetifier)를 식별자로 사용**

(3) CORBA(Common Object Request Broker Architecture)

- OMG(Object Management Group)에서 만든 이기종 플랫폼간의 호환을 위한 분산 아키텍처 표준
  예) java 코드가 C++로 작성된 코드에 접근 가능
- **IDL(Interface Definition Language)**: 이 기종 간의 통신을 위하여 정의하는 Interface 언어

1.2.2. 분산 환경이 위험과 통제

(1) 분산 환경의 동작 원리(Applet)

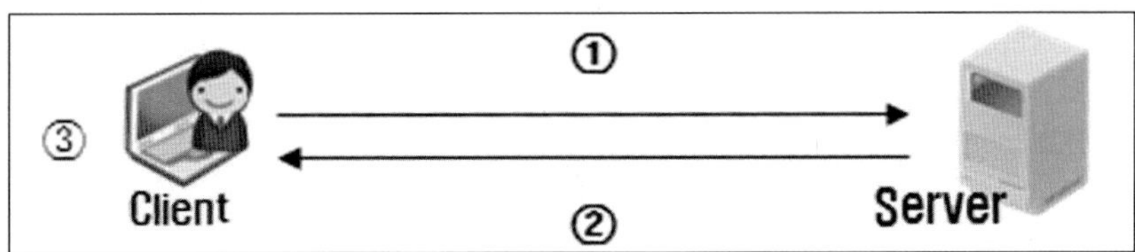

① Client는 원하는 Applet Web 서버에게 요청
② Web 서버는 Client가 요청한 Applet 파일을 찾아서 사용자에게 전송
③ Web 서버로부터 받은 Applet을 브라우저 내에 있는 JVM(Java Virtual Machine)상에서 수행
※Applet 실행할 코드는 서버에 있고 실제 코드를 실행하는 부분은 Client에 있음 → 해킹 위협이 존재

(2) 분산 환경의 위험과 통제

① 이슈

– 악성 코드를 내포한 프로그램을 전송 받을 수 있어 많은 위험을 내포, 정보 유출 및 변경, 파괴와 같은 위험이 존재

위 험	설 명
Agent	– 상대방의 컴퓨터 자원을 이용하여 작업을 수행, 자원 파괴 등의 악성 Agent 파악
Mobile Code	– 플랫폼에 독립적이며 Client로 다운되어 수행되는 작은 프로그램(ActiveX, Applet) – 악성코드 포함 위험

② 분산환경 위험에 대한 통제

– 브라우저: 보안 위반을 막기 위해 Applet의 파일, 네트워크 접근의 제한 가능

– Trusted Server: 신뢰할 수 있는 Mobile Code만 다운로드

– Applet 수행 환경 제한, Mobile code의 위협을 인지하도록 사용자 교육

위 험	대 응 책
Java Applet	– Sandbox: 컴퓨터나 네트워크에 받아들이기 의심스러운 코드의 격리수단
ActiveX	– Trust-relationship(신뢰성 있는 관계) – 사용자 인증코드(Authenticode = Code Sign)라고 하는 디지털 인증서 사용: 서버가 안전하다는 것을 보장하는 디지털 인증(Certificate)을 통해 Client와 안전한 관계를 확립

※ 악성실행코드에 대한 모바일 코드의 2가지 대응: Sandbox, Authenticode(Code sign)

※ 완벽한 보안을 위해 Java Applet에서 Sandbox를 사용하면 된다?

→ 틀린 말이다. 왜냐하면 완벽한 보안이란 없다.

1.2.3. 로컬/비분산 환경의의 위험 요소와 대응책

위험	특징	대응책	C.I.A
Virus	**– 비독립적(자동 실행 불가), 시스템 파괴**	백신(anti-virus)	무결성
Worms	**– N/W 자원 소모, 시스템 통해 전파(스스로 전파)**	NIDS	가용성
Logic Bombs	– 정상 S/W에 숨어 있는 것	HJDS	무결성
Back Door	– 접근 통제 우회, 로그를 남기지 않음(책임 추적성 확보 어려움)	HIDS	기밀성
Trojan Horses	**– 정상 프로그램이나 Data, message에 몰래 숨겨진 악의적 코드, 개인 정보 유출**	HIDS	기밀성

1.2.4. Programming/Data를 이용한 공격

공격	대응책
Data Diddling	- 원시 자료를 위변조하여 끼워 넣거나 바꿔 치기 하는 수법 - 온라인 환경에서의 데이터의 입력 전후를 가해 데이터를 변조
Salami	- 반올림 방법 이용 예) 큰 액수로부터 작은 액수금액을 잘라내어 공격자 통장으로 이체
Logic Bomb	- 정상 S/W에 숨어 있는 것으로 특정 조건이 만족할 때 실행
Boundary Error	- Buffer Overflow
Input Validation	- XSS, SQL Injection
Covert Channel	- Storage, Timing

※Covert Channel 탐지: HIDS, 소스리뷰, 정기적 검사를 통해서 파악해야 한다.

2. DataBase & Data Warehouse

2.1. DataBase 개요

2.1.1. DataBase의 정의

항목	정 의
DataBase	- 공동 목적을 지원하기 위한 서로 관련된 자료들의 집합체 - 논리적으로 연관된 레코드나 파일의 모임
Database System	- Database를 구성하고 이를 응용하기 위하여 구성된 S/W 모임
Data Model	- 데이터의 구조를 논리적으로 표현

2.1.2. DataBase가 가져야 하는 기능

공격	대응책
Persistence	- 영속성, DataBase reuse
Data Sharing	- 동시사용, Simultaneous DataBase use
Recovery	- Restore data base to original state
DataBase Language	- SQL, Manipulate and query
Security & integrity	- DataBase query and consistency

2.2. DataBase Architecture

구분	특징	사례
계층형	- Tree 구조(부모-자식 관계) - DataBase 구현과 수정, 검색이 쉬움 - 최초의 구현 모델	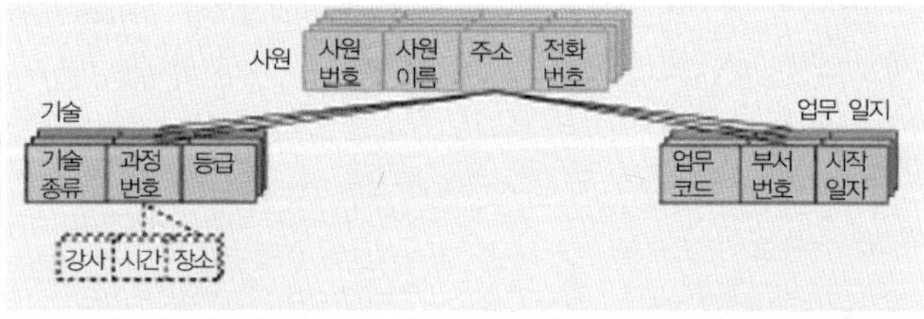 사원: 사원번호, 사원이름, 주소, 전화번호 기술: 기술종류, 과정번호, 등급 업무 일지: 업무코드, 부서번호, 시작일자 강사, 시간, 장소
네트워크	- 자식은 하나 이상의 부모를 가질 수 있음 - 매우 복잡, 이해와 수정, 장애 시 재구성 어려움 - 복잡한 상호 의존 관계가 명확히 정의된 안정된 환경에 효율적 - 2개 이상의 부모 레코드를 허용	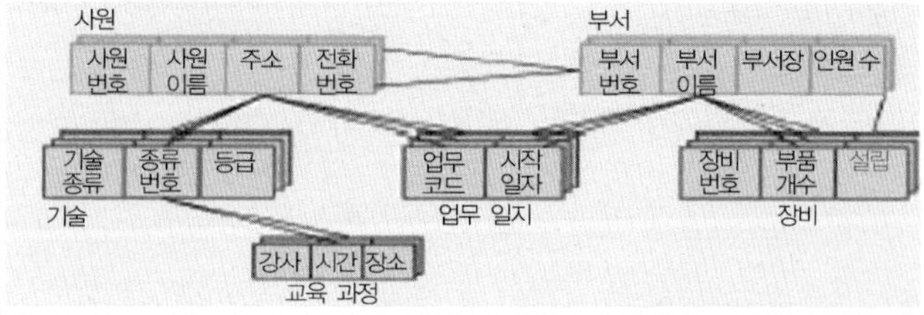 사원: 사원번호, 사원이름, 주소, 전화번호 부서: 부서번호, 부서이름, 부서장, 인원수 기술: 기술종류, 종류번호, 등급 업무 일지: 업무코드, 시작일자 장비: 장비번호, 부품개수, 설립 교육 과정: 강사, 시간, 장소

관계형	- 실세계의 정보를 2차원 테이블을 활용하여 표현 - 테이블과 테이블 간의 연결이 가능 - 사용자 이해와 구현, 수정이 용이 - 다른 DB로부터의 이식 용이, 접근제어 구현 용이	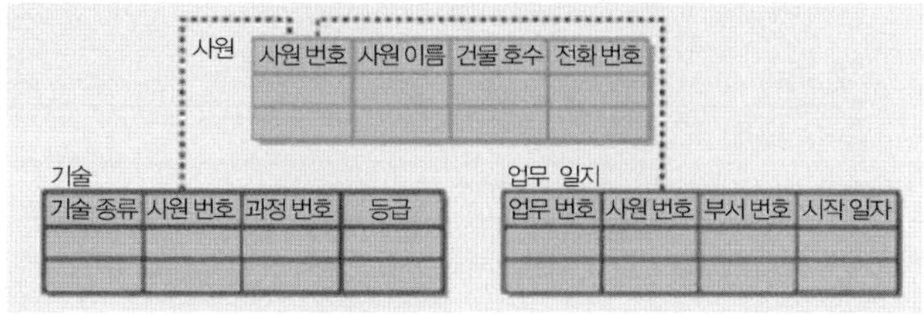 사원: 사원 번호, 사원 이름, 건물 호수, 전화 번호 기술: 기술 종류, 사원 번호, 과정 번호, 등급 업무 일지: 업무 번호, 사원 번호, 부서 번호, 시작 일자
객체지향형	- 실세계의 객체를 관리대상으로 표현 - 객체는 상태, 형태, 관계로 정의하여 표현 - **그래픽, 오디오, 멀티미디어 등 다양한 형식의 데이터 저장에 적합**	
객체-관계	- 기존 관계형 DataBase에 객체지향 DataBase기능을 추가 - 멀티미디어 데이터 지원 가능 - 사용자 정의 데이터 삽입, 사용자 정의 함수 가능 - 대형 객체타입의 가능	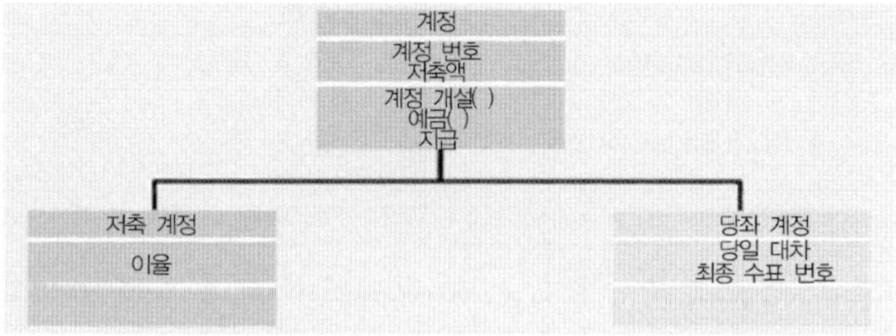 계정: 계정 번호, 저축액, 계정 개설( ), 예금( ), 지급 저축 계정: 이율 당좌 계정: 당일 대차, 최종 수표 번호

2.3. DataBase 용어

- SQL: Structure Query Language, DB 접근의 조작에 사용되는 언어
- Dictionary: 메타데이터와 데이터 관계의 중앙 저장소
- Metadata: 데이터에 대한 정보를 제공하는 데이터
- Schema: 데이터베이스의 구조
- **View: 가상적인 관계 혹은 부분, 어떤 데이터가 특정 사용자에게 접근 가능할지를 조절 → 예방 통제, 무결성 제공**
- Tuple, Row, Record, Cardinality → 행의 의미
- Attribute, Field, Column, Degree → 열의 의미

※ DB를 통제하는 것과 관련 있는 것은 Database View이며 이는 예방 통제이다.

2.3.1. ERD(Entity Relationship Diagram)

- 현실 세계의 데이터를 컴퓨터 세계의 물리적인 데이터베이스로 변경하는 중간과정을 말함(현실 세계의 추상화)
- 데이터베이스 설계과정에서 데이터의 구조를 개념적으로 표현하는 과정
- 관리대상이 되는 정보를 추출하고 그 정보들 간의 관계를 시각화하는 과정

구성요소	정 의
Entity	– 물리적으로 존재하는 대상 또는 개념적으로 존재하는 대상, 관리할 대상
Relation	– Entity 간의 관계
Attribute	– Entity의 특성이나 속성

2.3.2. Key의 종류

공격	대응책
기본키(Primary key)	– 여러 개의 후보키 중에서 하나를 선정하여 테이블을 대표하는 키, **테이블 내에서 Unique, null 허용 안 됨**
후보키(Candidate key)	– 키의 특성인 유일성과 최소성(NotNull)을 만족하는 키
슈퍼키(Super key)	– 유일성은 만족하나 최소성을 만족하지 않는키 예) 주민번호가 키일 때, 주민번호+이름
대체키(Alternate Key)	– 여러 개의 후보키 중에서 기본키로 선정되고 남은 나머지 키, 즉 기본 키를 대체할 수 있는 키
외래키(Forign Key)	– 어느 한 릴레이션 속성의 집합이 다른 릴레이션에서 기본키로 이용되는 키

〈사례〉

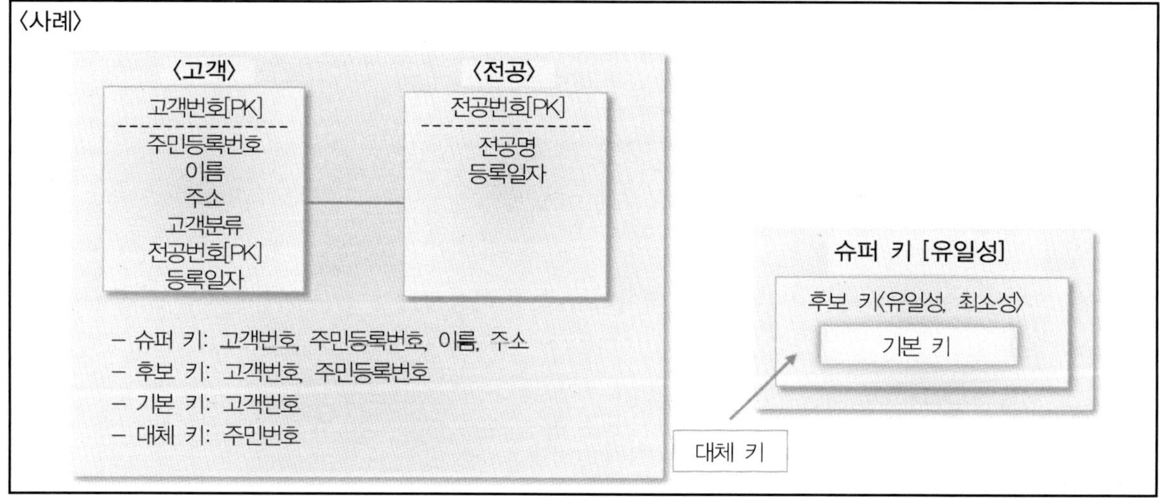

2.3.3. 무결성

무결성	설 명
개체무결성(Entity)	– Primary key는 Null 값을 가질 수 없는 속성
참조무결성(Reference)	– Primary Key와 Foreign Key와의 관계, 외래키가 존재하는 테이블은 값은 null이거나 관련 테이블에 대응하는 기본키가 있어야 하는 특성
영역무결성(Domain)	– 데이터의 형태, 범위 검사, 기본값
비즈니스무결성(Business)	– 업무 규칙에 따른 비즈니스 제약 조건

2.4. 트랜잭션과 2PC(Phase Commit)

2.4.1. Transaction

- 정보의 교환이나 데이터베이스 갱신 등 연관되는 작업들에 대한 일련의 연속을 의미하며 데이터의 무결성이 보장되는 상태에서 요청되는 작업을 완수하기 위한 작업의 기본 단위

- Transaction의 특성-ACID

특성	설 명
원자성(Atomicity)	- Transaction 처리가 완전히 끝나지 않았을 경우에는 전혀 이루어지지 않은 것과 같아야 한다(All or Nothing). - 관련 연산: Commit/Rollback
일관성(Consistency)	- Transaction 실행을 성공적으로 완료하면 Database는 모순 없이 일관성이 보존된 상태이어야 한다.
고립성(Isolation)	- 어떤 Transaction도 다른 Transaction의 부분적 실행결과를 볼 수 없다.
지속성(Durability)	- Transaction이 일단 성공 완료되면 Transaction 결과는 영구적으로 보장해야 한다.

2.4.2. 2-Phase Commit

(1) 정의

- 분산 데이터베이스 환경에서 분산 트랜잭션의 원자성(atomicity)을 보장하기 위하여 분산 트랜잭션에 관여하는 모든 노드가 commit하거나 rollback하는 메커니즘

(2) 필요성

- 분산 데이터베이스 환경에서는 Commit과 Rollback만으로 여러 지역에 분산된 DB의 일관성이 보장되지 않음
- 분산 데이터베이스에서는 모든 지역의 데이터베이스에서 트랜잭션이 성공 완료되었음을 확인한 후에 트랜잭션의 처리가 완료되어야 함

(3) 구성요소

특성	설 명
Global Coordinator	- 분산 Transaction을 처음 수행시킨 노드
Local Coordinator	- 분산 Transaction이 이 노드에 관계된 부분의 결과를 얻으려면 다른 노드를 참조해야 하는 경우, 이 노드를 Local Coordinator라 함
Commit Point Site	- 분산 Transaction에 관여된 노드 중 제일 먼저 Commit이나 Rollback을 하는 노드로서 보통 제일 중요한 데이터를 포함하는 중심노드임 - 이 노드는 prepared 상태를 거치지 않으며 distributed lock에 의해 조회나 DML 시 오류가 발생하는 일이 없음

(4) 실행절차

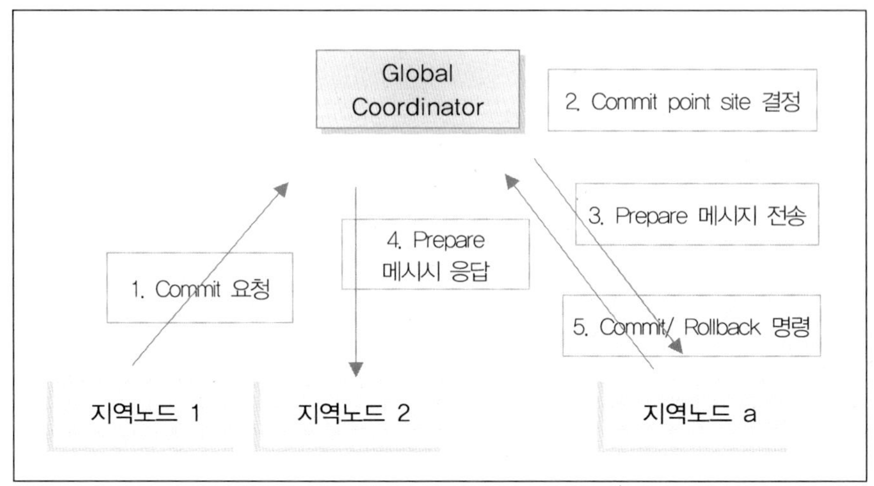

1단계: 준비단계(Prepare)
- Global Coordinator가 Commit Point Site를 제외한 나머지 노드에게 Prepare 요청
- 요청받은 노드들은 로컬DB에 대해 commit/rollback 준비를 마치고 다시 Global Coordinator에게 준비되었음을 알림
- Prepare 단계를 지나 Commit을 완료하기까지가 in doubt(불확실한) 상태

2단계: Commit
- Coordinator가 다른 Node로부터 Ack 보고를 받았을때 Commit을 명령
- Coordinator가 다른 Node로부터 에러보고를 받았을 때에는 Rollback을 명령

2.5. DataBase 보안 위협

2.5.1. 집성과 추론

위협	설 명
집성 (Aggregation)	**- 낮은 보안 등급의 정보들을 이용하여 높은 등급의 정보를 알아내는 것, 수집** **- 개별정보는 의미가 부족하나 합치면 중요 정보를 알 수 있음** - 파트별 영업실적을 조회하여 회사의 전체 영업실적을 알아냄
추론 (Inference)	**- 보안 등급이 없는 일반 사용자가 보안으로 분류되지 않은 정보에 정당하게 접근하여 기밀 정보를 유추해 내는 행위, 추측** - raw data로부터 민감한 데이터를 유출하는 행위 **- 보안 대책: 다중인스턴스화(Polyinstantiation)** - 방지 대책: Partition, cell suppression, noise, perturbation

2.5.2. 다중 인스턴스화(Polyinstantiation)

- 추론으로부터 정보 유출을 막기 위한 기술
- 변수를 값 또는 다른 변수와 함께 있게 함으로써 상호작용을 하도록 하는 Process

〈사례〉

1) 500001은 등급이 Secret으로 Database에 키 값으로 분류되어 저장된 상태임
2) Unclassified 등급의 사용자가 500001 레코드 입력 시도 후
3) Database는 키 중복 에러를 발생시킴
4) Unclassified 등급의 사용자가 500001이 S등급이라는 것을 **추론**
5) 다른 보안 등급을 가진 동일 정보의 상이한 버전을 허용(즉, Secret 등급의 500001과 Unclassified의 500001 이 같이 입력될 수 있도록 함)

2.6. DataBase 접근 통제

- **1강 참조(MAC, DAC, Non-DAC 등)**
- Polyinstantiation: **각** Clearance level**에 따라 보안과 무결성 법칙을 만족하는** multiple tuple **생성,** MAC **통제**

2.7. Data Warehouse

2.7.1. 개요

- 다양한 운영 시스템에서 발생한(OLTP System), 내부데이터와 외부데이터를 주제별로 통합하여 별도의 프로그램 없이 다차원적으로 분석할 수 있도록 하는 **의사결정 지원 시스템**
- Data Warehousing: 데이터의 수집 및 처리에서 도출되는 정보의 활용에 이르는 일련의 프로세스

2.7.2. 주요 용어

① OLAP(On-line Analytics Processing)

- **데이터의 다차원 분석을** 통한 정보 추출 프로세스, TOOL

② 정규화

- DB 구조 내에서 **중복되는 데이터 요소들을 제거**하는 것으로 갱신 이상을 막기 위한 목적(무결성)

③ 역정규화(비정규화)

- **DB 처리 효율을 증가시기키 위한 목적으로 무결성에 대한 위험이 존재(효율성)**

※정규화는 무결성 보장이며 역정규화는 효율성을 보장

2.7.3. 특징

- 주체 중심: DB(업무처리 중심), DW(의사결정 중심)

- 통합된 내용: DB(지원하지 않음), DW(이기종의 DB 집합이므로 대표성을 갖는 기호로 변환)
- Time-variant: DB(최신값), DW(시간 흐름에 따른 데이터를 모두 저장)
- non-variant: DB(레코드별 갱신), DW(비갱신)

2.8. Data Mining

- 데이터를 분석, 가공하여 유용한 정보로 추출해내는 기술(숨겨진 정보를 찾음)
- 연관 규칙(기저귀를 구매하는 사람이 맥주도 구매한다), 순차 관계(맥주를 사면 안주를 산다), 클러스터링, 예측
- **IDS에 활용**

2.9. 지식기반 시스템

- 지식과 best-practice에 기초한 **의사결정 지원**, 의사결정 트리, 규칙

유형	설 명
Expert System	- 특정 문제 해결, 관련된 사실과 전문가의 지식을 knowledge base에 축적하고 추론 엔진 등을 통해 해결책을 얻는 데 활용하는 인공 지능 시스템 - 인간의 판단과 행동을 흉내내는 컴퓨터 프로그램 **- 구성요소: 추론엔진 + 지식 베이스 + 사용자 인터페이스** **1) 추론 엔진: 결론 도출을 위한 방법론 제공** **2) 지식 베이스: 사실과 규칙의 집합(전문가로부터 제공되는 지식을 사실(fact)과 if~then식의 규칙 형태로 저장해 놓은 저장소** **- IDS 사용**
Neural Network	- 인간의 신경 구조를 모방한 많은 단순 프로세서의 네트워크 - Training rule을 통해 사례로부터 학습: 경험 축적이 많을수록 더 좋은 처리 능력이 생길 수 있음 **- 학습을 통해 습득된 지식을 일반화하여 활용(예측 문제 등에 효율적 사용)** - 응용: 패턴인식, 문자, 음성인식, 진단시스템 - 구조: 1) 단위: 은닉 마디(Hidden Units) 2) 입력계층, 처리계층, 출력계층으로 구분

3. SDLC(Software Development Life Cycle) 모델과 객체지향

3.1. SDLC 모형

구분	설 명
폭포수 모델 (Waterfall)	– 정해진 단계를 강조하는 순차적 모델(Top-down 방식, 하향식) – 단계: 분석, 설계, 개발, 구현, Test, 유지보수 – 특징 1) **문서 중심의 프로세스**, 프로젝트의 관리 강조 2) 단계별 검증 후 다음 단계 진행 – 단점: 사용자의 정확한 요구사항 반영의 어려움, 이전단계로의 회귀 불가
프로토타입 (Prototype)	**– 짧은 시간 내에 시제품 개발하여 사용자 요구사항을 미리 확인하고, 기술적 문제의해결 가능성을 미리 알 수 있도록 한 모델** – 시제품: 불완전하지만 작동하는 간단한 프로그램 – 필요성 1) 요구사항이 어렵거나 불분명할 때 2) 사용자가 원하는 시스템의 업무 기능을 구체적으로 모를 때 3) 사용자와 의소소통 및 개발 타당성을 검토하고자 할 때 – 장점: 요구사항 도출이 용이, 개발자와 사용자 간의 의사소통 원활, 개발 타당성 검증 – 단점: 최종 완제품으로 오해, 불필요하거나 과도한 요구, 비경제적
나선형 모델 (Spiral)	– 주요 기능을 사전에 **위험분석을 통해 반복적으로 수행하여 점진적으로 구현** – 단계(반복적 수행): 계획수립 → 위험분석 → 개발 → 평가 – 폭포수 모델과 프로토타이핑의 반복적 특성을 체계적으로 결합 – 특징: **대규모 시스템 및 위험부담이 큰 시스템 개발에 적합예) 신기술 프로젝트** – 장점: 정확한 사용자 요구사항 파악, 위험 최소화, 대규모 시스템 적합 – 단점: 프로젝트에 많은 시간 소요, 위험관리 및 해결책이 없으면 더 위험
반복적 (Iteration)	– 사용자 요구사항의 일부분, 또는 제품의 일부분을 반복적으로 개발하여 최종 시스템완성하는 모델(폭포수 + 프로토타입, 각각의 반복은 폭포수 개념) – 유형 1) 증분 개발 모델(Incremental): 폭포수 모델의 변형, S/W의 구조적 관점에서 하향식 계층구조의 수준별 증분을 개발하여 이들을 통합하는 방식. 첫번째 증분은 위험이 높고, 검증이 안되고 경험이 없는 기술 아키텍처 전체를대상으로 함 2) 진화적 개발 모델(Evolutionary development model): 시스템이 가지는 여러 구성요소의 핵심 부분을 개발한 후, 각 구성요소룰 개선발전시켜 나가는 방법 1단계 진화: 시스템의 각 구성 항목의 핵심 부분을 포함하는 최소의 시스템 개발 2단계 이후 진화: 이전 단계의 시스템을 개선하게 됨
RAD (Rapid Application Development)	– 아주 짧은 개발 주기 동안 S/W 개발하기 위한 선형순차적 프로세스 모델 – 사용자의 요구사항 일부분, 제품 일부분을 반복적으로 개발하여 최종 제품을 완성 – 특징: 도구활용(Case Tool, 재사용 Library), 컴포넌트 기반 개발, 사용자 적극적 참여와 프로토 타이핑 사용, 기술적 위험이 적은 곳 적합 – 소요기간: 60~90일 정도의 짧은 기간 – 단계N 1) 분석(JRP, Joint Requirement Planning): 모델링, 사용자와 함께 작성 및 검토 2) 설계(JAD, Joint Application Design): 프로토 개발 통한 설계, CASE 활용필수 3) 구축/운영: CASE, RDB, 4GL 등 관련 기술 이용하여 구축 및 운영

DIAMETER	- 점증적 생명주기 모형의 개선 모델로서 시스템의 전체 기능을 Incremental로 분할, 반복적인 개발과 사용자 피드백, 증가분 S/W를 개발 시스템에 추가 - 제품 결함의 도입을 사전에 배제하기 위하여 명세, 설계에서 규율 요구 - 박스구조 명세화 방법을 사용하여 분석

3.2. S/W 개발 방법론

구분	구조적기법	정보공학기법	객체지향기법	CBD기법
시기	1970년대	1980년대	1990년대	2000년대
특징	- 분할과 정복 원칙 (Divide &Conquer) - 통제 가능한 모듈로구조화 →재사용 및 유지보수성 제고	- 기업 업무지원 시스템 지원 방법론 - 프로그램 로직은 데이터구조에 종속(CRUD) - 전사적 통합데이터모델	- 데이터+로직 통합 (객체, 고도의 모듈화) - 상속에 의한 재사용 (WriteBoxReuse) - 분석-설계 간 Gap 없음	- 객체방법론 진화모델 - interface 중시 및 구현 (구현에 제약없음) - BlackBox Reuse 지향
중점	**기능중심**	**자료구조 중심**	**객체 중심**	**컴포넌트 중심**
장점	- Batch 방식 개발유용	- 자료중심으로 비교적 안정적	- 자연스럽고 유연 - 재사용성 향상	- 생산성, 품질비용, 위험 개선 - S/W 위기 극복 가능
단점	- 기능은 불안정한 요소 - 데이터정보은닉불가 - 유지보수, 재사용성 낮음	- 애플리케이션은 여전히 기능적 설계 - 기능의 유지 보수 및 재사용성 낮음	- 전문가 부족 - 기본적 S/W기술 필요	- 컴포넌트는 유통, 평가, 인증 환경 개선필요 - 테스트 환경의 부족

구분	설 명
RUP (Rational Unified Process)	- UML 모델링 언어를 기초로 정의된 Unified Process를 Rational사에서 최적화하고 개발 도구와 통합하여 개발한 객체지향 방법론 - 통합프로세스, Use-Case 중심, 아키텍처 중심, 반복/점증적인, UML 기반
MDA (Model Driven Architecture)	- 메타 모델을 기반으로 구현환경에 독립적인 모델을 구축하고, 이를 자동으로 구현환경에 적합한 구현 종속모델로 변환할 수 있게 하는 S/W 개발 아키텍처 - 장점: 구현 자동화, 재사용성(분석/설계구현), 이식성, 상호호환성
SPL (SW Product Line)	- 재사용할 기본단위인 Core Assets를 만들어 미리 개발하고 실제 product 개발 시 Core Assets을 이용하여 여러 제품을 만들어 내는 기능 - 컴포넌트를 조립을 통해 요구사항에 맞는 시스템을 생산하는 방식(사용자 맞춤형)
Agile Process	- 절차보다는 사람이 중심이 되어 변화에 유연하고 신속하게 적응하면서 효율적으로 시스템을 개발할 수 있는 방법론
XP (extreme Programming)	- 짧은 개발주기, 핵심적인 기능 우선 구현, 요구사항의 적극적 반영, 긍적적 대처 - "고객에게 최고의 가치를 가장 빨리" 전달하도록 하는 경량 방법론 - 4가지 핵심 가치(용기, 의사소통, 피드백, 단순성)와 12가지 실천항목
Pair Programming	- 두 명이 짝을 이루어 프로젝트 개발해나가는 압식 - XP 프로그램밍의 대표적 방식
TDD (Test Driven Development)	- 테스트 작성으로 요구사항 검증 및 설계의 고도화, 코딩 전 테스트 먼저 작성 - 짧은 주기 반복(테스트-설계-피드백)

3.3. 객체지향

3.3.1. 개념

- S/W를 Data와 Process로 분리하지 않고 실세계에 존재하는 사물이나 개념을 인간이 이해하는 방식 그대로 시스템을 구현하는 기술
- 객체의 특성: 상태(state) + 기능(Behavior) + 식별자(Identity)

3.3.2. 구성요소

요소	설 명
객체	– 현실 세계에서 개념적으로 이해되고 표현될 수 있는 모든 대상
클래스	– 객체를 구체적으로 정의하는 템플릿, 속성 + 메소드
메소드	– 메시지에 의해 실행되어야 할 연산, 데이터 변경 수단
메시지	– 객체들 간의 상호작용 수단

3.3.3. 객체지향의 특징 – 캡슐화

- 정의: 서로 관련성이 많은 데이터들과 이와 연관된 함수들을 묶어서 처리하는 개념
- 목적: 내부 데이터의 보호(외부에서의 직접적 접근 및 조작 미허용), 모듈 독립성 향상

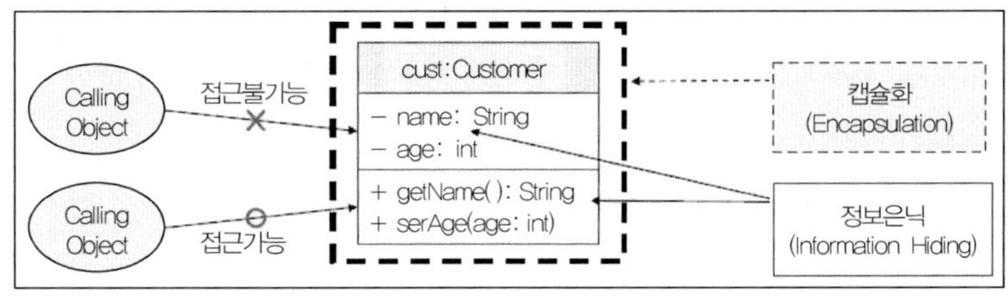

- 정보은닉: 외부 객체에 내부 로직 및 구조, 데이터를 숨기는 것(메소드만 허용)
- 캡슐화는 정보은닉을 확장하여 내부 데이터 및 메소드를 묶어 처리하는 개념, **캡슐화는 정보은닉을 가능하게 함**

3.3.4. 객체지향의 특징 – 상속성(Inheritance)

- 정의: 클래스 계층구조에서 하위 클래스가 상위 클래스에서 정의한 속성과 메소드를 재정의 없이 그대로사용 가능하도록 하는 특성
- 클래스의 공통점과 상이점을 체계적으로 분류 및 관리 함으로써 클래스 중복 정의 배제
- Overriding: 하위 클래스에서 상속받은 속성과 메소드를 수정 및 확장하는 개념
- 하위 계층으로 갈수록 구체화, 상위 계층으로 갈수록 일반화

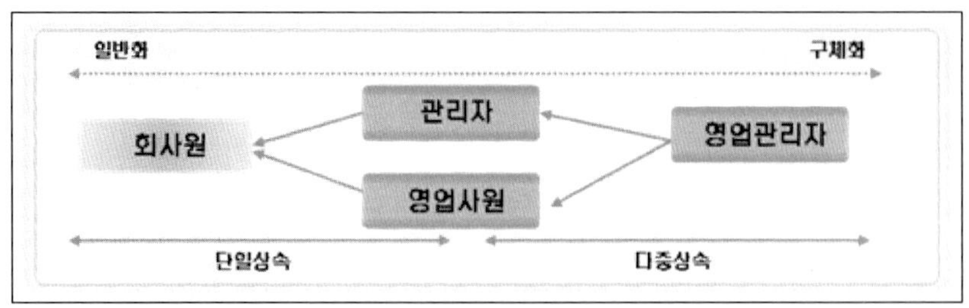

3.3.5. 객체지향의 특징-다형성(Polymorphism)

- 정의: 서로 다른 객체가 동일한 메시지에 대해 고유한 방법으로 응답할 수 있는 특징
- 메시지의 해석을 수신 객체에 맡김 → 호출하는 쪽의 공통화 개념

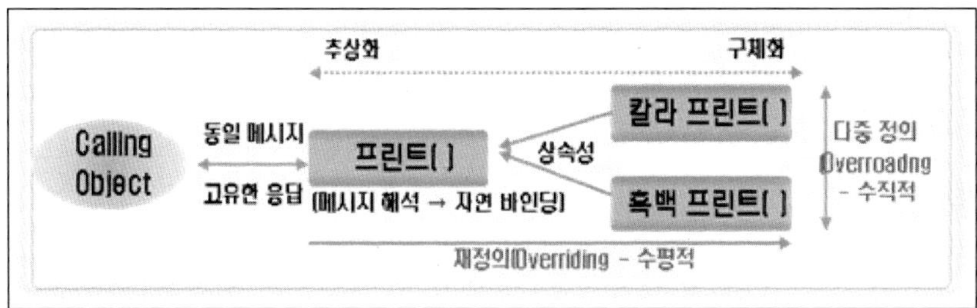

- 호출하는 쪽에서 프린트) 메시지를 보내면 수신 측에서 메시지를 해석해서 동적으로 하위 클래스를 선택(바인딩)하게 되어 고유한 방법으로 응답을 하게 됨

3.3.6. 객체지향의 특징 - 추상화(Abstraction)

- 정의: 불필요한 부분을 생략하고 대상 객체의 속성 중 가장 중요한 부분에만 중점을 두어 개략화 시킨 개념
- 복잡한 것을 단순화 및 간결화하여 표현할 수 있는 설계 원리(낮은 결합도, 높은 응집도를 고려한 설계가 중요)

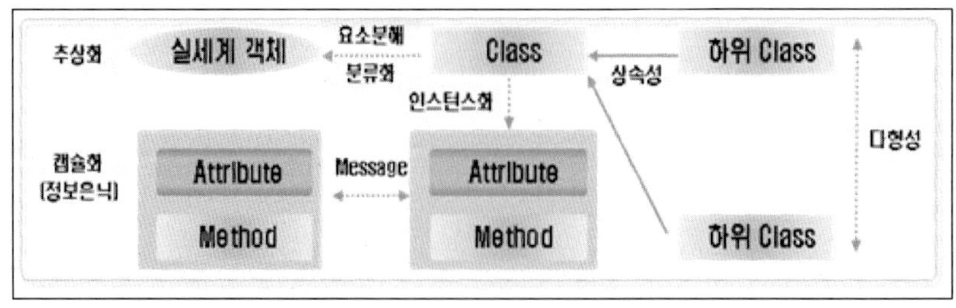

3.4. 프로젝트 단계에 따른 주요 수행 항목

단계	수행항목
착수 및 계획작성	– 프로젝트 개념 정의, **보안의 필요조건 확인**, 초기 위험분석, 위협 및 대응책 분석
기능적 설계 분석 및 계획	– 프로젝트 계획 준비, **보안 요구사항 정의**, 요구사항 정의 단계
시스템 설계 개발	– **보안 명세 정의**(체크리스트), S/W 기준선(Baseline) 설정 = 범위
S/W 개발	– **보안 관련 코드가 작성되고 설치, 단위테스트, 높은 응집도, 낮은 결합도**
인수테스트/구현	– 인수테스트 후 인증과 인정 과정 수행, 제품설치, 제품의 문서화 – 계약의 체결: SLA, Escrow(벤더가 제3기관에 위탁)
운영/유지보수	– 주기적인 감사**[패치, 배포 전 테스트(병행, 파일럿, 회귀, 사회성), 취약성 검사]** – 제품 환경상의 변화가 일어날 경우 또 다른 인증/인정 절차 수행 – 벤더가 고객과 SLA 체결할 경우 운영 및 유지보수 책임을 진다

3.5. 테스트 종류

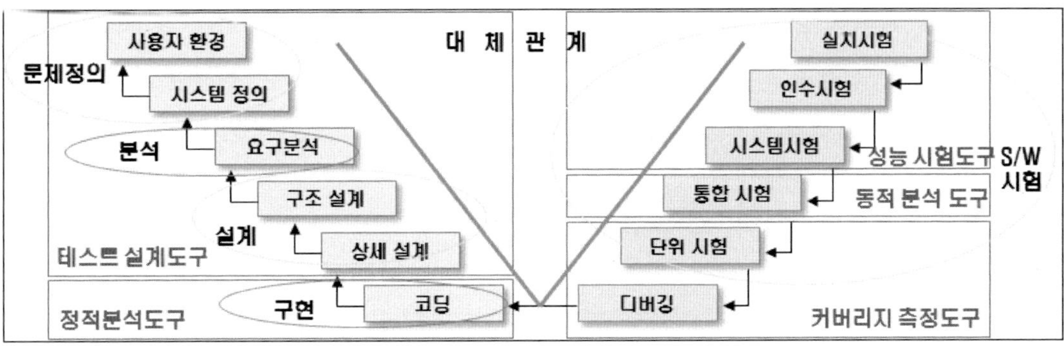

Test 종류	수 행 항 목
White Box	– 내부 로직을 검증하면서 하는 테스트, 모듈의 독립성 테스트
Black Box	– 내부 로직 없이 기능 테스트, 모듈 간의 테스트
Gray Box	– 로직 + 기능
회귀 Test	– 버전 업이 된 후 새로운 기능만을 테스트하지 않고 이전 부분까지 테스트
사회성 Test	– Network, 호환성 테스트, 기존 시스템과 신규 시스템의 호환성을 확인
Pilot Test	– 전체 설치에 위험 부담이 있는 경우 일부 부서에만 먼저 테스트하는 것, 점진적 확대
병행 Test	– old 시스템과 new 시스템의 결과 값이 동일한지 비교하는 테스트

※ 기존 회계 S/W를 버리고 NEW S/W를 도입할 때 수행해야 할 Test? → 병행 Test 기존 백신 S/W를 버리고 NEW 백신을 도입할 때 수행해야 할 Test? → Pilot
(회계는 특정부서만 사용하므로 병행테스트가 가능하나 백신같은 경우 전체 설치시에는 위험부담이 크다.)

3.6. 인증(certification)과 인정(accreditation)

– 인수테스트 후 수행

Test 종류	수행항목
인증 (certification)	– 제품에서 주장하는 기능과 보안을 제공한다는 점을 확실히 하기 위해 제품을 기술적으로 검토하는 것. **Pass or Fail**
인정 (accreditation)	– 인증의 검토 결과가 경영자에게 제출되어 이에 대한 경영자의 공식적인 선언(제품에 대해 책임질 것을 수행). **사용여부 결정**

※ SDLC에서의 마지막 단계

1) 폐기가 없는 경우: **인정** 2) 폐기가 있는 경우: **폐기**

※ 변경관리 마지막 단계: **인정**

3.7. CMM–S/W 성숙도 모델

– 개요: 카네기멜론대학 S/W 공학연구소(SEI)가 개발한 정보 기술 **프로세스 능력 및 평가** 개선 모델

– 응용시스템의 최종 품질은 이를 개발하거나 유지 보수하는 프로세스에 의해 결정된다는 전제에서 시작한 모델 → 유지 프로세스가 잘 갖춰진 회사에서 만든 S/W는 신뢰할 수 있다는 모델)

– 특징: 조직이 보유한 프로세스 능력에 대한 성숙도를 5단계로 제시, 단계별 핵심 프로세스 및 프로세스 별 이행 방법을 제시

– 효과: 프로세스 개선 소요비용 및 훈련비용 절감, 생산성 향상, 품질 향상, 개발 소요기간 감소, ROI 향상

단계	수행항목
5. 최적화(Optimizing)	– 프로세스 혁신에 초점, **지속적인 개선**
4. 관리됨(Managed)	– 프로세스가 측정되고 통제됨, **목표설정 관리가 가능**(정량적 측정과 통제가 됨)
3. 정의됨(Defined)	– 프로세스의 특징이 정의되고 상당히 잘 이해됨, **성공/실패**여부만 판단
2. 반복(Repeatable)	– 이전에 성공적으로 끝낸 Task를 프로젝트에서 반복할 수 있음
1. 초기(Initial)	– 프로세스를 예측할 수 없고 관리가 빈약함

※CMMi: CMM 모델의 통합 모델

3.8. 변경 관리(Change Control/Management)

– 이슈: 비즈니스 생존의 문제가 데이터 무결성에 의존하며 변경은 보안 모델을 훼손시킬 수 있으며, 시스템에 대한 변경은 벤더가 제공하는 보증수준을 훼손할 수 있다

– 운영의 프로그램의 모든 변경들을 통제

– 철저히 검토/승인되고, 테스트되며, 기록되어야 한다(authorized, tested, recorded).

– 변경 통제에서의 마지막 단계는 인정이다.

4. Application 통제와 악성코드, 공격자 분류

4.1. Application 통제

4.1.1. Application 통제 유형 -정확성, 보안성, 일관성

유형	정확성	보안성	일관성
예방	- 데이터 점검 - 정형화된 양식과 스크린 - 유효성 체크	- 방화벽, 참조모니터 - 민감성 label, 암호화, 비상계획 - 직무분리, 테스트 환경	- 데이터사전 - 프로그램 표준,DBMS
탐지	- Cyclic Redundancy - checks, walk-through - 해시 합계, 합리성체크	- IDS, 감사 추적	- 비교 통제, 관계 테스트
교정	- 비상계획과 백업 - 통제 리포트 - 사전사후 이미지 기록 - 체크포인트 재기동	- 비상대응	- 프로그램 주석, DB통제

※백신: 예방 + 교정

4.2. 악성 코드(Malicious Code)

4.2.1. Virus = Parasitic

- 자연 발생적으로 생성되는 것이 아니라 컴퓨터 프로그래머에 의해 인위적으로 제작
- 실행 가능한 부분을 변경시켜 자신, 혹은 자신의 변형을 복사해 넣음으로써 해당 컴퓨터를 감염
- 바이러스의 특징: 자기 복제, 은폐 기능, 파괴 기능, 독자실행 불가
- 증상: 파일 사이즈의 증가(CIH 바이러스는 파이사이즈 변경되지 않음), 갱신 타임스탬프의 변경, 저장장치 공간이 단시간 내에 급격히 변경, 디스크 접근의 갑작스러운 증가
- 탐지: 바이러스 백신, Check sum(무결성 확보)
- **감염 후 작업 순서: 네트워크 차단, 데이터 백업, reboot(메모리에만 감영 시), 백신, S/W 재설치**

유형	설 명
부트	- 원본 부트 섹터를 옮기거나 겹쳐쓰기, Bad 섹터 생성, 부팅 불능
시스템 감염	- BIOS, 명령어 등 시스템 파일 감염, 메모리에 상주
Parasitic(**실행파일**)	- 메모리에 상주하여 모든 실행되는 파일에 감염
Stealth	- 스텔스 기능
Multipartite	- 동시에 두 개 이상의 숙주를 감염대상으로 하는 바이러스
Self-garbling	- polymorphic, 자신의 모습을 주기적으로 바꿔 탐지가 어렵도록 함

4.2.2. Trojan Horses = Mimic

- **정상적인 기능을 하는 프로그램으로 가장**
- **주요 특징: 해킹 기능, 네트워크를 통해 감염, 컴퓨터의 중요 정보를 외부로 유출**
- 바이러스와의 차이점: 바이러스는 자기 복제를 통해 다른 파일을 감염시키나 Trojan은 그렇지 않음
- 증상: 웹브라우저 실행시 특정 웹사이트로 접속, 이상한 메시지 박스가 팝업되거나 ID/Password 묻는 경우 윈도 설정이 바뀌거나 사용자가 설치하지 않은 파일 및 프로그램이 설치되는 경우
- 감염 경로: 전자 우편, 불법 S/W, 웹사이트(Active - X, Applet)
- 주요 활동: 원격 조정, 패스워드 가로채기, 키보드 입력 가로채기, 시스템 파일 파괴, FTP 포트 오픈

4.2.3. Worm

- 바이러스나 복제 코드의 일종으로 **네트워크를 통해 자기 자신을 복제하고 스스로 전파할 수 있는 독립된 프로그램**
- 바이러스와의 차이점: 바이러스가 감염 대상에 기생하는 형태이나 웜은 독자적으로 행동
- 웜의 번식 방법: **전자우편에 스스로를 첨부하거나 네트워크를 통해 취약점을 가진 컴퓨터에 직접 전파**

4.2.4. 기타 악성 코드(실제 악성코드는 아님, 장난성)

- **Joke**: 사용자를 놀라게 하는 목적, 단순 파일 삭제로 해결
- **Hoax**(가짜 바이러스): 정상적인 파일을 악성 파일이라고 속이는메시지를 담은 문서나 S/W

4.2.5. Backdoor = worm hole = trapdoor = maintenance hook

4.3. 공격자 분류

분류	주요특징
Hacker	- 알려지지 않은 취약점 공격
Script Kiddie	- 네트워크나 운영체제에 관한 약간의 기술적 지식을 보유 - Trojan Horses나 Script 사용(해킹의 횟수가 증가하는 이유)
Cracker	- 알려진 취약점 공격, log 추적 가능
Phreaker	- 시외 전화를 공짜로 사용하는 사람
Phracker	- 모뎀과 연결된 시스템을 해킹하는 것
Cramming	- 불법적으로 신청하지도 않은 부가서비스의 요금을 청구하는 것
Slamming	- 동의도 하지 않았는데 요금제 등을 변경하는 것

:: 핵심 문제 풀이

문제 1〉	평상 시에는 아무런 이상이 없지만, 내부적으로 악성코드를 포함하고 있는 컴퓨터 프로그램은 무엇인가? ① 바이러스(Virus) ② 웜(Worm) ③ 은닉채널 ④ 트로이 목마(Trojan Horse)
카테고리	CISSP 〉 응용개발

문제풀이

- 바이러스: 컴퓨터 프로그램이나 파일의 실행 가능한 부분을 변경하여 컴퓨터 작동에 피해를 줄 수 있는 프로그램
- 웜: 컴퓨터 시스템을 파괴하거나 작업을 지연 또는 방해하는 악성 프로그램
- 애플릿: 자바 언어로 개발된 프로그램
- 트로이목마: 내부적으로 악성코드를 포함하고 있는 컴퓨터 프로그램

정답 ④

문제 2〉	은닉채널은 공유자원을 보안이 높은 등급에서 낮은 등급으로 정보를 전달하는 방법은 무엇인지 선택하시오. ① 시스템 자원 분석 ② 실시간 로그 분석 ③ 침입방지시스템 설치 ④ 허니팟 설치
카테고리	CISSP 〉 응용개발

문제풀이

- 은닉채널은 인가되지 않으면서 통제되지 않는 정보흐름
- 시스템 자원분석은 높은 등급에서 낮은 등급으로 정보를 전달하는 방법

정답 ①

최근 사회적으로 문제가 되는 해킹기술로 특별한 기술과 지식이 없이 타인의 비밀번호를 알아내고 대응이 어려운 기법을 무엇인지 선택하시오.

문제 3〉

① 무차별 공격
② 스니핑
③ 사전공격
④ 사회공학

카테고리 CISSP 〉 응용개발

문제풀이

- 사회공학 공격 기법은 사람의 심리를 이용하여 개인정보를 유출하는 해킹기법으로 특별한 기술 및 지식이 없어도 가능
- 사회공학 공격 기법은 대응하기가 어려운 문제가 있음

정답 ④

분산환경기반의 컴퓨팅 환경에서 중요 데이터를 백업하지 않았다. 이렇게 백업을 하지 않아서 발생되는 문제점은 누구에게 책임 있다고 생각되는가?

문제 4〉

① 데이터 사용자
② 솔루션 프로그래머
③ 경영진
④ 보안담당자

카테고리 CISSP 〉 응용개발

문제풀이

- 중요한 데이터를 백업하는 책임은 그 데이터를 사용하는 사용자에게 있다.

정답 ①

낮은 등급의 정보(Information)를 결합함으로써, 높은 등급의 정보를 취득하는 것을 무엇이라고 합니까?

문제 5〉

① 추론(Interference)
② 다중 인스턴스화(Polyinstantiation)
③ 다형성(Polymorphic)
④ 집합(Aggregation

카테고리 CISSP 〉 응용개발

문제풀이

- 집합: 높은 등급의 정보를 구성하는 서브정보를 결합하여 원래의 정보를 획득
- 추론: 사용자가 통계적인 데이터 값으로 부터 개별적인 데이터 항목을 추적
- 다중 인스턴스화: 데이터베이스 키 중복성
- 다형성: 객체지향에서 동일한 메시지에 대해서 클래스가 반응하는 특성

정답 ④

CRM 시스템에 인가받지 않은 사용자로부터 정보 노출을 통제하기 위해, 동일한 키(Key)를 가진 여러 데이터의 중복(존재)을 허용하는 것이 무엇인지 선택하시오.

문제 6〉

① 다중 인스턴스화(Polyinstantiation)
② 정보 은닉(Data Hiding)
③ 집합(Aggregation)
④ 추론(Interference)

카테고리 CISSP 〉 응용개발

문제풀이

- 다중 인스턴스화는 인가받지 않는 사용자로부터 정보 노출을 통제하기 위해서 여러 데이터 중복을 허용

정답 ①

문제 7〉	아래의 내용 중에서 바이러스 및 웜에 대한 설명으로 가장 옳은 것은 무엇인가? ① 바이러스는 특정 조건이 만족하면 실행된다. ② 웜은 사용자의 실행명령이 없어도 실행 가능하다. ③ 웜은 애플리케이션에 첨부되어서 실행된다. ④ 바이러스는 단독으로 실행이 가능하다.
카테고리	CISSP 〉 응용개발

문제풀이

- 웜은 사용자의 실행명령이 없어도 실행 가능

정답 ②

문제 8〉	자신의 모습은 주기적으로 변형하고 백신 프로그램이 바이러스의 탐지를 어렵게 만드는 바이러스는 무엇인지 선택하시오. ① 다형성 바이러스 ② 트로이목마 ③ 은폐형 바이러스 ④ 스파이웨어
카테고리	CISSP 〉 응용개발

문제풀이

- 다형성 바이러스: 백신이 바이러스 코드의 특징을 찾아 검색한다는 것이 알려지면서, 바이러스 제작자들이 구현 코드를 변형시켜 탐색하기 어렵게 만듦

정답 ①

문제 9〉

은행의 내부직원이 계좌이체 시에 큰 금액으로부터 특정 자릿수 아래는 잘라내어 자신의 계좌로 이체하는 프로그램을 만들었다. 이러한 범죄행위를 무엇이라고 합니까?

① 트랩 도어(Trap Door)
② 살라미 공격(Salami Attacks)
③ 서비스 거부 공격(Denial of Service, DoS)
④ ICMP 공격

카테고리 CISSP 〉 응용개발

문제풀이

- 살라미 공격: 이자계산과 같은 거래계산 프로그램 속에 단위 수 이하의 숫자가 특정 계좌에 계속 가산되도록, 악의적 프로그램 루틴을 부정 삽입하는 행위를 의미한다.
- 데이터 부정변개란 데이터를 부정 위·변조하는 행위를 의미한다.

정답 ①

문제 10〉

어떤 직원의 고객의 중요정보를 임의적으로 변경했다. 이와 같이 데이터의 부정 변경과 관련 있는 공격 방법은 무엇인
지 선택하시오.

① 트로이 목마(Trojan Horse)
② 살라미 공격(Salami Attack)
③ 바이러스(Virus)
④ 데이터 부정 변개(Data Diddling)

카테고리 CISSP 〉 응용개발

문제풀이

- 데이터 부정 변개: 데이터의 부정 변경과 관련된 공격기법

정답 ①

문제 11〉	웜과 바이러스는 거의 비슷한 특성을 가진다. 웜과 구별된 바이러스의 가장 큰 차이점은 무엇인지 선택하시오. ① 다른 파일에 기생 ② 정보유출 ③ 네트워크 전파 ④ 메모리 상주
카테고리	CISSP 〉 응용개발

문제풀이

– 웜은 다른 파일에 기생해서 존재하는 특성을 가지며, 바이러스는 독립된 프로그램으로 구성됨

정답 ①

문제 12〉	아래의 내용 중에서 인공지능의 퍼지화가 사용될 수 있는 시스템은 무엇인지 선택하시오. ① 전문가 시스템(Expert System) ② 데이터베이스 관리 시스템(DBMS) ③ 폭포수 모델(Waterfall Model) ④ 객체지향 시스템(Object-Oriented System)
카테고리	CISSP 〉 응용개발

문제풀이

– 전문가 시스템은 퍼지화를 통하여 분석을 수행

정답 ①

	분산 서비스 공격 최근 조직화 및 다양화되고 있다. 이러한 공격에 대응하기 위한 방법으로 회사 내부에서 침입을 막기 위한 대안책으로 가장 올바른 것은 무엇인가?
문제 13〉	① 방화벽을 설치하여 블랙리스트 IP주소를 패킷 필러링 ② 구간별로 IPSEC VPN을 사용하여 암호화 통신을 한다. ③ 보유 시스템이 공격 플랫폼(Zombie)으로 사용되지 않게 확산한다. ④ 회사 내부에 사용되는 시스템 수를 줄이고 플랫폼을 단일 플랫폼으로 변경한다.
카테고리	CISSP 〉 응용개발

문제풀이

– 회사 내부에서 분산 서비스 공격(DDoS)에 대응하는 방법은 회사 내부의 시스템 혹은 PC단말이 좀비 PC화되는 것을 막아야 함. 이를 위해서 주기적으로 바이러스 검사 및 백신 업데이트 등을 수행

정답 ③

	아래의 내용 중에서 스머프(Smurf) 공격의 구성요소에 해당되지 않는 것은 무엇인가?
문제 14〉	① Attacker ② Amplify network ③ victim ④ Reference monitor
카테고리	CISSP 〉 응용개발

문제풀이

– 스머프 공격은 ICMP 프로토콜를 활용하여 공격대상 시스템에 여러 정상 시스템 브로드캐스트를 유발시키는 공격기법이다.

정답 ④

문제 15〉	일요일 날 DMZ 구간에 있는 웹 서버가 공격자로부터 공격을 받아 서비스 장애가 발생했다. 이러한 문제를 해결하고자 보안관리자가 한 조치 내용으로 잘못된 것을 선택하시오. ① 운영체제 및 개인PC에 보안패치를 설치 ② 혼선을 피하기 위해서 기존 비밀번호를 사용 ③ 불필요한 서비스 및 포트들을모두 비활성화 ④ 필요한 보안프로그램을 설치하고 모니터링
카테고리	CISSP 〉 응용개발

문제풀이

- 이미 비밀번호는 유출될 수도 있으므로 사용자 및 시스템의 모든 비밀번호를 변경

정답 ②

문제 16〉	아래의 내용 중에서 DoS, DDoS 공격과 관련이 없는 것을 선택하시오. ① TCP Sync Flooding ② Sniffing ③ Smurf Attack ④ HTTP Pipeline Attack
카테고리	CISSP 〉 응용개발

문제풀이

- 스니핑은 DoS, DDoS와 관련이 적은 방법으로 패킷의 정보를 획득하기 위해서 사용됨. 물론 DDoS 공격을 위해서 패킷의 정보를 획득 후 DDoS를 수행 할 수는 있지만, 관련성은 가장 낮다.

정답 ②

문제 17〉

서비스 공격의 한 방법으로 IP 주소를 변경하여 신뢰성 있는 시스템에 접근하는 공격 기법은 무엇인가?

① 필터링
② 스패밍
③ 스니핑
④ 스푸핑

카테고리 CISSP 〉 응용개발

문제풀이

스푸핑은 정상적인 클라이언트를 DDoS 공격으로 장애를 유발시킨 후, 클라이언트의 IP 주소로 자신의 주소를 변경하여, 정상적인 시스템에 접근하는 서비스 공격기법의 한 방법이다.

정답 ④

문제 18〉

SYN Flooding 공격하였을 경우에 나타나는 현상으로 올바른 것은 무엇인가?

① 해당 시스템의 Root 권한 획득하고 불법적인 데이터 조작
② 시스템의 세션 연결한도를 초과시켜 서비스불능 상태
③ 시스템을 좀비 시스템으로 만들고 개인정보 유출
④ 시스템을 모니터링을 하고 취약점 파악, 사용자 패스워드 획득

카테고리 CISSP 〉 응용개발

문제풀이

- SYN Flooding 공격은 DDoS 공격의 한 형태로서 TCP Protocol의 3 Way Handshaking 특징을 이용하여 서버의 버퍼를 오버플로우시킨다.
- 즉, 서버의 연결한도를 초과시켜 서비스를 거부하게 만든다.

정답 ②

문제 19〉 아래의 내용 중에서 주요 시스템의 TCP SYN Flooding 공격을 막기 위한 해결책이 아닌 것은 무엇인가?

① 세션을 늘리기 위해서 서버에서 Queue size를 증가
② 서버가 대기하는 타임아웃 시간을 최소 시간으로 설정
③ 보안 패치를 수행
④ 블랙리스트 IP를 관리하고 TCP 세션의 수를 모니터링

카테고리 CISSP 〉 응용개발

문제풀이

- 보안패치는 TCP SYN Flooding와 관계없음. 단 최근의 보안 솔루션은 IPS에서 TCP SYN Flooding을 식별하고 대응

정답 ③

문제 20〉 아래의 내용 중에서 RAD의 의미를 가장 잘 설명하고 있는 것은 무엇인가?

① CBD 개발방법론
② Agile Process
③ 생명주기 모델
④ 위험 평가 도구

카테고리 CISSP 〉 응용개발

문제풀이

- RAD는 소프트웨어 생명주기 모델로 사용자와 함께 분석, 설계를 수행하고 재사용 컴포넌트를 활용하여 소프트웨어 개발하는 접근방법

정답 ③

	소프트웨어 개발에서 최종 소프트웨어 품질은 개발 및 유지보수 프로세스에 영향을 받는다. 이러한 모델에 해당되는 것은 무엇인가?
문제 21〉	① 소프트웨어 능력 성숙도 모델(SW Capability Maturity Model Integration) ② 폭포수 모델(Waterfall Model) ③ 프로토타이핑 모델(Prototyping Model) ④ 애자일 프로세스(Agile Process)
카테고리	CISSP 〉 응용개발

문제풀이

- 소프트웨어 프로세스 모델은 소프트웨어 프로세스에 대한 Best Practices를 제시하는 모델로 SPICE, CMMi와 같은 모델이 존재하고 이러한 모델은 완제품의 품질 향상시키기 위한 방법 제시

정답 ①

	데이터베이스 설계에 설계자가 고려해야 하는 상황으로 가장 관련성이 적은 것은 무엇인가?
문제 22〉	① 데이터의 민감성 ② 데이터의 종류 ③ 데이터 처리속도 ④ 데이터의 양
카테고리	CISSP 〉 응용개발

문제풀이

- 데이터베이스 설계자는 민감성, 처리속도(성능 목표 식별), 데이터의 양(최초 용량과 증감), 데이터베이스 모델의 유연성 등이 있다.

정답 ②

특정 문제에 대한 경험적 해결책인 전문가들의 지식들을 지식베이스에 축적해 두고 추론 엔진 등을 활용하여 해결책을 도출하는 시스템은 무엇인지 선택하시오.

문제 23〉

① 전문가 시스템
② DBMS
③ 객체지향 시스템
④ 인공지능 시스템

카테고리 CISSP 〉 응용개발

문제풀이

- 인공지능 시스템은 전문가들의 경험 데이터베이스 인 지식 베이스를 구축하고 신경망과 같은 인공지능 기법을 사용하여 분석하는 시스템

정답 ④

데이터 웨어하우스를 구축하고 데이터 마이닝 기법인 신경망을 통해서 분석을 수행했다. 이러한 경우 신경망 분석을 통해서 얻을 수 있은 것은 무엇인지 선택하시오.

문제 24〉

① 데이터로부터 발견되지 않는 패턴을 식별하고 지식을 획득
② 정보처리 속도를 보장
③ 데이터베이스 무결성, 일관성, 통합성 보장
④ SQL를 사용할 때 인덱스를 사용해서 검색속도 및 정확성 향상

카테고리 CISSP 〉 응용개발

문제풀이

- 데이터 마이닝은 대용량의 데이터 분석을 통하여 비즈니스에 사용될수 있는 패턴 혹은 사실을 발견하여 지식을 획득하는 과정이다.
- 이러한 데이터 마이닝 기법은 의사결정나무, 연속성, 군집화, 신경망 등의 기법이 존재한다.

정답 ①

문제 25〉

데이터베이스에서 보안 측면에서 민감한 데이터를 암호화했다. 이런 경우 고려해야 할 것은 무엇인가?

① 암호화로 인한 처리속도 저하를 최소화되는지 확인
② 데이터 중복을 제거
③ 데이터 무결성을 보장
④ 비인가된 사용자의 접근을 금지

카테고리 CISSP 〉 응용개발

문제풀이

- 데이터 암호화를 통해서 중요 데이터에 대한 기밀성을 만족했다면,해당 데이터 필드 사용 시에 성능저하가 유발되는지 확인해야 한다.

정답 ①

문제 26〉

사용자가 웹 서버의 중요정보(민감정보) 접근을 모니터링 시에 확인해야 할 부분 중 가장 중요한 것은 어느 것인가?

① Internet Information Service
② JAVA를 활용한 Applet
③ MS의 Active X
④ CGI Script

카테고리 CISSP 〉 응용개발

문제풀이

- CGI는 서버에서 수행되는 스크립트로 CGI를 사용하여 데이터베이스에 접근할 수 있다. 그렇기 때문에 CGI에 대한 보안점검 및 모니터링이 필요하다.

정답 ④

문제 27〉 아래의 내용 중에서 JAVA라는 언어에서 사용되는 보안 기술은 무엇인가?

① 암호화
② 인증
③ Message기반 무결성
④ 샌드박스(Sandbox)

카테고리 CISSP 〉 응용개발

문제풀이

- 샌드박스: 다운로드된 프로그램들이 자유롭게 활동하는 공간, 즉 신뢰할 수 있는 접근으로 부터 안전한 제한 영역을 설정
- JAVA는 샌드박스를 활용한 보안 기술 사용

정답 ④

문제 28〉 아래의 내용 중에서 데이터웨어하우징에 대한 설명으로 가장 알맞은 것은 무엇인가?

① 데이터 관리 시 주제 중심적, 비휘발성의 특성으로 데이터를 통합 관리한다.
② 데이터를 통합 보관하고 있는 정보를 추출, 정화, 재구성 등을 활용하여 기업의 의사결정을 지원하는 지식 경영의 인프라이다.
③ 민감한 데이터를 유추하고 보호한다.
④ 데이터는 표준화 및 통합되어 있기 때문에 중복 데이터를 제거한다.

카테고리 CISSP 〉 응용개발

문제풀이

- 데이터웨어하우스는 주제지향적, 통합적, 시계열적, 비휘방성의 특성으로 기업의 의사결정 시에 데이터를 기반으로 하는 지식 경영을 위한 기본 인프라를 목적으로 한다.

정답 ②

STEP 5

암호학(Cryptography)

1. 암호학

1.1. 암호화의 개요

1.1.1. 암호화의 보안 요구사항

- 기밀성, 무결성, 인증, 부인방지

1.1.2. 암호의 역사

구분	특 징
고전 암호	– 단순한 문자 대입 방법으로 통계적 특성을 분석하여 암호문 해독이 가능했음 – 대표적 암호: 시저 암호, 비케네르 암호
근대 암호	– 기계를 이용하여 암호 알고리즘을 실현 – 대표적 암호: ENGIMA(평문을 자판으로 입력하면 각 회전자에 의해 암호문 변환)
현대 암호	– 1940년 말 **Clause Shannon의 정보 이론**에 의해 현대 암호학 시작 – 다양한 이론에 의해 복잡도가 높은 암호 알고리즘의 실현

※ Claude Shannon의 Information Theory(정보이론)
- 일회성 암호가 안전함을 증명: OTP
- 혼돈(Confusion)과 확산(Diffusion)
  * 혼돈: 암호문과 평문과의 상관관계를 숨김, 대치를 통해 구현 → Replace(구성을 바꿈)
  * 확산: 평문의 통계적 성질을 암호문 전반에 퍼뜨려 숨김, 전치로 구현, 평문과 암호화 키의 각 비트들은 암호문의모든 비트에 영향을 주어야 한다.→ skytale: Transposition(배열이 바뀜, 위치만 변경)

1.2. 암호 관련 용어

송신자	수신자

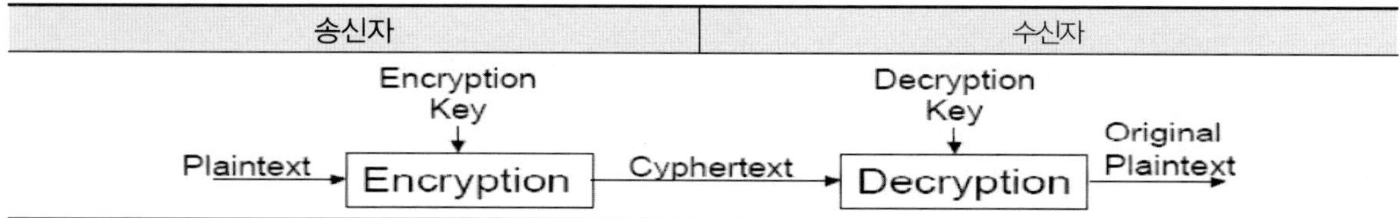

구 분	특 징
암호학 (Cryptology)	– 암호기법(Cryptography): 암호화와 복호화의 원리, 절차 및 방법론에 관한 학문 – 암호해독(Cryptanalysis): 암호문으로부터 복호화 키를 찾아내거나 암호문을 평문으로 복원하려는 노력 또는 그에 관한 학문
평문(Plaintext)	– 일반인이 이해할 수 있는 형태의 정보
암호문(Chipertext)	– 평문을 이해할 수 없는 형태로 변형한 문장
암호화(Encryption)	– 비밀성 보장을 위해 암호 알고리즘에 의해 평문을 암호문으로 바꾸는 과정
복호화(Decryption)	– 암호화된 문장을 평문으로 바꾸는 과정
알고리즘	– 특수한 순서로 평문에 적용되는 복잡한 수학공식

1.3. 암호 시스템의 강도와 목표

1.3.1. 암호화 방법을 설계하는 목표

- Work Factor(Work Function): 암화화 방법을 깨는 데 걸리는 노력
- Computationally Infeasible: 암호식을 푸는 것은 계산상 불가능해야 함
- 암호를 깨는 데 걸리는 시간과 비용이 많이 들게 설계

1.3.2. 암호시스템의 목표

- 기밀성(대칭키, 비대칭키 암호화), 무결성(디지털서명), 인증(비대칭키), 부인방지(디지털서명)

1.3.3. 암호시스템의 주요 요소

- 알고리즘, 암호화 키(공개 불가), 키의 길이(공개 가능)

1.3.4. 성능과의 관계

- Key 길이, Round 횟수, Block Size 등이 길면 성능은 저하

1.3.5. 암호화 기반: H/W, S/W

기반	방식	성능	가격	보안(안전)성	기반
H/W	암호화 전용	더 좋음	비싸다	우수	Stereām
S/W	OS 위에 존재	대량일수록 저하	저렴		Block

2. 암호의 종류

2.1. 암호의 종류

구분	유형	특징
중/근대	대치 (Substritution)	– 비트, 문자 또는 문자의 블록을 다른 비트, 문자 또는 블록으로 **대체(다른 글자로)** – Switch, Replace라고도 함, 시저(Julius Caesar)암호가 대표 **– 빈도수 공격(Frequency attack)에 취약** **– 혼돈**(confusion)
중/근대	전치 (Transposition) 순열 (Permutation)	– 치환암호, **평문 문자들을 재배열하는 일정한 방식을 통해 평문을 뒤섞는 방법, 비트/문자/문자의 블록이 원래 의미를 감춤** **– 빈도수 공격(Frequency attack) 에 취약** **– 확산(Diffusion)**
현대	대칭키 암호화	– 송수신자의 키가 동일한 암호화 방식
	공개키 암호화	– 암호화 키와 복호화 키가 다른 암호화 방식
	타원곡선암호 (ECC)	– Elliptic Curve Cryptography – 공개키 암호 시스템의 큰 키를 이용해야 하는 단점을 보완
	양자암호	– Quantum Cryptography, 현재 활발한 연구 중 – 이론적으로만 존재하는 것으로 여기던 완벽한 암호시스템

2.2. Steganography(스테가노 그래피)

– 정의: 이미지 등에 **메시지를 숨기는 기술**

– **적용분야: S/W 저작권 보호, Digital Wartermarking, Finger print**

– Covert channel **이용**

3. 대칭키 암호화

3.1. 대칭키 암호화의 개념과 특징

3.1.1. 개념

- 암호화 키와 복호화 키가 동일한 암호화 방식, 양방향 암호
- Seesion Key, Shared Key, Secret Key, 대칭키(Symmetric Key), 관용키(Conventional Key)라고도 함

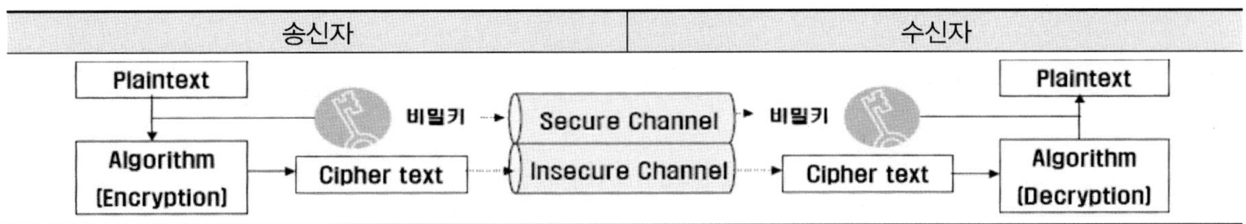

- 통신하려는 송신자와 수신자는 공개되지 않은 같은 키 공유, 암호문과 알고리즘은 공개
- 목표: 키를 모르고 공개된 알고리즘과 암호문만으로 평문을 알 수 없음

3.1.2. 특징

- **기밀성 제공하나 무결성, 인증, 부인방지는 보장할 수 없음, 암호화 복호화 속도가 빠름**
- **같은 키를 사용하므로 안전한 키 전달 및 공유 방법이 필요, 대용량 Data 암호화에 적합**

3.1.3. 대칭키 암호화의 종류

구분	스트림암호(Stream Cipher)	블록암호(Block Cipher)
개념	– 하나의 비트, 또는 바이트 단위로 암호화	– 여러 개의 Bit를 묶은 블록을 단위로 암호화
방법	– 평문을 XOR로 1Bit 단위로 암호화	– 블록단위로 치환/대칭을 반복하여 암호화
장점	– 실시간 암호, 복호화, 블록암호화보다 빠름	– 대용량의 평문 암호화
종류	– RC4, SEAL, OTP	– DES, 3DES, AES, IDEA, Blowfish, SEED

※ 예) Fax에 Data를 전송시 가장 효과적인 암호화는?
① Shared Key ② Secret Key ③ Private Key

※ **Stream 암호화: 상당한 비용과 자원이 소모, 비트 방식이여서 하드웨어에 적합, 주로 무선 암호화에 사용**
평문 Stream size ← Key Stream size, only substitution(confusion)
예) 평문 1024Kbit의 key size? ① 1024 Kbit ② 1024 Bit

→ 정답 1번

메시스 스트림 1001010111 키 스트림 0011101010 암호문 스트림 1010111101	XOR(eXclusive OR) – 배타적논리합, 두 연산 비트 중 하나만 1인 경우 그 결과는 1이다.

3.2. 블록 암호화(Block Cipher)

3.2.1. DES(Data Encryption Standard)

- 특징: **64Bit 평문 블록 길이에, 56Bit 키 길이(유효길이), 16 Round 단순 회전하여 64Bit의 암호문을 생성(64Bit에서 키 유효길이가 56Bit이며 8Bit는 Parity임)**
- 평문에 대치(Substitution)-치환(Permutation)을 16번 반복
- 커버로스에서 사용하며 키 길이가 작아 쉽게 Crack(**4회면 가능**) 가능
- **DES의 안전성은 S-box에 의존, 무차별 공격에 취약**

3.2.2. 3DES(Tripple DES)

- DES 호환, Round 수를 늘려 보안성을 강화, 대부분의 레거시 시스템에서 사용
- 특징: 64Bit 블록 크기에 키크기 168Bit, 48Round 수행, DES보다 256배 강함, ANSI 표준

3.2.3. AES(Advanced Encryption Standard)

- DES의 단점을 극복하기 위해 공모를 통해 만들어진 암호화 기법, 현 미국 표준 암호화 알고리즘
- 공모 시의 규칙: 공개적으로 밝혀야함, 로열티 없이 사용 가능, **128Bit 블록**을 위한 대칭적인 블록암호이어야 함. **128, 192, 256Bit의 키 길이**를 제공해야 함, **10/12/14 Round**
- **Rijndael 알고리즘을** 사용
- AES 선정 기준: Security, Speed, Robustness(구현 용이성)
- **H/W, S/W의 구현이 용이하고 Smart Phone 등 Mobile 단말기 암호화에 좋음, Smart card의 Data 암호화**

3.2.4. IDEA(International Data Encryption Algorithm)

- 64Bit 블록에 키크기 128Bit, 8Round, PGP(E-mail 암호화)에 사용
- 암호화 강도가 DES보다 강하고 2배 빠름

3.2.5. Blowfish

- 64Bit 블록에 가변 키 길이(448Bit까지)

3.2.6. SEED

- 국내 개발, 보안 SW/HW에서 사용, 128Bit블록, 키 길이 128Bit, 16Round

3.2.7. 블록 암호화 알고리즘간의 비교

구분	블록크기	키크기	Round	주요 내용
DES	64Bit	56Bit	16	– 키 길이가 작아 해독이 용이
3DES	64Bit	168Bit	48	– DES의 Round 수를 늘려 보안성 강화
AES	128Bit	128/192/256Bit	10/12/14	– 미국 표준 암호화 알고리즘
IDEA	64Bit	128Bit	8	– 암호화 강도가 DES보다 강하고 2배 빠름
SEED	128Bit	128Bit	16	– 국내에서 개발, ISO/IEC, IEFT 표준

3.2.8. 블록 암호화 운영 Mode

Mode	설명
ECB	– Electronic Code Book, 각 블록을 독립적으로 암호화, DES의 기본 Mode로 단순한 구조 – 입력 평문(X1, X2, …, Xn)에 대해 각각의 대응하는 암호문(Y'1, Y2,…, Yn)을 생성 (input block size = output block size) – 매우 짧은 메시지를 암호화하는 데 사용(**Password File 암호화에 좋다**) – **독립적 수행(병렬 수행가능)** → 성능이 좋아지고 오류가 전파되지 않는다. – KPA(Known-plaintext attack, 알려진 평문 공격)이나 블록의 일부를 다른 것으로 바꾸는 재생 공격에 취약 → 패턴 분석이 가능하므로 – Initaillization Vector를 사용하지 않음
CBC	– Cipher Block Chaining, input size = output size, **병렬 처리 불가(속도저하), 복잡** – 암호문을 평문 블록과 XOR한 후 암호화하는 방법으로 가장 많이 사용 – KPA이나 **재생 공격에 강함**, 인증을 위한 MAC을 생성할 때 많이 사용

3.3. 스트림 암호화(Stream Cipher)

3.3.1. OTP(One-Time Pad) = vernam cipher

- **Key Pad는 항상 평문의 길이와 동일한 길이어야 하고 한 번 사용한 Key Pad는 반드시 폐기**
- **Key Pad는 오직 송수신자만 알고 있어야 하고 랜덤하게 생성해야 함**
- **단점: 키 전달의 문제, 키 동기화의 문제 → 메시지 길이가 길어지면 키의 길이도 길어짐**

3.3.2. RC4

- SSL Protocol 사용, SW 구현에 효과적

4. 비대칭 암호화(Asymmetric Cryptography)

4.1. 비대칭(공개키, 개인키) 암호화의 개념과 특징

4.1.1. 개념

- **암호화 키(공개키)와 복호화 키(개인키)가 다르고 동일한 알고리즘을 사용하는 암호화 방식**
- 키 교환은 키 합의(Key Agreement) 또는 키 전송 사용, 공개키/개인키를 사용하여 인증, 서명, 암호화를 수행
- 등장 배경(비대칭 암호화가 제공하는 기능)

등장 이유	주요 내용
키 관리 문제	– **비밀키의 배분(주 목적)**, 공유 문제, 수많은 키의 저장 및 관리 문제
인증	– 메시지의 주인을 인증할 필요
부인 방지	– 메시지의 주인이 아니라고 부인함을 방지

4.1.2. 방식

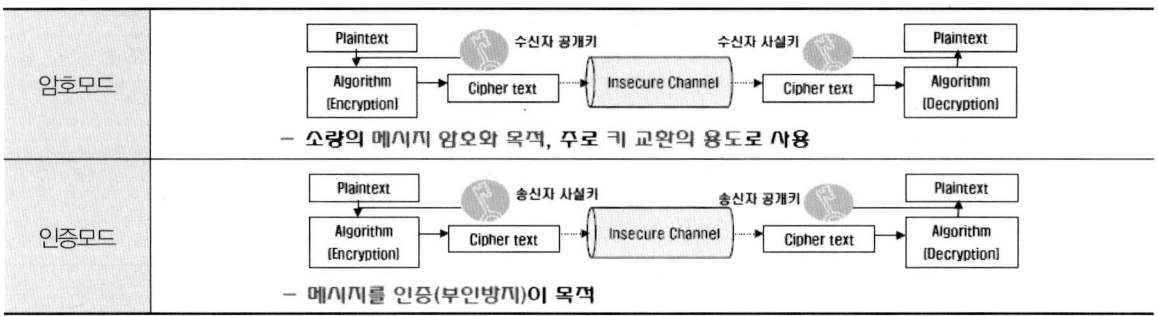

4.1.3. 원칙

- **암/복호화 키는 동일인의 키 쌍이어야 함, 키는 암/복호화 중 한 번만 사용, 타인의 개인키는 사용할 수 없다.**

  ※ 공개키에서의 인증은 사용자 인증이 강하고 메시지에 대한 인증은 Hash 함수가 대표적이다

4.1.4. 특징

- 수학적인 정수 **인수분해**에 기반, **비밀키 방식에 비해 1,000배 정도 속도가 느림**, 키 분배 문제 해결
- 대칭키에 비해 더 좋은 확장 가능성

4.2. 공개키 알고리즘의 종류

4.2.1. RSA(Rivit, Adi Shamir, Leonard Adelman)

- 대표적인 공개키 알고리즘(가장 많이 사용), de facto 표준
- 큰 숫자들의 인수분해하는 어려움에서 나옴 → 안전성의 기반
- 암호화뿐만 아니라 디지털 서명의 용도로도 사용, SSL 프로토콜을 가진 많은 웹 브라우저에서 사용

4.2.2. ECC(Elliptic Curve Cryptography, 타원 곡선 암호)

- 강력한 암호화를 요구하는 컴퓨터들의 네트워크에서 잘 작동
- 작의 키의 사이즈로 공개키 암호화 대비 **동일한 보안 수준을 제공**
- 짧은 키를 가지는 **전자서명과 인증** 시스템의 구성이 가능
- H/W, S/W상에서 빠른 암복호화를 제공
- 활용 분야: 제한된 공간에 보다 많은 키를 줄 수 있기 때문에 스마트카드, 무선전화, 스마트폰 등과 같은 작은 H/W의 인증 및 서명에 사용(스마트 카드의 데이터 암호화는 AES)
- 키길이에 따른 RSA와 동일 효과: 512/106, 768/132, 1024/160, 2048/211, 5120/320
- 주의사항: RSA와 동일한 보안을 제공하는 것이지 더 높은 보안을 제공하지는 않는다.

4.2.3. 알고리즘 간의 비교

구분	특징	수학적배경	장점	단점
Diffie Hellman	- 최초의 공개키 알고리즘 - 키 분배전용 알고리즘	이산대수문제	- 키분배에 최적화 - 키는 필요시에만 생성, 저장 불필요	- 암호모드로 사용불가(인증 불가) - 위조에 취약
RSA	- 대표적 공개키 알고리즘	인수분해	- 여러 library 존재	- 컴퓨터 속도발전으로 키 길이 증가
DSA	- 전자서명 알고리즘표준	이산대수문제	- 간단한 구조(Yes or No의 결과만 가짐)	- 전자서명 전용 - 암호화, 키교환불가
ECC	- 짧은 키로 높은 암호강도 - PDA, 스마트폰, 휴대전화	타원 곡선	- 오버헤드 적음 - 160키 = RSA 1024	- 키 테이블(20Kbyte) 필요

※이산대수, 인수분해 Key 길이: 1,024~2,048Bit / ECC: 160Bit 이상

4.3. 대칭키 암호화의 비교

항목	대칭키 암호화	공개키 암호화
키 관계	**암호화 키 = 복호화 키**	**암호화 키 ≠복화화 키**
안전한 키 길이	**128Bit 이상**	**2048Bit 이상**
구성	**비밀키**	**공개키, 개인키**
키 개수	N(N-1)/2	2N(주의 키 쌍으로는 N)
대표적인 예	DES, 3DES, AES	RSA, ECC
제공서비스	**기밀성**	**기밀성, 부인 방지, 인증**
목적	**Data 암호화**	**대칭키 암호(전달(키 분배))**
단점	**키 분배 어려움, 확장성 떨어짐**	**중간자 공격(대응 PKI)**
암호화 속도	**공개키(비대칭키)보다 빠름**	**대칭키보다 느림**

※ Hybrid 암호화

- 대용량 암호화는 대칭키 암호화를 사용하고 그때 쓰이는 세션키를 공개키로 암호화하는 방식으로 매우 효과적

5. Hash 알고리즘, MAC

5.1. Hash 알고리즘과 MD(Message Digest)

5.1.1. 개념

- **키가 없고 복호화가 불가능한 특징을 가지는 암호화 방식, 일방향 암호 기술**
- **MD는 무결성만 제공하는 메커니즘**
- 다양한 길이의 입력을 **고정된 짧은 길이의 출력**으로 변환하는 함수(고정 길이 출력: 128, 160, 256… Bit)
- 표현방식: y=h(x). x는 가변길이의 메시지, y는 해시함수를 통해서 생성, h는 해시값(Hash code)

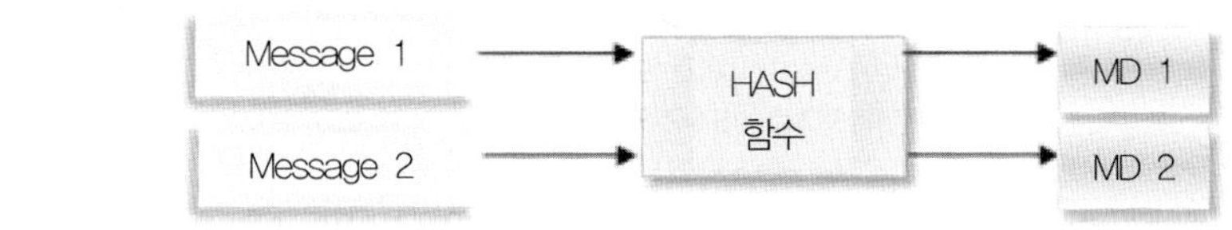

조건
1) 동일한 Hash함수 사용 2) Message 1 ≠ Message2
3) 결과: MD1 ≠MD2(같이 나오게 되면 비정상이며 collision 현상)

5.1.2. Hash 함수의 조건

조건	설명
압축	– 임의의 길이의 평문을 고정된 길이의 출력 값으로 변환함
일방향	– 메시지에서 해시값(Hash code)을 구하는 것은 쉽지만 반대로 해시값에서 원래의 메시지를 구하는 것은 매우 어려움(역방향 계산 불가능)
효율성	– 메시지로부터 h(메시지)를 구하는데 많은 자원과 노력이 소요되지 않아야 함
충돌회피 (Collision free)	– 다른 문장을 사용하였는데도 동일한 암호문이 나오는 현상 – h(M1) = h(M2)인 서로 다른 M1과 M2를 구하기는 계산상 불가능해야 한다.

5.1.3. Hash 알고리즘을 이용해 Message Digest를 만드는 이유

- **웹 사이트 방문자에게 다운로드한 파일이 믿을 만한지 결정할 수 있는 길을 제시**
- **OS의 변동 유무 체크**
- **File 무결성 체크**

5.1.4. Hash알고리즘의 종류

- MDC(Modification Detection Code)

  ① **무결성** 검증 ② 키가 없다 ③ SHA-1. HAVEL. MD2/4/5

- MAC(Message Authentication Code)

  ① **무결성** 검증, 메시지 출처 검증, 메시지 **인증**

  ② 키가 있음(대칭키)

  ③ NMAC, HMAC(IETF,RFC 2104 표준), CBC-MAC

구분	종류	설명
MDC (Modification Detection Code)	MD5	- MD2 → MD4 → MD5(MD2~MD4는 해독이 되어 별 의미가 없음) **- 임의의 메시지를 받아 128Bit의 고정값 출력**
	HAVAL	- MD5를 변형하여 만들어진 해시함수로서 128~256Bit까지 다양한 크기 출력
	SHA-1	- Secure Hash Algorithm, MD4 알고리즘에 기반하며 MD5보다 안전(해시값이 길다) **- 입력 메시지는 512Bit 블록으로 처리하고 출력은 160Bit 생성** **- 최대 입력 메시지의 크기는 2의 64승**
MAC (Message Authentication Code)	NMAC	- 해시함수의 초기값을 비밀키 정보로 사용
	HMAC	- 해시함수를 블랙박스 형태로 사용

※ MAC은 IPSec프로토콜에서 IP Packet을 전송할 때 중간에 패킷이 변경되지 않았음을 보장하기 위해 사용
※ 128Bit 출력: MD2, MD4,MD5, RIPEMD-128
※ 160Bit 출력: RIPEMD-160, SHA-1
※ 안전한 해시값의 크기는 보통 128Bit이며 높은 안전성이 요구되는 경우는160Bit

6. 디지털 서명과 PKI

6.1. 디지털 서명(Digital Signature)

6.1.1. 개념

- 전자문서를 작성자의 신원과 **전자문서 변경 여부를 확인**할 수 있도록 **비대칭 암호화 방식**을 이용하여 **전자서명 생성키로 생성한** 정보
- 개인의 고유성을 주장하고 인증받기 위해서 전자적 문서에 서명하는 방법으로 **무결성, 추적성 확보를 목적**으로 함

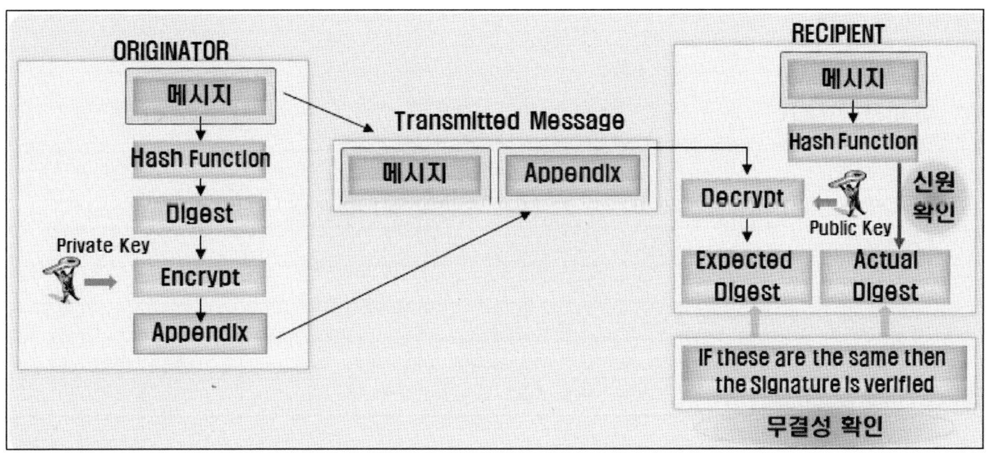

- 공개키 암호화에 RSA 알고리즘을 사용
- 암호화되는 평문의 크기를 줄이기 위해 평문을 그대로 사용하지 않고 중간에 MD(Message Digest) 생성하고그 값을 암호화함
- 송신자의 개인키로 서명(암호)하고 송신자의 공개키로 복호화

※ Hash + 대칭키 = MAC, Hash + 비대칭키 = 디지털서명

6.1.2. 디지털 서명의 요구 조건

특징(조건)	상세내용
서명자 인증(Authentication)	- 전자 서명을 생성한 서명인을 검증 가능(서명자의 공개키로)
부인방지(Non-Repudiation)	- 서명인은 자신인 서명한 사실을 부인 불가
위조불가(Unforgeable)	- 서명인의 개인키가 없으면 서명을 위조하는 것은 불가함
변경불가(Unalterable)	- 이미 한 서명을 변경하는 것은 불가
재사용불가(Not-Reusable)	- 한 문서의 서명을 다른 문서의 서명으로 재사용 불가
재생방지(Replay Protection)	- 메시지를 유일하게 하기 위해 **연속 번호 또는 Timestamp**를 포함시킨다면 수신자가 검사하여 메시지가 탈취되거나 재생되지 않았음을 보장할 수 있다. → 재생공격에 강하게 함

- **디지털 서명이 완전하게 법적 효력을 갖기 위해서는 PKI 구축이 필수**

6.1.3. DSS(Digital Signature Standard)-**디지털 서명 표준**

 -**핵심 알고리즘은** DSA(Digital Signature Algorithm)

6.2. PKI(Public Key Infrastructure)

6.2.1. 개념

- **공개키 암호 기술에 기반**을 둔 인증서를 생성, 관리, 저장, 분배, 말소, 검색, 인증을 효과적이고 투명하게 수행하는 H/W, S/W, 인력, 정책 등의 집합체 기반 구조
- 개인키와 공개키를 생성하고 **믿을 수 있는 공인 기관이 공개키의 소유자 신원을 보증**하는 기반 구조

6.2.2. PKI 필요성 (목적)

필요성(목적)	주요내용	요소기술
인증(Authentication)	- 사용자에 대한 확인, 검증(공개키 인증)	certificate
기밀성(Confidentiality)	- 송수신 정보에 대한 암호화	암호화, 복호화
무결성(Integrity)	- 송수신 정보의 위/변조 방지	해시함수(MD)
부인봉쇄(Non-Repudiation)	- 송수신 사실에 대한 부인 방지	전자서명
접근제어(Access Control)	- 허가된 수신자만 정보에 접근 가능	DAC, MAC,RBAC
키 관리(Key Management)	- 공개키 발급, 등록, 관리, 폐기	

6.2.3. PKI 구조와 구성요소

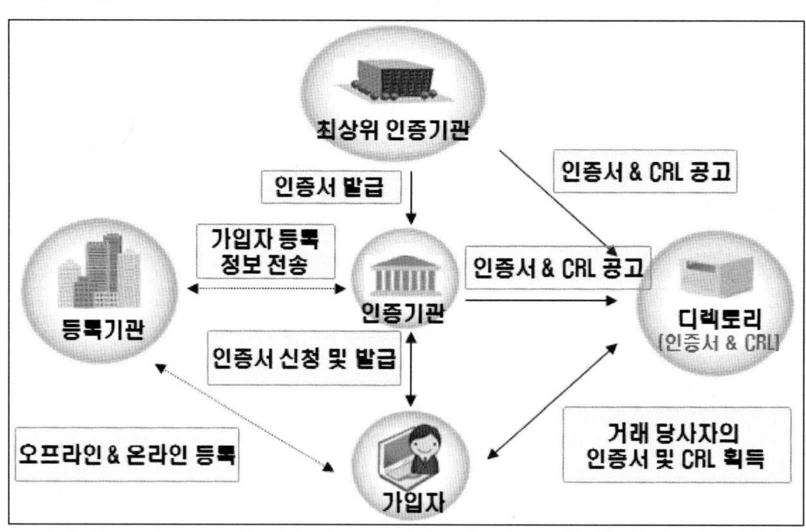

구성요소	주요 기능
인증기관(CA) Certification Authority	– 인증 정책 수립, 인증서 및 인증서 폐기 목록 관리(생성, 공개, 취소, 재발급) **– 공개키 인증서를 자신의 개인키로 서명** **– 공개키와 개인키 쌍의 소유자 신분 증명** – 다른 CA와 상호 인증 – CRL(Certificate Revocaton List, 인증서폐기목록) 등록 및 인증 절차 작성
등록기관(RA) Registration Authority	– 사용자 신원 확인, 인증서 요구를 승인, CA에 인증서 발급 요청 **– 디지털 인증서 신청자의 식별과 인증을 책임** – PKI를 이용하는 Application과 CA 간 인터페이스 제공 – 대표적 RA: 은행, 증권사
CRL (Certificate Revocation List)	– 인증서 폐기 목록 – 인증서의 지속적인 유효함을 점검하는 도구 – 폐지 사유: 디지털서명의 개인키 노출, 인증서가 필요없을 경우, 개인키 분실, 인증서 효력 정지 등 **– OCSP: 인증서 상태에 관한 정보를 조회 또는 CRL 검색 프로토콜**
Directory	– 인증서, 암호키에 대한 저장, 관리, 검색 등의 기능, PKI 관련 정보 공개 – 디렉토리 표준 형식으로는 **x.500(DAP)**과 이것을 간략화시킨 LDAP가 있음
CPS (Certification Practice Statement)	– 인증서 실무 준칙 문서 – PKI를 구현하기 위한 절차를 상세히 설명해 놓은 문서로 CA의 운영을통제하는 상세한 일련의 규정 – 인증 정책, 인증 절차, 비밀키 관리 절차 등을 포함 – 모든 사용자에게 반드시 공개해야 함(홈페이지에 게시)
X.509	– X.500 디렉토리 서비스에서 서로 간의 인증을 위해 개발된 것 – CA에서 발행하는 인증서를 기반으로 함, 공개키 인증서 표준 포맷 – 공개키 인증서의 포맷 표준: **발행자, 소유자, 소유 자의 공개키, 유효기간, 고유번호, 알고리즘** **– 사용자의 신원과 키 정보를 서로 결합한다는 것을 의미**

※ 디렉토리서비스: **컴퓨터 네크워크의 사용자와 자원에 대한 정보를 저장하고 조작하는 응용 S/W**

※ X.500(DAP(Directory Access Protocol)과 LDAP(Lightweigh Directory Access Protocol)
- X.500(DAP): OSI 7 Layer의 응용계층
- LDAP: TCP/IP의 응용계층(더 빠름 – why? 계층이 적다 – 캡슐화를 덜 한다)

6.2.4. 공개키 인증서

- 모든 사용자가 신뢰할 수 있는 기관에서 각 사용자에게 발급하는 것으로 인증서 소유자, 해당 공개키, 인증서 발급자, 유효 기간의 정보를 포함하고 있는 일련의 데이터 **구조로 신뢰할 수 있는 기관에서 자신의 개인키로 전자 서명하여 발급한 데이터**
- 인증서는 모든 사용자가 접근할 수 있는 공개 저장소에 공개한다.
- 누구든지 공개 저장소로부터 쉽게 공개키 인증서를 획득할 수 있다.
- 공개키 암호 시스템을 사용하는 개인의 공개키가 위/변조되지 않았으며 사용자가 소유하고 있는 개인키와 대응이 된다는 사실을 보장하는 것
- **구성: 인증서 버전, 일련번호, 서명 알고리즘, 발급자, 공개키 유효기간**

6.3. 키관리(Key Management)

6.3.1. 키관리

- 아무리 강력한 암호를 사용한다 해도 키 정보가 노출되거나 적절한 키의 크기가 아니라면 안전한 시스템이 아님
- 개념: 키의 생성에서 교환, 폐기에 이르기까지의 키의 수명주기 전체에 걸친 전반적인 관리
- **제일 중요한 것은 폐기이며 키 쌍에서는 폐기와 생성**

6.3.2. 키의 Life Cycle 관리

Life Cycle	주요 관점
생성, 등록, 변경	- 키의 임의적 생성하는 것이 관건이다. - 서버에는 사용자의 개인키가 존재해서는 안 된다. - 소유자의 정보와 공개키를 정확히 등록해야 한다. - 키는 주기적으로 변경이 되어야 한다(키는 자주 사용될수록 수명은 짧아야 함).
저장 및 사용	- 소유자의 저장 매체에 사설키를 저장한다. - 키 저장 시에는 일련의 패스워드가 요구된다. - 키를 사용할 때는 저장해 둔 패스워드를 입력해야 한다.
분배 및 검증	- 키 요청자들에게 공개키를 분배한다. - 공개키는 신뢰할 수 있는 제3자의 디지털 서명을 통해 진정성을 검증한다.
백업 및 복구	- 패스워드 분실, 키의 훼손 및 범죄 수사 등을 대비하여 키를 백업해 두거나 복구가 필요할 수 있다. - EES(Escrowed Encryption Standard): 사설키를 두 부분으로 분리하여 믿을 수 있는 기관에 위탁한다.
폐기 및 공지	- 훼손되거나 필요 없는 키는 안전하게 폐기해야 한다 - 폐기된 키는 사용자들에게 적절히 공지되어야 한다. **키관리의 핵심**

7. 암호 시스템의 공격 유형

7.1. 암호분석 방법(공격의 강도가 큰 관점)

공 격	주요 설명
암호문 단독 공격 (COA, Ciphertext only Attack)	- 암호 해독자에게 가장 불리한 방법 - 공격자는 **단지 암호문만을 가지고 공격** - 암호문으로부터 평문이나 암호키를 찾아내는 방법으로 통계적 성질과 문장의 특성 등을 추정하여 해독
알려진 평문 공격 (KPA, Known Plaintext Attack)	- 암호문에 대응하는 일부 평문이 가용한 상황에서의 공격, 선형 공격 - 공격자는 **약간의 평문에 대응하는 암호문을 가 지고 있는 상태**에서 나머지 암호문에 대한 공격을 하는 방법으로 이미 입수한 암호문의 관계를 이용하여 새로운 암호문을 해독하는 방법
선택 평문 공격 (CPA, Chosen Plaintext Attack)	- 평문을 선택하면 대응되는 암호문을 얻을 수 있는 상황에서의 공격 - 공격자가 사용된 암호기에 접근할 수 있을 때 사용하는 공격 방법 - 적당한 평문을 선택하여 그 평문에 대응하는 암호문을 얻을 수 있음
선택 암호문 공격 (CCA, Chosen Ciphertext Attack)	- **암호문을 선택하면 대응되는 평문을 얻을 수 있는 상태에서의 공격** - 적당한 암호문을 선택하고 그에 대응하는 평문을 얻을 수 있다.

7.2. 대칭키, 비대칭키 암호 공격

암호방식	공격 유형
대칭키, 공용키, 개인키	- Brute Force Attack - Replay Attack → **대책: timestamp, Sequence number, 난수(Initialization)** - 차분 암호 분석(Differential cryptanalysis): CPA 기반: 선택된 평문 암호분석의 일종, 블록 암호에서 입력쌍의 차이와 해당 출력쌍에 대한 차이 값들의 확률 분포가 균일하지 않다는 사실을 이용하여 공격 - 약간씩 다른 여러 개의 text를 암호화하여 그 결과를 비교하는 작업을 수반
비대칭키, 공개키	- 중간자 공격, 선택 평문 공격, 암호문 단독 공격, 인수분해 공격, 일반 모듈 공격

8. OSI 7Layer에서의 암호화

8.1. 링크(Link) 암호화 vs. 단대단(End-to-End) 암호화

8.1.1. Link 암호화-H/W로 구현, 헤더 정보까지 통째로 암호화

- OSI 계층: Physical~Data Link
- 중계 노드에서 매번 복호화되고 다시 암호화한다.
- 라우팅 정보까지 암호화되므로 트래픽 분석에는 강하지만 중계 노드에서 일시적으로 평문 상태로 남는 약점이 존재한다.

8.1.2. End-to-End 암호화-S/W로 구현

- OSI 계층: Network~Application, 데이터의 출발지와 목적지는 암호화되지 않음
- 송신자 말단에서 암호화되고 수신자 말단에서 복호화되면 중계 노드에서는 단지 중계만 함
- 사용자 인증 등의 높은 보안이 제공되지만 라우팅 정보가 암호화되지 않기 때문에 트래픽 분석에 취약

8.1.3. 상호 간의 비교

Link	End-to-End
ISP/통신 사업자가 한다	사용자가 한다
헤더를 포함한 모든 데이터를 암호화한다	**헤더(라우팅정보)는 암호화하지 않는다**
구현이 쉽다	구현이 어렵다
해당 노드가 공격당하면 전체가 위험하다	중간 노드의 공격에도 영향이 없다
트랙픽 분석에 강하다	**트래픽 분석에 취약하다**

8.2. OSI 프로토콜에서의 암호화

8.2.1. SSH - VPN의 종류

(1) 개념

- 네트워크의 다른 컴퓨터에 로그인할 수 있으며 원격 시스템에서의 명령을 실행하고 다른 시스템으로 파일을 복사할 수 있도록 해주는 프로그램
- 강력한 인증 방법과 불안한 네트워크에서 안전하게 통신할 수 있는 기능을 제공

(2) 특징

- 안전한 원격 접속을 위해 **암호화된 세션으로 연결**하는 Clinet/Server 프로그램
- 두 호스트 간의 **통신 암호화와 사용자 인증을 위하여 공개키 암호 기법 사용**
- **FTP, Telnet 같은 프로그램보다 더 높은 보안을 제공, FTP, Telnet 등은 암호화를 하지 않음**
- **디지털 인증서(X.509 인증 포맷)를 통해 서로의 신뢰성을 검증**

8.2.2. SSL(Secure Socket Layer) - 데이터 전송 프로토콜

(1) 개념

- Netscape 사에서 개발한 인터넷과 같은 개방환경에서 Client와 Server 사이의 안전한 통신을 위해 개발
- **웹 상에서의 거래 활동을 보호하기 위함**

(2) 특징

- 브라우저와 웹 서버 사이의 통신을 위해 널리 사용되는 세션 기반 프로토콜
- 브라우저와 서버 간 전송되는 모든 거래를 위한 안전한 통로를 제공
- **대칭키 암호화(트래픽을 암호)와 비대칭키 암호화(대칭키 암호)를 혼합해서 사용**
- Server와 Client 사이의 인증, 기밀성, 무결성, 부인봉쇄 서비스를 제공
- **SSL은 상호 인증, 무결성을 위한 메시지 인증 코드(MAC), 기밀성을 위한 암호화 등을 제공함으로써 안전한 데이터 통신을 제공**

(3) 제공되는 보안서비스

보안서비스	설명
인증(Authentication)	- Client가 접속하는 서버가 신뢰할 수 있는 서버인지 또는 서버에 접속한 Client가 허가된 사용자인지를 확인 **- 전사서명과 X,509 공개키 인증서 사용**
무결성(Integrity)	- 함께 키를 사용하는 **MAC 기법을 사용**하여 데이터 변조 여부 확인.
기밀성(Confidential)	- 대칭키 암호 사용
부인봉쇄	- 부가적인 S/W를 사용하여 응용 계층에서 메시지에 대한 전사서명 허용

8.2.3. S-HTTP

- 각각의 메시지를 안전하게 전송하기 위해 사용
- 웹상의 파일들이 안전하게 교환될 수 있게 해주는 HTTP의 확장판(HTTP만 지원하는 한계점)
- SSL이 전송계층에 작동하는 것에 비해 S-HTTP는 **응용계층에서 보안 기능을 제공하므로 더 효율적**

8.2.4. SET(Secure Electronic Transaction)

(1) 개념 및 특징

- 인터넷에서 신용카드 사용 촉진을 위해 VISA와 MASTER CARD사에서 공동으로 개발된 프로토콜
- 전자 상거래 인증의 상호 작용을 보장, SSL에 비해 상대적으로 느림
- 전자 서명과 인증서를 통한 안전한 거래가 가능 → PKI가 필요
- 신용카드의 지급 결제 처리 절차에 한해서 정의, 시스템 구축 및 인증 절차가 복잡

(2) 제공 보안서비스

- 기밀정, 무결성, 인증, 부인봉쇄

(3) 사용하는 정보 보호 기술

- 대칭키, 공개키, 전자서명, 해시함수, 전자봉투, 공개키인증(X.509), **이중서명기술**
- 알고리즘: DES, RSA, SHA-1

(4) SET 구성요소

요소	설 명
사용자(카드소지자)	- 전자상거래를 수행하는 전자지갑(사용자 신분을 확인하는 SET 인증서포함)을 얻음
상인(상점 소유자)	- 웹상의 상품 운영자, SET를 이용하여 상품 판매를 제공
PG(Payment GW)	- 기존의 카드 지불네트워크의 통로
발급은행(Issuer)	- 사용자 계좌가 있는 재정 기관으로 신용카드 발행 - CA운영하여 사용자에게 인증서를 발행
지불처리은행(Acquirer)	- 상점의 계좌가 있는 재정 기관으로 신용카드 인가여부와 지불을 처리 - 지불 Gateway를 운영하고 CA를 운영하여 상인에게 인증서를 발행
인증기관	- SET에 참여하는 사용자, 상점, PG의 정당성을 보증하는 기관

(5) 이중 서명 사용 이유

- 사용자는 판매자에게 지불정보(계좌정보)를 숨기고 싶음

구분	판매자	PG
구매정보	O	X
결제정보	X	O

- 사용자는 PG로부터 주문정보(물품 명세서 등)를 숨기고 싶음
- PG는 판매자가 전송한 결제 요청이 실제 고객이 의뢰한 정보인지를 확인하고 싶음

(6) 장단점

- 장점: 전자거래의 사기 방지, 기존의 신용카드 기반을 그대로 활용
- 단점: 암호 프로토콜이 너무 복잡, RSA 사용 시 속도 저하, 카드 소지자에게 전자지갑 S/W 요구

8.2.5. IPSec(IP Security) - *자세한 것은 통신에서 다룸*

- 차세대 인터넷 프로토콜인 IPv6에서는 기본적으로 포함
- AH(Authentication Hearder): **무결성과 데이터 원본 인증 제공, AH 헤더의 필드에서 일련번호 사용하여 재생 공격으로부터 보호, 암호화 기능은 없음**
- ESP(Encapsulating Security Payload): **기밀성과 패킷 단위의 무결성, Sequence Number 사용하여 재생 공격으로부터 보호**
- IKE(Internet Key Exchange): **키 교환 프로토콜**
- 기능: **접근제어, 무결성, 원본 데이터 인증, Replayed 패킷 거부, 기밀성**

8.2.6. 주요 프로토콜 상호 비교

구분	WEB 보안 프로토콜			전자상거래
프로토콜	SSH	SET	SSL/TLS	RBAC
지원대상	Telnet, ftp, rlogin	HTTP	Web(서버인증)	**인터넷 결제**
작동계층	**전송계층~응용**	**응용**	**전송계층 상단~응용**	**응용**
암호기법	IDEA, DES, 3DES, RC4	IDEA, DES, RC2, RC4	IDEA, DES, 3DES, RC4	DES
키교환	RSA	RSA	RSA/DH	RSA
서명	해당없음	RSA	RSA	RSA
해시함수	해당없음	MD2,4, SHA	MD5, SHA-1	MD2,4,5, SAH-1
참고	시스템 성능저하	개별메시지 초점	구 버전 부인방지 불가	복잡, SSL/TLS 선호

9. 이메일 보안

9.1. 이메일 보안의 개념과 특징

9.1.1. 개념

- 이메일은 목적지 도착까지 많은 호스트를 거치며 보안이 적용되지 않을 시 많은 위협을 가지게 됨
- 암호화를 통해 내용 등을 보호해야 함

9.1.2. 이메일 보안 도구

- PGP, PEM, S/MIME **등이 있으며 응용 계층에서 작동**
- 제공 기능
  ① 데이터 기반 인증, 메시지의 무결성, 데이터 기반 부인방지, 메시지 내용 부인방지 → 디지털 서명
  ② 메시지의 기밀성 → 대칭키 + 공개키 암호화

9.2. PGP(Pretty Good Privacy)

9.2.1. 목적

- 평문 메시지 암호화

9.2.2. 사용되는 암호화 키

세션키	IDEA이용, 전송 메시지 암호화, 각 세션키는 한 번만 사용
공개키	RSA, 세션키 암호화에 사용
개인키	RSA, 디지털 서명을 위한 메시지 암호화 이용

※ PEM에 비해 보안성이 취약하지만 구현이 쉽고 **분산화된 키 인증 방식을 사용**한다는 점에 가장 널리 사용. 또한 무료로 사용이 가능하며 공개적으로 검증된 알고리즘에 기반

※ PEM(Privacy Enhanced Mail): **중앙집중화된 키 인증**, 구현이 어렵고, 높은 보안성 제공(군사, 은행 사용)

9.2.3. Web of Trust(분산된 키 인증)

- PGP는 전자서명과 함께 공개키 암호화 기법을 사용함, 공개키 인증은 제3기관 인증이 아닌 Web of Trust기법을 사용**(PKI를 사용 안함)**
- 기본 사상: 어떤 A가 B를 신뢰하고 B는 C를 신뢰한다면 A가 C에 대하여 신뢰할 수 있다
- 위험성: 시스템 내 일부 잘못된 신뢰구조 발생 시 거짓된 정보(공개키/이름)를 가질 수 있음. 이러

한 관점에서 PGP는 개인 대 개인 통신에서 크게 발전

9.3. S/MIME(Secure Multi-Purpose Internet Mail Extension)

9.3.1. 개념과 목적

- 표준 보안 메일 규약, 송신자와 수신자를 인증, 메시지 무결성 증명, 첨부를 포함한 메시지 내용의 Privacy를 보증하는 표준 보안 메일 프로토콜로서 **메일 전체를 암호화한다.**
- 인터넷 MIME 메시지에 전자 서명과 함께 암호화를 더한 프로토콜로서 **RSA 암호를 사용한다.**
- 목적: 첨부 파일에 대한 보안

9.3.2. 제공하는 기능

- Internet E-mail format standard인 MIME에 보안 제공
- PGP와 유사: 서명과 메시지 암호화
- Enveloped data(기밀성): 암호화된 내용과 암호키(수신자의 공개키로 암호화)

9.3.3. 사용되는 암호화 키

DSS	디지털 서명 알고리즘
3DES	메시지의 암호
SHA-1	디지털 서명을 지원하기 위한 해시함수

※ PGP와의 차이는 공개키 보증 방식에 있음.
- PGP: 아는 사람과 자신의 공개키에 서명 받음으로써 신뢰성을 보증
- S/MIME: CA(인증기관)으로부터 자신의 공개키를 보증하는 인증서를 받아야 함

9.4. IPSec과 이메일 보안 도구들의 주요 특징

구분	보안아키텍처	E-mail 보안 프로토콜₩		
프로토콜	**IPSec**	**S/MIME**	**PGP**	**PEM**
지원대상	IP	E-mail		
작동계층	네트워크	응용		
암호기법	DES, 3DES, RC4, AES	DES, RC2	IDEA, 3DES, CAST	DES, 3DES
키교환	RSA, DH	RSA, DH	RSA, Elgamal	RSA
서명	RSA,DSS	RSA, DSS	RSA, DSS	RSA
해시함수	HMAC-MD5, HMAC-SAH-1, RIPEMD	MD5, SHA-1	MD5, SAH-1, RIPEMD	MD2, MD5
참고	AH/ESP, 전송/터널모드	X.509 인증서 기반	일반인들이 가장 많이 사용	군사/은행 사용

10. 기타 암호 관련 사항

10.1. 알고리즘 비교

알고리즘	인증	기밀성	키교환	무결성	부인방지
비밀키	X	O	X	X	X
공개키	O	O	O	X	O
일방향(해시)	X	X	X	O	X

※ 어느 알고리즘이든지 요구되는 보안서비스를 만족하는 것은 없다. 따라서 결합(Hybrid)형태가 필수적이다.
- 메시지 암호화(기밀상): 비밀키 암호
- 데이터 무결성 검증(메시지 인증): 해시 알고리즘
- 사용자 인증: 공개키 암호(송신자의 개인키로 암호화)
- 비밀키 교환: 공개키 암호(수신자의 공개키로 암호화)

10.2. 디지털 봉투(DigitalEnvlope)

– 메시지 암호화를 위해 비밀키 암호시스템을 사용하는 것은 비밀키 교환의 문제가 있다.

– 비밀키 교환을 위해 수신자의 공개키로 비밀키를 암호화하여 전송하는 기술을 Digital Envelope 라 한다.

10.3. Avalanche Effect(쇄도 효과)

– 평문 혹은 키의 미세한 차이가 암호문의 50% 이상의 변화를 가져오는 효과를 말한다.

:: 핵심 문제 풀이

문제 1〉	정보보안의 목표 중에서 암호화와 가장 관련성이 높은 것은 무엇인가? ① 가용성 ② 기밀성 ③ 무결성 ④ 부인방지
카테고리	CISSP 〉 암호학

문제풀이

– 기밀성은 메시지를 암호화하여 원본이 노출되어도 원본의 내용을 볼 수 없는 특성

정답 ②

문제 2〉	다음 보안 요구사항 중에서 암호학이 보장 해 주는 것이 아닌 것은 무엇인가? ① 가용성 ② 기밀성 ③ 무결성 ④ 인증
카테고리	CISSP 〉 암호학

문제풀이

– 암호학은 기밀성, 무결성, 인증 및 부인봉쇄를 지원
– 가용성은 정당한 사용자의 요청 시에 서비스할 수 있는 특성

정답 ①

문제 3〉	아래의 내용 중에서 도청(eavesdrop)을 방지할 수 있는 방법은 무엇인지 선택하시오. ① one-way hash ② digital signature ③ checksum ④ encryption
카테고리	CISSP 〉 암호학

문제풀이

- 암호화(encryption)는 기밀성을 통해서 도청이 발생되어도 원본을 확인 할 수가 없음
- Digital Signature: 서명자의 전자서명을 서명함을 보장하는 방법
- Check Sum은 메시지에 대한 무결성을 지원하고 이를 위해서 패리티 Bit 등을 사용
- Hash 함수는 송신자의 메시지 내용이 수신자에게 변조되지 않음을 보장

정답 ④

문제 4〉	개인PC 4자리 숫자 암호화를 사용했다. 4자리의 숫자암호의 전체 경우의 수는 얼마인가? ① 9,999 ② 1,000 ③ 10,000 ④ 99,999
카테고리	CISSP 〉 암호학

문제풀이

- 4자리가 가질 수 있는 모든 경우의 수. 이러한 경우의 수는 무작위 공격을 통해서 쉽게 패스워드를 파악할 수 있다.

정답 ③

문제 5〉	아래의 보기 중 암호화의 주요 기능이 아닌 것은 무엇인가? ① 시스템의 가용성 보장 ② 수신자의 부인방지 ③ 데이터가 변조되지 않는 무결성 ④ 메시지 기밀성 보장
카테고리	CISSP 〉 암호학

문제풀이

– 가용성은 시스템 측면에서 연속성을 보장해야 한다. 이를 위해서 시스템을 이중화하는 방법 등의 시스템 구성을 제공해야 한다.

정답 ①

문제 6〉	아래의 내용은 모두 대칭 키 암호화 기법이다. 이 중에서 Stream Cipher의 주요 특징으로 틀린 것은 무엇인가? ① Stream Cipher로 One Time Pad 등이 존재한다. ② 암호화 이전과 이후의 사이즈의 변화가 없다. ③ 암호화 알고리즘으로 전치와 치환 등이 주로 사용된다. ④ 일회용 패드(one-time pad), RC4, SEAL은 스트림 암호의 한 예이다.
카테고리	CISSP 〉 암호학

문제풀이

구분	스트림암호(Stream Cipher)	블록암호(Block Cipher)
개념	하나의 비트, 또는 바이트 단위로 암호화	여러 개의 Bit를 묶은 블록을 단위로 암호화
방법	평문을 XOR로 1Bit 단위로 암호화	블록단위로 치환/대칭을 반복하여 암호화
장점	실시간 암호, 복호화, 블록암호화보다 빠름	대용량의 평문 암호화
종류	RC4, SEAL, OTP	DES, 3DES, AES, IDEA, Blowfish, SEED

정답 ③

문제 7〉	아래의 내용 중에서 암호화 기술과 관련이 없는 것은 무엇인가? ① Diffusion ② Subsitution ③ Transformation ④ Transposition
카테고리	CISSP 〉 암호학

문제풀이

- 암호화 기법은 대치, 전치, 순열등의 기법이 존재. Transformation은 관계없다.

정답 ③

문제 8〉	아래의 암호화 기법에 대한 주요 설명으로 틀린 것을 선택하시오. ① 공개키 암호화 방식은 송신자와 수신자가 동일 Key로 암호화와 복호화를 수행한다. ② DES 및 3DES는 비밀키 암호화 방식이다. ③ 암호화 시스템은 기밀성과 무결성, 인증, 부인 봉쇄는 제공하지만, 가용성을 제공하지 않는다. ④ 암호시스템에 사용된 알고리즘은 공개해야 한다.
카테고리	CISSP 〉 암호학

문제풀이

- 공개키 암호화 방식은 암호화 키와 복호화 키가 다른 것으로 개인키와 공개키가 존재한다.
- 송신자는 개인키로 암호화하고 공개키로 복호화한다.

정답 ①

문제 9〉	아래의 암호화 기법 중에서 공개키 암호화 기법에 해당되는 것을 선택하시오. ① DES ② 3DES ③ DSA ④ AES
카테고리	CISSP 〉 암호학

문제풀이

- DSA는 전자서명에서 사용되는 방법으로 공개키(비대칭키) 암호화 기법

정답 ③

문제 10〉	대칭키 암호화 시스템인 DES 암호화 기법에서 실제 Key의 길이는 무엇인가? ① 16Bit ② 56Bit ③ 64Bit ④ 1024Bit
카테고리	CISSP 〉 암호학

문제풀이

- DES는 64Bit 키를 사용하고 RSA는 1024키를 사용한다.

정답 ②

문제 11〉 아래의 내용 중에서 평문의 길이와 암호문의 길이가 동일하고 패스워드와 같은 짧은 평문의 암호화에 사용한 블록암호 운영방식은 무엇인지 선택하시오.

① CFB
② CBC
③ BCF
④ ECB

카테고리 CISSP 〉 암호학

문제풀이

- Electronic Code Book, 각 블록을 독립적으로 암호화, DES의 기본 Mode로 단순한 구조
- 입력 평문(X1, X2, …, Xn)에 대해 각각의 대응하는 암호문(Y'1, Y2,…, Yn)을 생성(input block size = output block size)
- 매우 짧은 메시지를 암호화하는 데 사용(Password File 암호화에 좋음)
- 독립적 수행(병렬 수행가능) → 성능이 좋아지고 오류가 전파되지 않음

정답 ④

문제 12〉 아래의 내용 중에서 IDEA 암호화 시스템에 대한 설명으로 가장 올바른 것을 선택하시오.

① 대칭 키 암호화 방식, 64Bit 키
② 대칭 키 암호화 방식, 128Bit 키
③ 비대칭 키 암호화 방식, 64Bit 키
④ 비대칭 키 암호화 방식, 128Bit 키

카테고리 CISSP 〉 암호학

문제풀이

※IDEA(International Data Encryption Algorithm)
- 64Bit 블록에 키 크기 128 Bit, 8Round, PGP(E-mail 암호화)에 사용
- 암호화 강도가 DES보다 강하고 2배 빠름

정답 ②

문제 13〉 대칭키 암호화 기법인 DES의 암호화 운영방식으로 데이터베이스의 암호화 시 사용되는 암호화 기술은 무엇인지 선택하시오.

① CBC(Cipher Block Chaining)
② CRC(Cycling Redundancy Checking)
③ ECB(Electronic Code Book)
④ CFB(Cipher Feedback)

카테고리 CISSP 〉 암호학

문제풀이

– ECB에 대한 설명임. 문제 11번 풀이 참조

정답 ③

문제 14〉 암호화 기법 중 스마트폰, 스마트카드에 활용할 수 있고, 하드웨어 및 소프트웨어로 구현할 때 코드의 간결성과 효율성이 특징인 암호화 기술은 무엇인가?

① AES
② MD5
③ SHA
④ RSA

카테고리 CISSP 〉 암호학

문제풀이

* AES(Advanced Encryption Standard)
  - DES의 단점을 극복하기 위해 공모를 통해 만들어진 암호화 기법.현 미국 표준 암호화 알고리즘
  - 공모시의 규칙: 공개적으로 밝혀야 함. 로열티 없이 사용 가능. 128 Bit 블록을 위한 대칭적인 블록암호이어야 함
  - 128, 192, 256 Bit의 키 길이를 제공해야 함. 10/12/14 Round
  - Rijndael 알고리즘을 사용
  - AES 선정 기준: Security, Speed, Robustness(구현 용이성)
  - H/W, S/W의 구현이 용이하고 Smart Phone 등 Mobile 단말기 암호화에 좋음. Smart card의 Data 암호화

정답 ①

문제 15〉

아래의 내용 중에서 대칭 키 암호화 기술을 보호하기 위한 방법으로 가장 현실적으로 올바른 것은 무엇인가?

① 주기적으로 개인키와 공개키를 변경
② 주기적으로 비밀키를 변경
③ 키의 길이가 긴 키를 사용
④ 주기적으로 암호화 알고리즘을 변경

카테고리 CISSP 〉 암호학

문제풀이

– 대칭키 시스템은 비밀키를 통해서 암호화하고 복호화함. 주기적으로 비밀키를 변경하여 보안사고를 예방할 수 있음

정답 ②

문제 16〉

암호화 키와 복호화 키를 동일하게 사용하는 대칭 키 암호화 기법과 달리 암호화 키와 복호화 키를 다르게 사용하는 공개키(비대칭키) 암호화 기법의 문제점은 무엇인가?

① 취약한 알고리즘
② 키 분배문제
③ 확장성
④ 속도가 느림

카테고리 CISSP 〉 암호학

문제풀이

– 공개키 암호화 알고리즘은 키의 분배가 쉽고, 보안성도 우수하지만, 암호화와 복호화 속도가 느린 단점을 가짐

정답 ④

문제 17〉	대칭키 암호화 기법을 이용한 100명의 사용자가 사용하고 있을 때 사용하는 키의 수는 모두 몇 개인가? ① 100 ② 200 ③ 350 ④ 1000
카테고리	CISSP 〉 암호학

문제풀이

– 대칭 키는 사용자의 수만큼 필요함

정답 ①

문제 18〉	아래의 암호화 기법 중에서 대칭키 암호화 알고리즘을 사용하는 기법은 무엇인가? ① IDEA ② DSA ③ RSA ④ DH
카테고리	CISSP 〉 암호학

문제풀이

– IDEA는 대칭키 암호화 기법이고 나머지는 비대칭키(공개키) 암호화 기법

정답 ①

문제 19〉	아래의 내용 중에서 공개키 암호화 기법을 사용할 경우 키의 수는 어떻게 되는가? ① N ② 2*N ③ N/2 ④ N(N–1)/2
카테고리	CISSP 〉 암호학

문제풀이

- 공개키 암호화 알고리즘의 키의 수는 2*N
- 대칭키 암호화 알고리즘의 키의 수는 N(N–1)/2

정답 ②

문제 20〉	스마트 카드 및 무선 인터넷, WPKI 등에서 ECC(Elliptic Curve Cryptosystem) 암호화 기법을 사용하는 것은 어떤 이유인가? ① ECC는 인증기능 제공 ② ECC가 작은 키를 활용하고 빠름 ③ ECC는 적은 비용 발생 ④ ECC는 알고리즘이 공개되지 않음
카테고리	CISSP 〉 암호학

문제풀이

- ECC는 이산대수의 어려움을 이용한 암호화 기법으로 기존 RSA 1024Bit를 ECC는 160Bit만으로 동일한 안전성을 보장할 수 있고 빠르고 작은 장점이 있다.

정답 ②

문제 21〉	회사의 정보보안을 위해서 접근통제 구현기법 중에서 상용 소프트웨어에서 가장 많이 활용되는 기법은 무엇인가? ① 패스워드를 활용한 단방향 암호화 ② 해시함수 ③ 디지털 서명 ④ 공인인증서
카테고리	CISSP 〉 암호학

문제풀이

– 상용 보안 솔루션에서 가장 많이 활용되는 기법은 패스워드(지식에 기반한 인증)를 활용한 단 방향 암호화 기법

정답 ①

문제 22〉	아래의 내용은 메시지의 무결성을 보장할 수 있는 해시함수의 특징에 대한 설명이다. 그 내용이 가장 올바른 것은 무엇인가? ① 길이가 가변적이고 키가 없다. ② 길이가 가변적이고 키가 있다. ③ 길이가 고정적이고 키가 없다. ④ 길이가 고정적이고 키가 있다.
카테고리	CISSP 〉 암호학

문제풀이

– 해시함수의 특징
  1) 단 방향 함수(One Way Function)
  2) 임의의 길이 입력에 대해서 동일한 길이의 출력
  3) 같은 입력에 대해서는 같은 결과

정답 ③

문제 23〉

건설 사업의 입찰 시에 입찰금액이 사전 유출되는 막기 위한 방법으로 가장 알맞은 것을 선택하시오.

① 입찰시에 디지털 서명을 사용한다.
② 입찰서를 대칭키 암호화를 통하여 전달한다.
③ 입찰 전에 입찰금액 해시값을 제출하게 한다.
④ 공인인증서를 사용한다.

카테고리 CISSP 〉 암호학

문제풀이

- 해시는 메시지의 변조여부를 확인할 수 있음. 해시함수를 사용해서 해시결과를 가지고 있으면 입찰금액은 파악할 수 없지만, 추후 동일한 금액을 입력하면 동일한 결과가 나오므로 활용될 수 있다.

정답 ③

문제 24〉

다음 중 무결성과 부인 봉쇄를 구현할 수 있는 방법은?

① Message Digest
② Digital Signature
③ One-time Pad
④ MAC

카테고리 CISSP 〉 암호학

문제풀이

- 전자서명(Digital Signature)은 무결성, 부인봉쇄, 인증서비스를 지원한다.

정답 ②

문제 25〉	아래의 해시함수 SHA-1의 메시지 다이제스트 크기는 얼마인가? ① 56Bits ② 128Bits ③ 160Bits ④ 256Bits
카테고리	CISSP 〉 암호학

문제풀이

- 해시함수 SHA-1은 160Bit를 사용

정답 ③

문제 26〉	E-mail 보안기법인 PGP(Pretty Good Privacy)에 대한 설명으로 잘못된 것을 선택하시오. ① 이메일 보안을 위한 de facto Standard ② 공개적 소프트웨어 ③ 중앙 집중형 공개키 기반 구조를 필요 ④ 공개키와 대칭키의 하이브리드 방식
카테고리	CISSP 〉 암호학

문제풀이

- PEM, S/MIME: X.509를 위한 공개키 기반 구조
- PGP: Web of Trust라는 신뢰 모델을 사용하여 공개키 인증 수행

정답 ③

보안구조 및 모델

1. 컴퓨터 구조

1.1. 시스템 구성요소

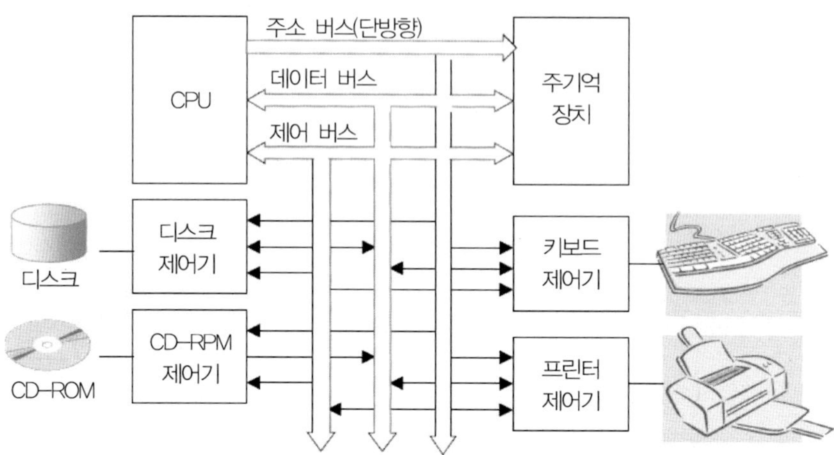

구성요소	설 명
CPU	- 중앙처리장치(Central Process Unit) - OS나 응용프로그램의 명령어의 해석과 자료의 연산, 비교 등의 처리를 수행하며 기억/연산/전달/제어 기능을 가지고 있음 - 구성: 제어회로, 레지스터 집합, 연산장치로 구성
저장장치	**- 주기억장치(1차 저장장치, Primary): RAM/ROM/Cache Memory(Memory Mapper)** **- 보조기억장치(2차 저장장치, Secondary): Disk/CD-ROM/Tape**
입/출력 장치	- 입력장치: 키보드, 마우스 - 출력장치: 모니터, 프린터

1.2. CPU

1.2.1. CPU의 개념

- 입력장치로부터 자료를 받아서 처리한 후 그 결과를 출력장치로 보내는 일련의 과정을 제어하고 조정하는 컴퓨터의 두뇌에 해당하는 핵심장치

1.2.2. CPU 구성요소

구성요소	설 명
Control Unit	- 프로그램 명령어 해석하고 그것을 실행하기 위한 제어신호를 순차적으로 발생 - 프로그램 카운터(PC), 명령어 레지스터(IR), 부호기, 명령어 해독기
Registers	- 컴퓨터 내부의 소규모 데이터 저장장치로 CPU 내에 여러 종류가 있음 - 실행 중인 명령어를 기억하거나 다음 실행할 명령어의 주소를 기억하며 연산된 결과를 일시적으로 기억
Arithmetic Logical unit (연산장치)	- 제어 장치 명령에 따라 실제로 연산을 수행하는 장치

1.2.3. BUS-CPU와 기억장치/입출력장치 간의 데이터와 명령을 전송하는 경로

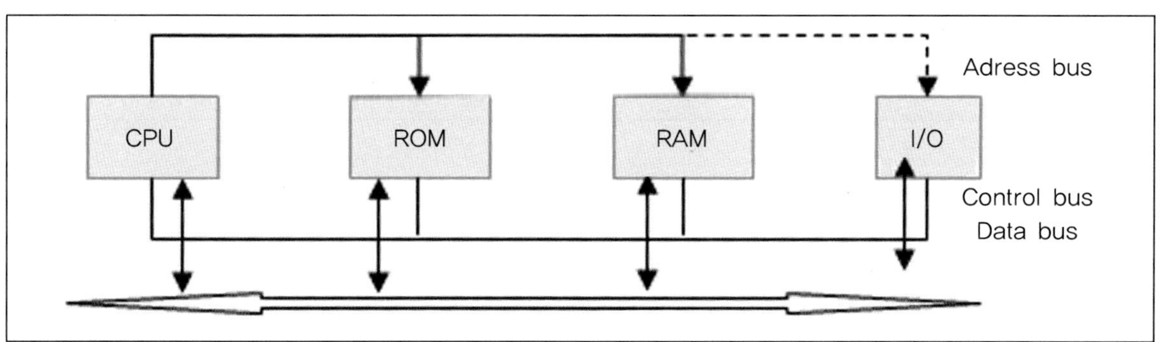

형태	설 명
Address Bus	- CPU에서 주기억 장치나 입출력 장치의 **주소를 지정**할 때 사용하며 단방향 전송
Data Bus	- CPU에서 주기억 장치나 입출력 장치 간 **데이터를 송수신, 양방향 전송**
Control bus	- 시스템 전체에 **타이밍 신호와 제어신호를 전송, 단방향**

1.2.4. 명령어 처리 방식: 호출(Fetch)-Decode(해독)-Execute(실행) → 1 Cycle

① Scalar Processor: **하나의** 명령어(Instruction)만 수행

② Superscalar Processor: **동시에 여러 개의** 명령어(Instruction)를 수행

③ Pipelining: 각 명령어의 수행단계를 **중첩 처리**, 속도 개선

방 식	설 명
명령어 인출(Instruction Fetch)	- 기억장치로부터 명령어(Instruction)를 읽어 옴
명령어 해독(Instruction Decode)	- 명령어를 해석하고, 수행할 동작 결정
데이터 인출(Data Fetch)	- 명령어 실행을 위해 데이터가 필요한 경우 기억장치 I/O 장치로부터 해당 데이터를 읽어옴
데이터 처리(Data Process)	- 데이터에 대한 산술/논리적 연산을 수행, 실행 단계라고 함
데이터 저장 (Data Store)	- 수행한 결과 저장, write back

1.2.5. 명령어 구성방식

방 식	설 명
CISC	- Complex Instruction Set Computer - 필요한 명령의 세트를 갖추도록 설계된 마이크로 프로세스로서 단순 명령처리부터 복잡한 명령 수행까지 하나의 명령 집합(Command Set)으로 실행할 수 있도록 여러 개의 명령어가 정의된 구조(**호환성은 좋으나 속도는 떨어짐**) - 많은 수의 명령어, 다양한 어드레싱 모드 지원, 가변길이의 명령어 형식, X86 등
RISC	- Reduced Instruction Set Computer - 복잡한 명령어의 제거, 단순 명령어의 조합을 통한 처리로 Pipeline 활용 극대화, **프로세서 속도 향상의 명령의 정의 구조(호환성은 떨어짐)** - CPU에서 자주 사용되지 않는 명령어는 S/W로 구현하고, 자주 사용되는 명령어만 간략화하여 CPU의 성능을 개선 - IBM의 RISC System/6000 기종, 매킨토시 컴퓨터에 사용
Super scalar RISC	- RISC 구조를 병렬처리가 가능하게 개선하여 3개의 명령을 동시에 처리 가능하며 Pipeline 구조를 사용
Vector Processor	- 벡터 연산을 주로 사용하며 Pipe 라인과 SIMD 컴퓨터에서 병렬 구조를 최대한 이용, 슈퍼 컴퓨터의 일부분으로 사용하거나 일반 컴퓨터의 수치연산 전용 보조 처리기사용

1.2.6. 자료 처리 방식

① VLIW(Very Long Instruction Word): **명령어 길이가 128Bit로 구성**되어 여러 개의 명령어를 하나의 세트로 실행하는 개념으로 다수의 명령어가 연계되어 실현되는 것

② SIMD(Single Instruction Multiple Data): 하나의 명령어로 **여러 개의 자료를 동시에 처리, 배열 처리 성격**이 강하며 멀티미디어 처리를 강화한 MMX(Multi-Media eXtension) 기술이 대표적 사례

1.3. Process

1.3.1. 프로세스 관련 용어

① Application: 프로세스로서 실행

② Process: 프로그램의 명령어로서 Process ID로 식별되며 한 개 이상의 Thread로 구성되어 있음

③ **Thread: 독립적으로 실행되는 작은 실행단위로 프로세스의 일부로 하나의 프로세서 내에서 같이 실행되며, 메로리 공유가 가능하고 필요시 동적으로 생성되고 파괴된다.**

④ **Multi-Threading: 단일 프로세스 내에서 복수의 Thread를 동시에 실행시키는 것으로 OS는 Interrupt를 통해 Thread들의 요청을 핸들링한다.**

※ Application → Process → Thread → Multithreading

1.3.2. Multiprograming, Multitasking, MultiProcessing

Multiprograming	– 프로그램의 실행을 번갈아 함으로써 하나의 프로세서에서 둘 이상의 프로그램을 동시에 실행하는 방법 – Multitasking으로 대체됨
Multitasking	– 하나의 프로세스에서 둘 이상의 subprogram이나, task를 동시에 수행하는 것
Multiprocessing	– 다중 프로세서 컴퓨터에서 두 개 이상의 프로세서에 의해 처리되는 병렬 처리방식

※ Multiprocessor System: 두개 이상의 프로세서를 가지고 있는 컴퓨터 또는 시스템

1.3.3. 프로세스 동작 상태

상태	설 명
준비상태(Ready state)	– 명령어를 CPU에 보내기를 대기
실행상태(Execute state)	– CPU와 명령어와 데이터를 실행
대기상태(Blocked state)	– 사용자로부터의 데이터 입력을 대기
정지상태(Terminated state)	– 프로세서가 종료된 상태

※ Interrupt: 다양한 응용프로그램과 요청들에 대해 CPU 사용 시간을 분할하는 데 사용되는 메커니즘

1.3.4. Process Isolation(프로세스 격리)

– 선점형(preemptive) 멀티태스킹에 사용

항 목	설 명
Encapsulation of objects	– 캡슐화를 통해 내부 프로그래밍 코드를 숨기고 인터페이스를 통하여 프로세스간 통신, 무결성 메커니즘으로서 프로그램 코드의 모듈화를 강화한다
Time multiplexing	– 프로세스에 시간을 할당함으로써 동일한 자원을 공유하게 한다.
Naming distinctions	– 각각의 프로세스는 고유한 PID를 갖는다.
Virtual address mapping	– OS가 프로세스 자신만이 사용할 때 메모리 공간을 할당하고 이를 물리적 메모리와 연계시킴으로써 타 프로세스가 이를 사용하는 것을 방지한다. 무결성과 기밀성을 제공(프로세스는 자기만의 데이터에 접근이 가능)

1.3.5. 프로세스 스케쥴링

– OS가 컴퓨터의 자원을 효율적으로 사용하기 위한 정책을 계획하는 것이다.

– 특정 자원을 요청하고 있는 대상들 중에서 누구에게 먼저 그 자원을 할당해 줄 것인가를 결정하는 일이다.

– OS는 프로세스들이 동일한 자원을 사용하고자 시도함으로써 발생하는 교착(Deadlock) 상태를 제어할 책임이 있다.

– **교착(Deadlock): 하나 또는 둘 이상의 프로세스가 더 이상 계속할 수 없는 어떤 특정 사건(자원 할당과 해제)을 기다리고 있는 상태로 상대방 프로세스에 할당되어 있는 자원을 요구하는 경우가**

대표적이다.

1.3.6. 프로세스 테이블

- 멀티태스킹 시스템에서 CPU가 실행 중인 프로세스로부터 다른 프로세스로 스위치될 때 저장되어야 하는 모든정보를 공유
- 이 정보는 프로세스가 중단되지 않는 한 중지된 프로세스가 추후 재시작되도록 한다.
- 각 프로세스는 테이블에 하나의 entity를 갖는다
- 멀티태스킹 시스템에서 CPU가 실행 중인 프로세스로부터 다른 프로세스로 스위치될 때 저장되어야 하는 모든정보를 공유
- 이 정보는 프로세스가 중단되지 않는 한 중지된 프로세스가 추후 재시작되도록 한다.
- 각 프로세스는 테이블에 하나의 entity를 갖는다
- 이러한 Entity들은 PCB(Process Control Block)라고 불리는 아래의 정보들을 포함한다.

상 태	설 명
Process State	- 프로세스가 memory에 로드되고 실행되는데 필요한 정보로 program counter, stack pointer, register 관련 정보들을 포함
Memory State	- 메모리 할당의 상세정보로 프로그램에 의하여 사용 중인 다양한 메모리 영역에 대한 포인터들이 해당
Resource State	- user ID와 같은 프로세스에 의해 사용 중인 파일에 관한 상태 정보
기타	- Accounting(CPU 사용시간 등) and scheduling information

※ Zombie Process: 계속 남아 있는 process

※ Unix process table의 예

SLOP	ST	PID	PRGR	UID	PRI	CPU	EVENT	NAME	FLAGS
0	S	0	0	0	95	0	Runout	Sched	Load sys
1	S	1	0	0	95	1	u	init	Load

- SLOP: 프로세스의 entry number, ST:프로세스의 paused, sleeping(s), ready to run(r), running on a CPU(o) 등 상태
- PID: Process ID, PRGP: process Group UID: User ID, PRI: 프로세스간의 우선 순위(127~0)
- EVENT: paused 또는 sleeping된 프로세스에 관한 이벤트, name: 이벤트명, FLAGS: process flags

1.4. Memory

1.4.1. 메모리의 개념

- 정의: 프로그램, 처리할 데이터, 처리된 결과 등을 저장하는 장치

1.4.2. 메모리의 계층 구조

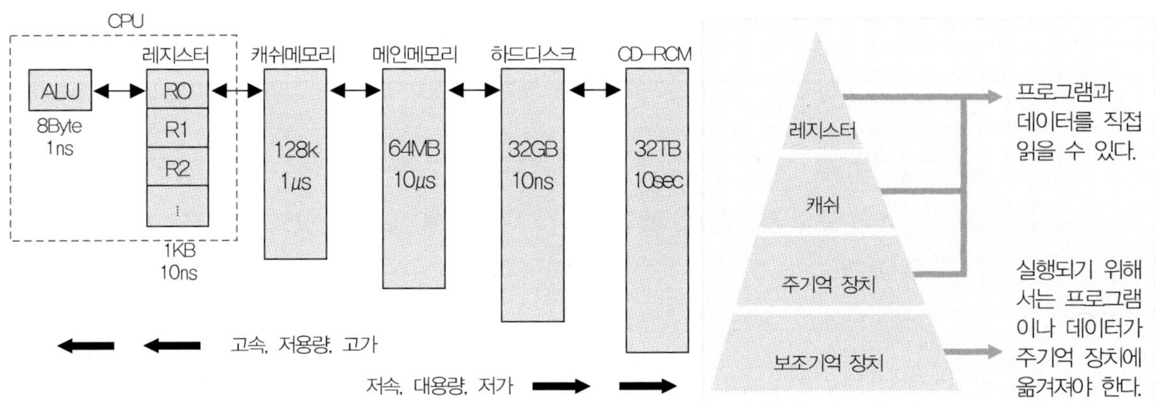

1.4.3. Memory Manage

(1) Memory Manager

- 사용 중인 여러 메모리를 추적 관리하는 OS의 역할을 말한다.
- 프로세스에 메모리 세그먼트를 할당/회수하며 프로세스는 단지 그 자신의 메모리 세그먼트들과 Swap 메모리 콘텐츠들만 접근하고 사용하도록 보장하기 위하여 접근 통제를 강제한다.

(2) Memory Manager의 5가지 기본 책임

기본책임	설 명
Relocation	- 필요시 콘텐츠(실행 중인 프로그램과 데이터)를 메모리에서 하드드라이브로 Swap - 응용프로그램의 명령이나 메모리 세그먼트가 주 메모리의 다른 장소로 이동되었을 경우 포인터 제공
Protection	- 프로세스는 오로지 자신에게 할당된 메모리 세그먼트들만 접근하고 사용할 수 있다(메모리 세그먼트로의 접근 통제)
Sharing	- 프로세스들이 동일한 공유메모리의 사용을 필요로 할 경우에는 무결성과 기밀성을 보장하기 위하여 복합된 통제를 사용 - 하나의 메모리 세그먼트에서 실행중인 동일한 응용프로그램에 다양한 접근레벨을 가진 다수의 사용자들이 접근하는 것을 허용
Logical organization	- 프로시저 등의 특정한 소프트웨어 모듈의 공유 허용
Physical organization	- 응용프로그램이나 OS 프로세서들을 위한 물리적 메모리공간의 분할(segment)

1.4.4. 메모리 관리

- 프로세스가 스레드를 생성하면 스레드는 명령들을 필요로 하며 데이터를 처리한다. 이때 CPU에

의해 두 개의 Register가 사용된다.

Base Register	– 프로세스에게 할당된 초기 주소를 저장, **프로세스 격리가 목적**
Limit Register	– 프로세스에게 할당된 마지막 주소를 저장

– 스레드는 명령어와 처리될 데이터가 있는 주소를 포함하고 있으며 CPU는 이들의 주소가 base register와 limit register의 주소영역 내에 해당하는지 비교하여 영역을 벗어난 메모리 세그먼트에 접근하지 못하도록 보장

1.5. RAM(Random Access Memory)

1.5.1. RAM의 개요

– R/W가 가능한 임시 저장 장치로서 휘발성 특징을 가지고 있음

1.5.2. RAM의 종류

종 류	설 명
SRAM (Static RAM)	**– 전원이 켜져 있는 한 한 번 저장된 내용이 변하지 않음** – 소모전력이 많고 집적도는 낮으나 속도가 빠름, **주로 캐시메모리로 사용**
DRAM (Dynamic RAM)	**– 콘덴서의 충전/방전 특성을 이용한 것으로 주기적으로 재충전해야 함** – 소모전력이 작고 집적도가 우수하며 가격이 저렴, **일반적인 RAM Chip에 사용**
FPM RAM (Fast Page-Mode RAM)	– RAM 중에서 가장 오래된 형태로서 EDO RAM이 나타나기 이전의 모든 메모리
Extended data outDRAM(EDO DRAM)	– DRAM의 속도를 향상한 것으로 DRAM은 한 번에 하나의 Data Block을 Access하나 EDO DRAM은 첫 번째 블록이 CPU로 전송되는 동안 다음 데이터 블록 캡처 가능
Burst EDO DRMA	– Burst 기술은 EDO DRAM의 Access 속도를 더 빠르게 향상시키기 위해 만든 것으로 data를 큰 덩어리 형태로 전송하고 이것을 잘게 나누어 연속적으로 폭발(Burst)하듯 처리하는 기술 – BEDO RAM은 EDO RAM과 SDRAM 사이에 잠시 등장한 후 사라진 DRAM의 일종
SDRAM (Synchronous DRAM)	– 클럭 속도가 CPU와 동기화되어 데이터의 전송과 실행속도가 증가됨
DDR SDRAM (DoubleData Rate SDRAM)	– 클럭펄스의 상승에지와 하강에지에서 읽기 연산을 수행하는 것으로 속도가 이론적으로 2배 향상
RDRAM (Rambus DRAM)	– "채널"을 사용하여 표준 DRAM보다 약 10배 빠른 속도의 데이터 전송 – Ram bus 기술은 1999년부터 메인 PC 메모리로 사용
SyncLink DRAM	– SLDRAM은 DRDRAM과 함께 프로토콜 기반의 접근 방식 – RAM 속도를 최고 800MHz까지 높여준다.

1.6. ROM(Read-only Memory)

1.6.1. ROM의 종류

종 류	설 명
MRMO(Mask RMO)	- 제조 시 Data 내장, 내용 삭제 불가
PROM (Programmable ROM)	- 사용자에 의해서 단 한 번만 Write가 가능하며 이후 내용삭제 불가함
EPROM(Erasable and Programmable ROM)	- 삭제와 프로그램이 가능, **자외선 이용하여 삭제**, 컴퓨터에서 분리를 요함
EEPROM(ElectronicErasable PROM)	- **전류를 이용하여 바이트 레벨로 수정**, 컴퓨터에서 분리할 필요 없음 - BIOS, 펌웨어 저장하는 데 많이 사용

1.7. 기타 Memory 관련 사항

1.7.1. Flash Memory

- EEPROM의 변형 중 하나로 **블록 단위** 수정, **속도가 빠름**
- 종종 PC의 BIOS와 같은 제어코드를 저장하는 데 사용된다. BIOS 수정 시 플래시 메모리는 바이트 단위가 아닌 블록 단위로 기록되므로 수정이 쉽다
- 디지털 휴대전화, 디지털 카메라 등 **모바일 장치 등에 주로 사용**

1.7.2. Cache Memory

- 시스템에 의해 사용되는 메모리의 일부분으로 짧은 시간 내에 요청되는 데이터를 저장하며 시스템의 성능향상을도모

※ **1차 저장장치**: RAM + ROM + Cache

2차 저장장치: CD-ROM, Tape, Hard Disk

1.7.3. Memory Mapping

(1) Memory Mapper

- CPU는 메모리 세그먼트에 접근 시 물리적 주소를 이용한다.
- 응용 프로그램이 메모리에 직접적으로 접근하는 것을 차단하고 자신의 메모리 세그먼트 내에서만 동작하도록 한다.
- 다양한 메모리 영역에 대한 색인으로서 역할 수행 및 접근제어를 실행한다.

(2) Memory Mapping 과정

- 응용프로그램이 그 자신의 명령과 데이터가 CPU에 의해 처리되기를 필요로 할 때 물리적 주소는 base와 limit register에 로드된다.
- Thread는 실행할 명령어의 논리적 주소를 메모리 관리자에게 보낸다.
- 메모리 관리자는 논리적 주소를 물리적 주소로 매핑한다.
- 이로써 CPU는 명령어가 있는 물리적 주소를 알게 된다.

1.7.4. Memory Leaks(누수)

- **메모리 관리가 잘못되어 응용프로그램이 사용한 메모리 공간을 장시간 동안 반환되지 않아 OS가 사용할 메모리가 부족한 현상으로 성능에 치명적인 영향을 줌**
- 메모리를 적절히 반환하도록 코드를 보다 효율적으로 개발하거나 Garbage collector를 사용하는 것이 바람직함

1.7.5. Virtual Memory:RAM + Swap space

(1) Swap space

- RAM Memory space가 프로그램 실행에 사용될 명령과 데이터를 저장하기에 부족할 경우를 대비하여 HW에 할당된 일정한 영역으로 **보통 메모리의 2.5배를 잡아준다**. 윈도에서 Pagefile.sys 파일에서 유지 관리

(2) Page frame과 Paging

Page frame	- Memory와 Swap space 간의 데이터 이동단위
Paging	- Memory와 Swap space 간의 데이터 이동 Process

(3) Virtual Memory 영역의 보안 문제점: 복호화된 잔여 데이터의 Object Reuse

- 파일이나 데이터가 H/W에 암호화되어 있는 경우라도 RAM에서 처리될 경우는 복호화되는데 필요에 따라 Swap space에 기록될 수도 있음
- 따라서 한 프로세스가 Swap space를 이용한 후에는 반드시 청소하는 과정이 필요
- 만일 위의 과정이 불충분할 경우 Swap space는 해커에게 매우 좋은 기회를 제공
- 저장매체를 새로운 객체에 재할당할 경우는 잔여데이터가 없도록하여 민감한 정보가 노출되는 것을 막아야 함

1.8. Segment와 Page

1.8.1. Segment

-**주기억 장치의 논리적 구분**으로 **크기가 일정하지 않으며** Program 또는 Data 집단 속에 따른 구분이 됨

1.8.2. Page

-주기억 장치의 **물리적 구분, 크기가 일정함**

-paged segment: page로 나누어진 주기억 장치에 segment를 적용

2. OS 보안 메커니즘

2.1. 운영 시스템 구조

2.1.1. 운영 시스템 구조의 종류

(1) A monolithic architecture

- 구조적 결함으로 "The Big Mess"라고 알려짐, 서로 다른 모듈 간의 통신은 계층화 구조와 달리 구조적이지도 통제되지도 않음
- 데이터 숨김(Hiding) 제공하지 않음, 한 계층의 보안만 제공
- MS-DOS가 대표적

(2) A layerd architecture(The Multiprogramming Structure)

Layer	설 명
Layer 4	- 응용 프로그램 계층
Layer 3	- I/O Device 핸들링
Layer 2	- 프로세스 간 통신 제공
Layer 1	- 메모리 관리 수행
Layer 0	- 프로세스에 대한 접근 통제, 다중 프로그래밍 기능 제공

- 시스템 구성요소들이 계층화된 레이어에 분리됨
- 모듈화를 통하여 구현되며, 모듈 간 통신이 가능함
- 각 Layer는 그 자신의 보안과 접근 통제를 제공함
- **Data Hiding(다른 보안 등급으로부터 읽히는 것 방지, TCSEC B3) 제공**

(3) A client/server architecture

- OS 기능들을 Kernel mode 대신 User mode에서 실행되는 상이한 프로세스들로 분리하여 Kernel mode 에서의 실행을 줄임

2.2. 보안 도메인과 보호 링

2.2.1. Domain 개념

- 사용자가 접근할 수 있는 모든 리소스
- 프로세서가 사용 가능한 메모리 세그먼트

- 프로그램이 사용할 수 있는 모든 파일, 서비스, 프로세서 등
- 모든 도메인은 식별되고, 분리되고 정확히 강제되어야 한다.

2.2.2. 보안 또는 실행 도메인(Security Domain or Execution Domain)

- 특정 도메인의 프로세스는 자신의 환경이 다른 도메인에 속한 프로그램에 의하여 부정적인 영향을 받지 않는다는 보증하에 그 자신의 명령을 실행하고 데이터를 처리할 수 있어야 한다.
- 타 프로세스들이 침범하지 못하도록 한 각 프로세스에 할당된 고유한 메모리 공간
- 주체나 객체에 할당되는 보호 링과 직접적으로 관련된다.

2.2.3. 보호 링(Protection ring)

- 프로세스가 실행될 영역에 대한 개념상의 경계
- 멀티태스킹 지원 운영시스템의 기밀성, 무결성과 가용성 요구사항을 지원
- 시스템 자원의 접근 수준 결정, 객체에 대한 접근 통제에 사용

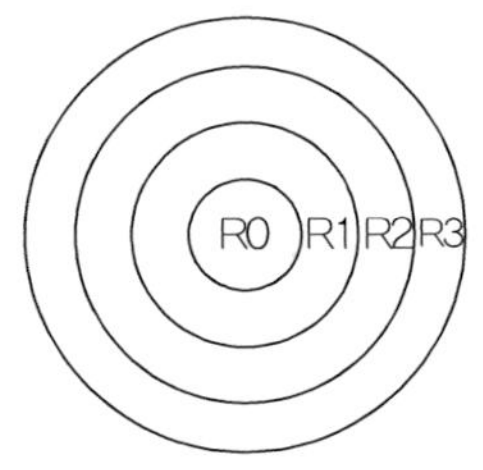

- R0 : Operation Systems Kernel
- R1 : Remaining parts of Operation Systems
- R2 : I/O Driver and utilities
- R3 : Application and programs

※ 낮은 보호가 높은 권한을 보유: R0가 높은 권한 보유

- 다른 보호링에 있는 프로세서들은 응용 프로그램 인터페이스를 통하여 상호 접근이 가능

2.3. CPU 동작 모드와 가상머신

2.3.1. Supervisory Mode(관리자 모드)

- **Privileged mode, System mode, Kernel mode라고도 함**
- 프로세서는 운영체제와 대부분의 자원에 접근이 가능
- 운영체제 프로그램과 같은 신뢰성 있는 S/W 등이 동작하는 모드
- 다양한 서비스를 운영하는 모드임
- 내부 링에서 수행되는 프로세서가 실행되는 모드

2.3.2. User Mode(사용자 모드, non-privileged mode)

- **제한된 자원에만 접근이 가능하며** 주로 외부 링에서 동작하는 프로세서의 실행모드
- 대부분의 응용프로그램이 동작하는 모드

2.3.3. 가상머신(Virtual Machine)

- 운영프로그램이 동작할 수 있는 가상의 환경으로 각 운영체제는 자신만의 가상머신을 갖는다
- 16Bit 응용프로그램의 32Bit 운영체제에서 동작 가능
- **Vmware:** 다양한 운영체제들이 한 컴퓨터에서 동시에 동작할 수 있는 가상환경을 제공
- **Java의 Sandbox(JVM):** applet 등과 같은 신뢰성 없는 프로그램 코드를 보관하며 실행할 수 있게 해준다.

2.4. 인터럽트(Interrupt): CPU의 정상적인 처리를 방해하는 예기치 않은 사건

2.4.1. 인터럽트의 개요

- 시스템에 긴급상황이 발생하거나 동작의 정상적인 진행을 방해하는 여러 가지 문제들을 다룸
- 외부, 내부, S/W 인터럽트가 있음
- 인터럽트 발생 시 프로그램 카운터의 내용, 상태 조건, 주기억 장치의 내용 등은 보관된다.

2.4.2. 인터럽트와 서브루틴 호출의 차이점

Interrupt	Sub-routine call
- 내/외부 신호에 의해 발생 - 인터럽트 서비스 루틴은 H/W에 의해 결정 - 프로그램 카운터 및 CPU의 다른 상태조건도 저장	- 명령어 수행에 의해 발생 - 서비스 프로그램의 주소가 명령어의 주소 부분에 있음 - 프로그램 카운터의 값만 저장

2.4.3. 인터럽트의 종류

종류	설명
외부인터럽트	- 입출력장치, 전원 공급 등 외부 적인 요인이 원인, 프로그램과는 비동기적으로 CPU, H/W 신호에 의해 발생 예) 입출력 장치의 데이터 전송요구/종료 시, 정해진 시간 종료 시, 전원 중단 시
내부인터럽트	- 프로그램상이 오류 명령이나 오류 데이터 사용이 원인, 프로그램과 동기적으로 CPU, H/W 신호에 의해 발생 예) 0으로 나누거나 불법적인 명령 실행, memory stack overflow, 보호되어야 할 메모리 영역이 access 되는 경우
S/W 인터럽트	- 내/외부 인터럽트와는 달리 명령어 수행에 의해 발생, 특수한 call 명령으로 서브루틴과 유사, 프로그래머가 프로그램상의 원하는 위치에서 발생시킴

2.5. 입출력 데이터 전송

2.5.1. 입출력 방법: CPU 경유 유무에 따라 아래와 같이 분류

CPU 경유	– 프로그램에 의한 I/O, 인터럽트에 의한 I/O
CPU 무 경유	– DMA(Direct Memory Access Controller), Channel I/O

2.5.2. 프로그램에 의한 I/O와 인터럽트에 의한 I/O

프로그램에 의한 I/O	– 컴퓨터 메모리에 기록된 입출력 명령에 의해 수행, CPU가 주변 장치를 연속 감시하는 Polling 방식, 프로세서의 시간을 낭비하고 처리 효율이 낮음
인터럽트에 의한 I/O	– CPU가 주변 장치들의 데이터 전송을 위한 인터럽트 요청을 감지하면 수행 중이던 작업 중단하고 데이터 전송을 처리하기 위하여 서브루틴으로 분기하여 전송을 수행

2.5.3. DMA(직접 메모리 제어기, Direct Memory Access Controller)의 채널 입출력(Channel I/O)

(1) DMA(Direct Memory Access Controller)

–CPU의간섭을 배제하고 메모리와 주변장치를 직접 관리, 속도가 빠름

–CPU가 DMA로 보내는 제어 정보

① 데이터 R/W용 메모리의 주소와 제어 신호

② 메모리 블록을 워드 수를 표시하는 워드 카운트(블록크기)

③ DAM 전송을 위한 시작 제어 신호

(2) Channel I/O

–CPU나 DMA 대신 독립된 입출력 프로세서인 채널이 입출력 담당

–채널이 입출력을 수행하는 동안 CPU는 다른 일 처리, 효율향상

3. 보안 모델

3.1. 접근 통제

3.1.1. 접근 통제 개요

－접근 원리: Need-to-know, Least Privillge, Separation of duty(보안/감사, 개발/생산 등)

－주체의 Clearance: 주체가 갖는 보안 수준, 주체가 접근할 수 있는 객체를 직접 규정

－정보의 분류 기준 순위: Value of cost, Lifetiem or age, Usefulness

－접근 통제 리스트: 주체의 권한은 행으로, 객체는 열로 표시

Access Control Matrlx		
	Data 1	Data 2
김○○	Wrlte	Read
어○○	Read/Wrlte	No Access
박○○	No Access	Read

※ CL(Capability List)－추제기반 접근제어

－주체가 소유할 수 있는 하나의 티켓부여, 커버로스

－비교적 객체가 적을 경우 적합, 퇴직자 처리 시 용이

※ ACL(Access Control List, 접근 통제 리스트)－객체 기반 접근 제어

－객체 관점에서 접근 권한을 테이블 형태로 기술하여 접근 제어

－구분될 필요가 있는 사용자가 비교적 소수일 때와 분포도가 안정적일 때 적합(지속적 변경 환경 부적합)

3.1.2. 접근 통제 기술

(MAC, DAC, Non-DAC - 1장 참조)

3.2. 보안 모델 유형

3.2.1. 다중 등급 보안 모델(Multilevel Security): 2가지 접근 통제 모델이 있음

(1) 임의적 접근 통제(DAC, Discretionary Access Control)

－Data 소유자에 의한 접근 결정

(2) 강제적 접근 통제(MAC, Mandatory Access Control)

－시스템이 접근 통제 정책을 강제, 객체 소유자더라도 정책을 변경할 수 없음

－다중 등급의 예는 MAC

※접근 통제 기본 메커니즘은 "접근 금지"

3.2.2. Bell LaPadula, Biba, Clark-Wilson, Brewer-Nash(만리장성) 특징 비교(자세한 것은 1강 교재 참조)

유 형	주요 특징
Bell LaPadula	– 미국방부, **기밀성 모델, 최최의 수학적 모델, 무결성과 가용성 언급 없음** – **단순규칙:** No Read Up(NRU), **성형규칙:**No Write Down(NWD), confinement **제한** – **단점: 은닉채널, 파일공유나 서버를 이용하는 시스템은 다루지 않음**
Biba	– **무결성, 단순규칙:** NRD(No Read Down), **성형규칙:** NWU(No Write Up)
Clark-Wilson	– 무결성, 상업적, 응용프로그램에 의한 접근
만리장성	– 비즈니스 입무의 직무분리, 이익의상충금지(Conflict of Interest)

※무결성의 3가지 원칙
1) 비인가자의 수정하는 것을 방지
2) 내/외부 일관성 유지
3) 합법적인 사람이 불법적인 수정 방지

3.2.3. 상태머신 모델, 정보흐름 모델, 비간섭 모델, Take-grant 모델, 격자 모델

모 델	주요 설명
상태머신 (State Machine)	– 시스템 내의 활동에 상관없이 **시스템이 스스로를 보호하고 불안정한 상태가 되지 않도록** 하는 모든 컴퓨터에 적용되는 관념적 모델 – 시스템은 **상태전이(State Transition)를 통해 안전한 상태 유지**
정보흐름 (Information Flow)	– 데이터가 다른 주체 및 객체와 공유됨에 따라 데이터와 시스템의 기밀성과 무결성이 영향 받는 것을 금지, **보안정책에 따른 데이터의 흐름을 보장**
비간섭모델 (noninterference)	– 한 보안 수준에서 실행된 명령과 활동은 타 보안 수준의 객체나 객체에게 노출되거나 직 · 간접적으로 영향을 주지 않음을 보장
Take-Grant	– 객체에 대한 권한을 다른 주체 · 객체에게 허가 · 취소할 수 있음
격자 모델 (Lattice)	– 비임의적 접근 통제의 변형 – 주체와 객체 간 모든 관계에 대항 상/하위 접근 한계 정의 – 주체는 객체에 대하여 최소 상위 한계(LUB:Least Upper Bound, u)와 최소 최대 하위 한계(GLB: Greatest Lower Bound, l)를 갖는다.

3.3. 운영 보안 모드

3.3.1. 전용 보안 모드(Dedicated Security mode)

- 모든 사용자는 시스템에서 처리된 모든 데이터에 대하여 **허가**(Clearance) & **공직적인 승인**(Formal Approval) & **알 필요성의 원칙**(need-to-know)**을 가져야 함**
- 군사적인 용도로 많이 사용되며, 시스템은 오직 단일 등급의 정보 보안을 처리하도록 설계됨

3.3.2. 시스템 최고 보안모드(System-High Security Node)

- 모든 사용자는 시스템에서 처리된 모든 데이터에 대하여 **허가**(Clearance) & **공직적인 승인**(Formal Approval)은 가져야 하나 알 필요성의 원칙(need-to-know)은 요구되지 않음
- 주체는 객체로의 접근에 요구되는 최고 보안 수준을 가져야 함
- 그러나 특정 객체에 대한 알 필요성이 없으면 접근은 제한됨

3.3.3. 구획화된 보안 모드(Compartmented Security Mode)

- 모든 사용자는 시스템에서 처리된 모든 데이터에 대하여 **허가**(Clearance)**는 가져야 하나** 공직적인 승인(Formal Approval)과 알 필요성의 원칙(need-to-know)은 요구되지 않음
- 사용자들은 데이터의 세그먼트 혹은 구획에만 접근이 가능

3.3.4. 다중 등급 보안(Multilevel Security Mode)

- 위의 3가지 다 필요 없음. 다양한 Clearance이 상용자가 시스템을 이용함, **시스템은 다양한 등급의 데이터를 처리**

3.3.5. 보안 모드 간의 비교

MODE	허가 (Clearance)	승인 (Formal Approval)	알필요성 (need-to-know)
전용	O	O	O
시스템최고	O	O	X
구획화된	O	X	X
다중모드	X	X	X

3.3.6. CMW(Compartmented Mode Workstation)

- 신뢰 컴퓨터(Trusted Computer)로서 동작하는 데 필요한 통제를 포함하는 Workstation으로 데이터를

다른 분류 등급과 분리된 구획내에 카테고리로 유지관리하고 적절히 보호한다

－TCSEC의 B3, Madantory Label & Information Label

3.3.7. Guards(S/W and H/W Guards)

－**상이한 시스템 간**에 강력한 접근 통제 레벨을 제공하는 추가물

－상이한 보안모드에서 동작중인 **상이한 MAC 시스템의 연결과 상이한 보안레벨에서 동작 중인 상이한 네트워크 연결**에 사용

－정보가 비승인된 방법으로 높은 레벨에서 낮은 레벨로 흐르지 않도록 보장

3.4. 시스템 복구 방법

방법	설명
Fail safe system	- 프로그램을 종료하여 다른 위협으로부터 방어한다. Fail closed
Fault tolerant system	- 계속적으로 원래의 기능을 수행할 수 있는 시스템
Fail soft system	- 중요하지 않다고 선택된 프로세서가 종료
Fail over system	- 지속적 프로세싱이 가능하도록 중복된 hot backup component로 전환

4. 시스템 평가 기준

4.1. System Architecture

4.1.1. 보안 설계

- **낮은 단계에서부터의 보안 설계가 바람직함**
- why? 시스템의 핵심 부분에 보안 장치 추가가 주변 장치에 보안 장치를 설치하는 것보다 구현이 용이하고 더욱 안전한 보안을 보장하며 빠른 동작이 가능함
- 운용체제 보안은 신뢰할 수 있는 컴퓨터 기반(TCB), 보안 커널, 레퍼런스 모니터의 개념을 발전시킴

4.1.2. 신뢰할 수 있는 컴퓨터 기반(TCB, Trusted Computing Base)

- 문서화된 규정에 따라 작업을 수행하며 불법적인 주체의 접근을 막고, 예측 가능한 방식으로 동작하여 보안 기능을 신뢰할 수 있는 기반 환경
- H/W, S/W, 펌웨어, 운영체제 등 컴퓨터 내부의 모든 장치가 보안 정책을 따르도록 설계 된 것
- 운영체제의 기본적인 작업에 대한 기밀성 및 무결성을 감시하는 기능을 수행
- TCB 구성요소들은 프로세서와 보안 도미인의 기밀성, 무결성, 그리고 가용성을 유지하며 다음의 기능을제어한다.

① 입출력 연산　② 프로세스 활성화　③ 도메인 교환
④ 메모리 보호　⑤ H/W 관리　⑥ 프로세서간의 의사소통

- Trust path: **사용자, 프로그램 그리고 커널과의 통신 채널, 어떤 방식으로도 훼손되어서는 안 됨, CMW**
- Security Perimeter(보안경계): **시스템의 구성요소 중 신뢰/비신뢰 구성요소와의 경계**

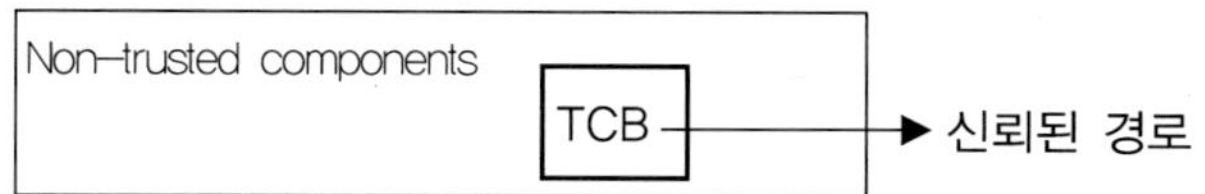

※ 신뢰 시스템이란?

1) Trust Level: 시스템으로부터 기대 가능한 보호의 정도
2) Trusted System: 보안, 신뢰성, 기능과 관련한 사용자의 요구를 충족하기 위해 충분한 벤치마킹, 검증 확인 과정을 거친 시스템
3) Assurance: 시스템이 여러 가지 컴퓨팅 환경에서 정확히 예측 가능한 방식으로 동작할 신뢰 정도

4.1.3. 최소 권한의 원칙(Principle of Least Privilege)

- 각 프로세스, Task, 사용자는 그들의 업무를 수행하는 필요한 만큼의 권한을 정확히 인가받아야 하는 것을 말함

예) 시스템 백업 프로그램은 파일에 대하여 읽기 권한만 가져야 하지 변경할 수 있는 권한을 가져서는 안 된다 복구 프로그램은 디스크에 대해 파일을 쓸 수 있는 권한만 가지고 있어야지 읽을 수 있는 권한은 안된다.

4.1.4. 참조 모니터(Reference Monitor)

- **주체가 파일이나 데이터베이스와 같은 주객체에 접근하고자 할 때 접근 허용 여부를 중재하는 추상화된 기계**
- 보안 커널의 가장 중요한 부분이며 **주체의 객체에 대한 접근 통제 기능을 수행**, TCSEC B2

4.1.5. 보안 커널(Security Kernel)

- 컴퓨터 운영체제의 커널 내부에 포함되어 보안 메커니즘을 시행하는 책임을 짐.
- TC로서 Reference Monitor의 개념이 구현된 것을 의미, 즉 **참조모니터의 규칙을 실행**
- **보안 커널의 요구사항**

요구사항	설 명
It must be **tamperproof**	- 권한이 부여되지 않은 주체나 객체 등에 의한 수정으로부터 보호
It must be **invoked**	- 주체의 모든 컴퓨터 사용에 동작하여 허용 여부를 중재
It must be **small**	- 그 크기가 충분히 작아야 함

4.2. 컴퓨터 보안 평가 지침서(TCSEC)

(Trusted Computer Security Evalutation Criteria, 1985)

4.2.1. TESEC의 개념

- 독립적인 시스템(OS, 제품)을 평가하며 **Orange-book이라고 함, BLP(Bell-LaPadula 모델)에 기반하여 기밀성만 강조**
- **핵심: 보안 요구사항을 정의하고 정보 조달 요구사항을 표준화하는 것**
- 기능성과 보증을 구분하지 않고 평가하며 최초의 체계적이고 논리적인 표준

등급	세부등급	내용
A	- 검증된 보호(Verified protection)	
	A1	- 검증된 설계(Verified Design), 극비정보 취급, 형식상 엄격한 인증, 제한 및 감사 - 신뢰된 배포(Trusted Distribution)
B	- 강제적 보호(Mandatory Protection), MAC 기반, 보안 label 사용	
	B3	- 보안 도메인(Security Domain), 매우 중요한 정보를 취급하는 고도의 안전한 환경 - 보안 관리자의 기능/역할정의, 시스템의 안전한 복구 - 은닉채널의 보호(storage, timing) - 데이터 숨김(data hiding, 다른 보안 등급으로부터 읽히는 것 방지)
	B2	- 구조화된 보호(Structured Protection), 참조모델과 Reference Monitor - 보다 높은 수준의 보안을 요구하는 민감한 데이터 처리 - 운영자와 관리자의 직무분리, Covert Storage channel 분석/보호, 프로세스 격리 - Logon과 인증처리를 위한 신뢰경로 제공(트랩도어가 없음을 보증)
	B1	- 레이블 보안(Labeled Security), 분류된 데이터의 처리, 레이블 간 강제적 접근제어 - 시스템 설계에 대한 명세와 검증
C	- 임의적 보호(Discretionary Protection), DAC 기반, need-to-know 원칙	
	C2	- 통제된 접근 보호(Controlled Access Protection) - 상업적 환경에 합리적인 분류이나 보호의 수준은 낮음 - 리소스의 분리, 객체의 재사용, 감사 증거의 보호와 책임추적성 제공
	C1	- 임의적 보안 보호(Discretionary Security Protection) - 개인 및 그룹의 정보보호, 식별과 인증, 자원의 임의적 보호
D	- 최소 보호(Minimal Protection)	

4.2.2. TCSEC(Orange Book)의 문제점

- **네트워크, DB 등의 문제는 간과 하고 운영시스템에 주안점을 둠**
- **기밀성에 중점을 둠(BLP 모델)**
- **산업계의 보호등급이 아닌 정부의 보호 등급 기준**

4.2.3. Orange book Security feature

Criteria	C1	C2	B1	CMW	B2	B3	A1
Identification and Authentication[IAA]	■	■	■	■	■	■	■
Discretionary Access Control[DAC]	■	■	■	■	■	■	■
System Architecture[Least Privilege]	■	■	■	■	■	■	■
Security Testing	■	■	■	■	■	■	■
Auditing		■	■	■	■	■	■
Obiect Reuse		■	■	■	■	■	■
Labeling			■	■	■	■	■
LabelIntegrity and Label Export			■	■	■	■	■
Multilevle Export			■	■	■	■	■

Sing-Level Export							
Printout Labeling							
Mandantory Access Contril[MAC]							
Sensitivity Labels							
Device Labeling							
Trusted Path							
Covert Channel Analysis							
Trusted Facility Management							
Configuration Management							
Trsted Recovery							
Trusted Distribution							
Information Labels							
Authorizatons							

4.3. Rainbow Series

4.3.1. Rainbow Series

- Orange Book의 문제점으로 인하여 나온 대안
- 다른 이슈를 취급하고자 다양한 책이 발간되었고 Orange book과 구별하기 위하여 각각 다른 색깔의 표지를 가져 rainbow series라고 함

4.3.2. 종류

종 류	설 명
Red Book	- The DoD Trusted Network Interpretation(TN) - **네트워크의 구성요소와 관련된 보안 이슈를 다룸** ① 통신 무결성: 인증, 메시지 무결성, 부인봉쇄 ② 서비스 거부방지: 운영의 연속성, 네트워크 관리 ③ 침입보호: 데이터 기밀성, 트랙 흐름 기밀성, 선택적 라우팅 - 단점: 기밀성과 무결성만 다룸 → 가용성 취급 안함 - 보안 등급: B2: good(양호), C2: fair(양호), C1:minimum(최소), None
Tan Book	- 신뢰할 수 있는 시스템의 **감사(Audit)의 기능**
Bright Blue Book	**- 시스템 벤더를 위해 신뢰할 수 있는 제품의 평가 기준**
Aqua Book	**- 컴퓨터 보안에 대한 용어 정의 제공**

4.4. 정보 기술 보안 평가 기준(ITSEC)

4.4.1. ITSEC(Information Technology Security Evaluation Criteria) 개념

- 운영체제와 장치를 평가하기 위한 유렵형 지침

－기밀성, 무결성, 가용성을 다룸

－TOE(Target of Evalution): 평가 대상 제품 또는 시스템

－기능성과 보증을 분리하여 평가

① Functionality: F1~F10(최고등급)

② Assurance: E0~E6(최고등급)

4.4.2. 평가 과정 중 검사되는 기능성과 보증 항목

(1) 기능성 항목

－식별과 인증, 감사, 자원의 이용, 신뢰 경로/채널, 사용자 데이터 보호, 보안관리, 평가 대상에 대한 접근, 의사소통, 프라이버시, 평가 대상의 보안 기능 보호, 암호화 지원

(2) 보증 항목

－안내문서와 설명서, 설정관리, 취약성 평가, 전달과 운영, 생명주기 지원, 보증 유지, 개발, 검사

(3) TCSEC과 ITSEC의 문제점

－TCSEC: 본질적으로 제한성이 너무 크다.

－ITSEC: 보다 나은 접근 방식을 제공하고자 하나 지나치게 많은 융통성을 부여하여 상당한 혼란을 가중시켰다.

4.5. 공통 평가 기준(CC, Common Criteria)

4.5.1. CC의 개념－ISO 15408

－**TCSEC과 ITSEC의 단점을 보완**하고자 세계 각국에서 사용되는 다양한 평가 지침이 포함

－TCSEC + ITSEC + CTCPEC(**캐나다의 신뢰 가능 컴퓨터 제품 평가**) + Federal Criteria(**연방지침**)

－필요성: **국제적인 평가기준의 필요성 증가, 평가기준의 상호인증제도 필요, 평가비용절감에 따른 제품가격 인하**

－**절차**: Protection Profile(**고객요구사항**) → Target of Evaluation(**평가대상이 되는 제품, 시스템**) → Security Target(**보안 기능/보증요소에 대한 명세**) → **보안기능/보증에 대한 요구사항** → **평가**

4.5.2. CC의 주요 제공 기능

－제품과 시스템상의 요구사항을 표현하기 위해 공통적인 구조와 언어를 제공한다. → PP, ST, ToE

주요특징	세부 설명
PP (Protection Profile)	– **특정 고객의 요구를 충족시키는 제품의 기능성, 보증관련 요구사항**을 묶어 놓은 것 – ST의 일반적인 형태, 정보보안 요구사상을 구현 독립적으로 표현
ST (보안목표명세서, Security Target)	– **제품평가 시 사용되는 기능성과 보증 관련 요구사항을 포함한 제품의 명세**로서 벤더 또는 개발자에 의해 작성 – 평가 대상의 구성요소, 설계, 메커니즘을 명시한다. – 여러 PP에 대해 작성이 가능각 PP의 일반적 보안요구정의) – **제품과 비독립적이며 의존적이다**
ToE(Target of Evaluation)	– 평가대상 시스템이나 제품
EAL(Evaluation Assurance Level)	– EAL1 ~ EAL7

4.5.3. CC의 구성

구성	세부 설명
1부	– 소개 및 일반 모델: 용어정의, 보안성 평가개념 정의, PP/ST 구조 정의
2부	– **보안 기능 요구사항(SFR, Security Function Requirement)**: ToE의 보안 기능 정의 시 사용되는 표준화된 보안 기능 집합으로 11개의 기능 클래스가 있음 – 11개 기능 클래스: **F는 Function** – 보안감사(FAU), 통신(FCO), 암호지원(FCS), 사용자 데이터 보호(FDP), 식별 및 인증(FIA), 보안관리(FMT), 프라이버시(FPR), TSF보호(FPT), 자원활용(FRU), ToE 접근(FTA), 안전한 경로/채널(FTP, 신뢰된 IT 제품 간의 통신 경로와 채널)
3부	– 보증 요구사항(SAR, Security Assurance Requirement): ToE의 보증수준 정의 시 사용되는 표준화된 보증 내용 집합으로 7개의 보증 클래스가 있음 – 보안 요구사항 및 평가보증 등급을 정의 – 7개 보증 클래스: **A는 Assurance** – PP/ST 평가(APE/ASE), 개발(ADV), 생명주기 지원(ALC), 설명서(AGD), 시험(ATE), 취약성평가(AVA), 합성(ACP, 평가된 TOE 간 또는 평가되지 않은 TOE와 평가된 TOE 평가)

4.6. TCSEC, RedBook, ITSEC, CC의 비교

TCSEC		RedBook		ITSEC		CC	
				F10	고도의 기밀성과 무결성이 요구되는 NM		
				F9	고도의 기밀성[암호와]		
				F7	의사소기간의 데이터 무결성		
				F7	높은 가용성		
				F6	높은 무결성		
A1	Verified Design			F5+F6	정형적 기능명세서 상세 관계	EAL7	정형적 검증
B3	Security Domain			F5+E5	보안요소 상호관계	EAL6	준정형적 검증된 설계 및 시행
B2	Structured Protection	B2	Good	F4+E4	준정형적 기능명세서[기본/상세설계]	EAL5	준정형적 설계 및 시행

B1	Labeled Security			F3+E3	소스코드와 HW도면제공	EAL4	방법론적설계, 시험/검토
C2	Controlled AC	C2	Fair	F2+E2	비정형적 기본설계	EAL3	방법론적 시험과 점검
C1	Discretionary	C1	Minimum	F1+E1	비정형적 기본설계	EAL2	구조적시험
D	Minimum			EO	부적합한 보증	EAL1	기능적시험

4.7. ISO 27001

4.7.1. 주요 특징

- **ISO에서 제정한 국제 보안 표준 규격**
- 정보보호관리 체계 기준에서 정하는 위험관리, 보안정책, 자산분류 및 통제 등 11개 세션, 133 개 항목 심사과정
- 목적: **최적의 보안관리체계 수립 운영**, 정보보호 관리 규범 제공

4.7.2. 발전 과정

- 1995~1998년: **BS 7799**, Part1, BS 7799 Part2
- 1999년: Part1, 2 개정 및 공포
- 2000년: BS 7799 Part1이 **ISO/IEC 17799**로 공표
- 2005년 6월: ISO/IEC 17799 개정－2005년 10월: BS 77992가**ISO 27001**로 계정
- 향후 New ISO Family of 27000 Standards

4.8. 인증 대 인정

구분	세부설명
Certification(인증)	– **평가, 특정 시스템, 전체 시스템 내부의 보안 요소 및 시스템 주변 환경과의 상호작용에 대한 기술적 평가** – 평가 항목: 운영상의 보안모드, 데이터의 민감성을 취급하는 과정들, 시스템과 시설의 배치, 타 시스템과의 의사소통
Accreditation(인정)	– **경영진 공식 승인**(시스템의 총체적 보안의 적절성에 대한 공직적인 승인 과정) – **관리자는 이후 시스템이 회사에 초래할 어떤 위험도 감수한다**

4.9. 기타 평가 기준

4.9.1. DITSCAP(Defense Information Tech, Security Certificationand Accreditation Process)

- **IT 시스템에 대한 미 국방부 인증/인정 표준 프로세스**
- Definition - Verification - Validation - Post Accreditation

4.9.2. NIACAP(National Information Assurance Certification and Accreditatior Process)

- 보안시스템에 인증/인정에 대한 최소한의 국가 표준, 전자적 정보시스템, 조직의 목적과 IS 사업 연계에 초점

:: 핵심 문제 풀이

문제 1〉	아래의 내용 중에서 데이터 복구가 불가능하도록 삭제하는 방법은 무엇인가? ① 테스트 데이터로 여러 번 반복해서 쓰고 지우기를 수행한다. ② 특정 값으로 전체 데이터로 덮어쓴다. ③ 윈도의 포맷 기능으로 저장장치를 포맷한다. ④ 운영체제의 삭제명령어인 rm을 사용한다.
카테고리	CISSP 〉 보안구조

문제풀이

- 시스템에서 자료를 삭제해도 실질적으로 삭제되는 것은 아니다. 삭제를 위해서는 여러 번 쓰고, 지우기를 반복해서 디스크에 덮어 써야 복구가 불가능한다.

정답 ①

문제 2〉	홍길동은 팩스를 사용해서 회사의 설계 자료를 누출했다. 이러한 것을 방지하기 위한 조치방법은 무엇인지 선택하시오. ① 방화벽 및 탐지시스템 설치 ② 2-factor 인증을 사용하여 인증의 복잡도를 높임 ③ 프린터 잠금 장치 및 PC 보안 솔루션 설치 ④ 팩스에 암호기 사용
카테고리	CISSP 〉 보안구조

문제풀이

- 팩스에 암호기를 사용하여 인증된 사람만 팩스를 사용할 수 있게 하고 팩스 사용에 대한 이력 및 전송 내역을 중앙에서 관리
- 또한 이러한 내용을 사전 교육을 통하여 예방 수행

정답 ④

문제 3〉

자기저장장치에 고객정보가 저장되어 있다. 이러한 데이터를 확실하게 지우는 방법으로 가장 좋은 것은 무엇인가?

① 디가우징
② 덮어쓰기
③ 디스크 이미징
④ 저장장치 포맷

카테고리 CISSP 〉 보안구조

문제풀이

- 디가우징은 자기저장장치에 저장된 데이터를 삭제
- 디가우징(Degaussing): 컴퓨터 하드디스크에 저장된 정보를 다시 복구할 수없도록 강력한 자력을 이용해 완전히 삭제하는 기술
- 노후되거나 수명이 다한 컴퓨터를 폐기할 때 데이터의 외부 누출을 방지

정답 ①

문제 4〉

한대의 컴퓨터 시스템에서 동시에 2개 또는 그 이상의 프로그램들이 실행되는 기법을 무엇이라고 하는가?

① 멀티스레딩(Multithreading)
② 멀티태스킹(Multitasking)
③ 멀티프로그래밍(Multiprogramming)
④ 멀티프로세싱(Multiprocessing)

카테고리 CISSP 〉 보안구조

문제풀이

- 멀티프로세싱: 한대의 컴퓨터 시스템에서 N개의 프로그램을 실행
- 멀티프로그래밍: 여러 개의 프로그램이 단일 프로세서에서 동시에 실행
- 멀티태스킹: 여러 개의 태스크가 동시에 실행되면서 컴퓨터 자원 사용
- 멀티스레딩: 하나의 프로그램에 여러 개의 스레드가 존재

정답 ④

문제 5〉	신입사원이 입사해서 과거 퇴사자의 노트북을 지급했다. 퇴사자의 노트북은 사내 기밀데이터가 저장되어 있다. 이러한 노트북을 신입사원이 사용하려고 할 때 취해야 할 조치는 무엇인가? ① 디가우징 ② 포맷 ③ 디스크 이미징 ④ 덮어쓰기
카테고리	CISSP 〉 보안구조

문제풀이

– 강력한 자기장을 이용하여 완전히 삭제하는 디가우징을 수행

정답 ①

문제 6〉	문서를 전송하는 팩스기기 간의 암호화를 위해서 사용하는 암호화 키를 선택하시오. ① 공개키 ② 공유키 ③ 비밀키 ④ 기본키
카테고리	CISSP 〉 보안구조

문제풀이

– 팩스기기 간에 암호를 위한 키는 공유 키 임

정답 ②

문제 7〉	아래의 내용 중에서 오렌지 북(Orange Book) 평가 기준 중 검증된 보호(Verified Protection)를 정의하는 단계는 무엇인가? ① A1 ② B1 ③ B2 ④ B3
카테고리	CISSP 〉 보안구조

문제풀이

- A1: 검증된 보호
- B1: 레이블된 정보보호(Labeled Security Protection)
- B2: 계층 구조화된 정보보호(Structured Protection)
- B3: 등급은 보안영역(Security Domains)

정답 ①

문제 8〉	아래의 내용 중에서 은닉채널의 위험도는 영향을 미치는 것은? ① 채널 수 ② 대역 폭 ③ 전송 데이터 용량 ④ 플랫폼
카테고리	CISSP 〉 보안구조

문제풀이

※ 은닉채널(Covert Channel)
- 공유된 자원을 통해서 높은 등급의 보안 레벨을 가진 주체가 낮은 등급의 보안레벨을 가진 주체에 메시지를 보내는 방법
- 일반적으로 사용되지 않는 경로를 통해서 비밀 정보를 탐지되지 않게 전달하는 비인가된 통신 채널
- 은닉채널의 위험은 대역폭에 의존함
- 시스템 성능을 줄임으로써 은닉채널의 대역폭이 감소

정답 ②

문제 9〉

비인가된 통신 경로의 하나로 보안정책을 우회하지 않고 의도되지 않는 것을 가리켜 메시지를 전송하는 것을 무엇이라고 하는가?

① 은닉채널
② 스니핑
③ 지그비
④ 참조모니터

카테고리 CISSP 〉 보안구조

문제풀이

- 사용되지 않는 경로를 통해서 비밀 정보를 탐지되지 않게 전달하는 비인가된 통신 채널
- 참조 모니터(Reference Monitor): 주체의 객체에 대한 모든 접근을 중재하는 추상적인 장비를 참조하는 접근통제 개념

정답 ①

문제 10〉

다음 중 프로그램을 통해 주체와 객체 간을 연결하는 보안 모델은 무엇입니까?

① Clark-Wilson
② Biba
③ Bell-Lapadula
④ 만리장성 모델

카테고리 CISSP 〉 보안구조

문제풀이

- Clark-Wilson 모델: 주체와 객체 사이에 프로그램이 존재, 주체와 객체는 항상 프로그램을 통해서만 접근, 허가받은 사용자의 비인가된 변경활동을 통제

정답 ①

문제 11〉	아래의 내용 중에서 은닉채널에서 주로 사용 두 가지 기법은 무엇인가? ① Storage and timing ② Storage and low bits ③ Storage and permissions ④ Storage and classification
카테고리	CISSP 〉 보안구조

문제풀이

– 은닉채널 기법

1) Storage Channels: 한 프로세스가 저장매체에 데이터 쓰기를 가능하게 하여 또 다른 프로세스가 그것을 읽을 수 있게 하는 방식

2) Time Channels: 시스템 자원의 사용을 조정함으로써 한 프로세스가 다른 프로세스로 정보를 중계, 시스템 구성의 성능을 변경하거나 리소스의 타이밍을 예측 가능한 방식

정답 ①

문제 12〉	침입사고가 빈번하여 보안담당자는 소프트웨어 보안통제기능을 구현하려고 한다. 이러한 경우 가장 큰 문제점이 무엇인지 선택하시오. ① 시스템 성능 향상 ② 시스템의 성능 감소 ③ 빈번한 소프트웨어 오류 ④ 보안 통제 비용 증가
카테고리	CISSP 〉 보안구조

문제풀이

– 소프트웨어 보안통제 기능을 구현할 때 사용자 측면에서 성능 저하 부분을 고려해야 함

정답 ②

	다음 중 다중 계층 보안(Multi Level Security, MLS)에 해당되는 접근 모델을 선택하시오.
문제 13〉	① Discretionary Access Control ② Mandatory Access Control ③ Identity-Based Access Control ④ Task-Based Access Control
카테고리	CISSP 〉 보안구조

문제풀이

- 강제적 접근 통제: 다른 등급을 가진 주체(Subject)가 시스템을 사용하고, 시스템의 자원은 각기 다른 레벨로 지정되어 있음

정답 ②

	국방에서 주로 사용하는 BLP모델에서 스타속성(Star-property)이 나타내는 의미는 무엇인가?
문제 14〉	① No write up ② No write down ③ No read up ④ No read down
카테고리	CISSP 〉 보안구조

문제풀이

- Bell-Lapadula 모델: 기밀성 보장을 최우선으로 하는 모델, 군사적 모델
- 보안규칙

1) 단순 보안규칙: 자신보다 높은 등급의 객체를 읽을 수 없음. No-Read-Up

2) *(Star) 보안규칙: 자신보다 낮은 등급의 객체에 정보를 쓸 수 없음. No-Write-Down

정답 ②

문제 15〉	Biba와 다르게 BLP모델에서 가장 중요한 보안 요소에 해당되는 것은? ① 기밀성 ② 무결성 ③ 가용성 ④ 인증
카테고리	CISSP 〉 보안구조

문제풀이

– BLP 모델은 군사에서 사용되는 모델로 기밀성을 가장 중요하게 생각함

정답 ①

문제 16〉	BLP모델에서 스타속성(Star-property)이 나타내는 의미는 무엇을 뜻하는 것인가? ① The simple security property ② The confidentiality property ③ The confinement property ④ The tranquility property
카테고리	CISSP 〉 보안구조

문제풀이

– *(Star) 보안규칙: 자신보다 낮은 등급의 객체에 정보를 쓸 수 없음.
No-Write-Down

정답 ③

문제 17〉	정보 보안 핵심 원칙 중 BIBA 접근통제 모델과 가장 관련성이 높은 것은? ① 기밀성 ② 무결성 ③ 가용성 ④ 인증
카테고리	CISSP 〉 보안구조

문제풀이

- Biba 모델은 무결성 통제가 목적인 모델
- 보안 규칙
1) 단순 무결성: No-Read-Down
2) *(Start) 무결성 규칙: No-Write-Up

- 또한 상업적 무결성을 강조하는 모델로 클락-윌슨 모델이 있음

정답 ②

문제 18〉	컴퓨터 보안 평가 지침서인 TCSEC(Orange Book) C2의 의미는 무엇인지 선택하시오. ① Controlled access protection ② Labeled security ③ Structured protection ④ Security domain
카테고리	CISSP 〉 보안구조

문제풀이

※TCSEC의 C2 등급의 의미는 다음과 같음
- 통제된 접근 보호(Controlled Access Protection)
- 상업적 환경에 합리적인 분류이나 보호의 수준은 낮음
- 리소스의 분리, 객체의 재사용, 감사 증거의 보호와 책임추적성 제공

정답 ①

	TCSEC과 ITSEC같이 보안관련 요구사항들과 비교하여, 정보시스템 내 보안 기능들을 비교, 점검, 평가하는 것을 무엇이라고 하는지 선택하시오.
문제 19〉	① 인증(Certification) ② 보호(Protection) ③ 인가(Accreditation) ④ 확인(Verification)
카테고리	CISSP 〉 보안구조

문제풀이

- 컴퓨터 보안 평가 지침서를 활용하여 비교, 점검, 평가를 수행하는 것을 인증이라고 함

정답 ①

	기업 내의 통합된 데이터 구축을 위해서 데이터 분류 기준을 마련하고자 할 때, 고려사항으로 가장 올바르지 않은 것은 무엇인가?
문제 20〉	① 데이터 양 ② 고객의 기대치 ③ 규제와 법제 ④ 데이터의 수명
카테고리	CISSP 〉 보안구조

문제풀이

- 데이터 양은 분류기준 마련과 관계가 없음

정답 ①

문제 21〉

다음 중 TCSEC(Trusted Computer Security Evaluation Criteria) 기준으로 임의적 접근 통제는 어느 레벨(Level)에 해당하는가?

① A
② B
③ C
④ D

카테고리 CISSP 〉 보안구조

문제풀이

– C 레벨: 임의적 접근 통제, B 레벨: 강제적 접근 통제

정답 ③

문제 22〉

객체(Object)에 대한 주체(Subject)의 모든 접근을 중재함으로써 접근 통제 기능을 수행하는 소프트웨어는 무엇인지 선택하시오.

① 참조 모니터(Reference Monitor)
② 은닉채널
③ 신뢰할 수 있는 컴퓨터 기반
④ 접근통제

카테고리 CISSP 〉 보안구조

문제풀이

– 참조 모니터: 컴퓨터 시스템의 사용자나 프로그램과 같은 주체 (Subject)가 파일이나 데이터베이스와 같은 객체(Object)에 접근하려고 할 때 접근 허용 여부를 중재하는 소프트웨어

정답 ①

문제 23〉

Bell-Lapadula 모델 중 같은 등급의 객체, 주체 사이에만 읽기/쓰기와 같은 접근이 허용되는 속성을 무엇이라고 하는가?

① *-Property
② Strong *-Property
③ Simple Security Property
④ Integrity *-Property

카테고리 CISSP 〉 보안구조

문제풀이

- Strong *-Property는 오직 같은 등급 사이에만 접근을 허용
- *-Property는 자기보다 낮은 등급의 정보에 대해 쓰기 기능이 통제되며(No Write-Down)
- Simple Security Property는 자기보다 높은 등급의 정보에 대해 읽기 기능이 통제(No Read-Up)
- Integrity *-Property는 Biba Model의 속성, 자기보다 낮은 등급의 정보를 읽지 못하게 함

정답 ①

문제 24〉

공격자로부터 회사 내부의 정보 자산을 보호하기 위해서 보안 설계를 여러 단계로 나누어서 구성하는 방법이 무엇인지 선택하시오.

① 통합인증
② 침투테스트
③ 통합 SSO
④ 깊이 있는 방어

카테고리 CISSP 〉 보안구조

문제풀이

- 깊이 있는 방어: 정보자산을 보호하기 위해서 여러 번 나누어 구성하는 방법

정답 ④

문제 25〉	시스템에서 업로드, 다운로드 시에 최소한으로 책임추적제도를 마련하기 위한 방법에 해당되는 것은 무엇인가? ① SSO 설치 ② 침입탐지시스템 설치 ③ 침입방지시스템 설치 ④ 로그 사용
카테고리	CISSP 〉 보안구조

문제풀이

– 사용자의 업로드와 다운로드 정보를 Log 파일로 기록하여 이력을 추적할 수 있음

정답 ④

STEP 7

운영보안통제

1. 통제(Control)

1.1. 통제의 개념과 유형

1.1.1. 통제의 개념

- 위험과 이로 인한 잠재적인 손실을 줄이기 위하여 구현하는 것
- 민감한 정보에 접근하고자 하는 모든 주체들의 책임추적성(Accountability) 제공
- 책임추적성(Accountability)은 접근 **통제 메커니즘(예: ID/Password)을 통해 달성**

1.1.2. 통제의 유형

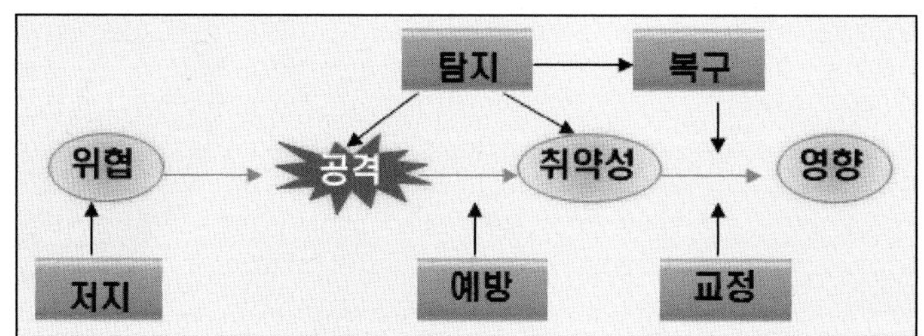

통제 유형	설명	사례
예방(Preventive)	바람직하지 못한 사건이 발생하는것을 피하기 위해 사용되는 통제	**담장, 자물쇠**, 보안 경비원, **백신**, 직무분리, 암호화, 방화벽
탐지(Detective)	발생된 사건을 식별하기 위해 사용	CCTV, 보안 감사, 감사로그, 침입탐지, 경보
저지(Deterrent)	보안 위반을 단념시키기 위해 사용	CCTV, 경보, 보안의식 훈련
교정(Corrrective)	발생된 사건을 교정하기 위해 사용	**백신 SW**
복구(Recovery)	자원과 능력을 복구하기 위해 사용	백업

1.2. 운영 통제(Operations Controls)

1.2.1. Administrative Management – **예방통제**

(1) Personal Security

- 내부직원이 가장 취약한 보안
- 회사 직원들에 대한 보안: **보안인식교육**, 신원 증명, 약물검사, 신원 확인, 신용 조사, 강제 휴가
- **퇴직 관리: 사용자의 계정의 효력을 즉시 상실시켜야 함(불만 있는 직원 먼저), 공용 비밀번호는 즉시 변경**

(2) 직무분리(Separation of Duty)

－한 사람 혹은 한 부서가 중요한 일을 마무리지을 수 없다는 것을 보증

－직권 남용(abuse one's authority)이나 사기(fraud) 행위의 가능성을 줄임, 실수를 방지하는 역할도 가능

－ 직무의 분리

직무의 분리	업무
시스템 관리자/운영자 기능	– 시스템 S/W 설치, 시스템 시작/종료, 사용자 추가, 사용자 추가 및 삭제 – 백업 및 복구, 프린터 조작, Mounting 디스크, Tape
보안 관리자 기능	– 사용자 관련작업: 사용자 Clearance, 초기 비밀번호 설정, 보안 설정 기존 사용자에 대한 보안프로파일 변경 – 파일 Sensitivity label 설정 변경, 장치와 통신 채널의 보안 특성 설정 **– 감사 증적(Audit data) 검토**

－상호 견제(Two-man control): 두 명의 운영자가 서로의 작업을 검토하고 승인하는 것

－상호 협력(Dual control): 민감한 작업을 완료하기 위해서는 둘 이상 필요

(3) 직무순환(Rotation of Duty)

－한 명 이상의 개인이 회사 내의 특정 부서의 업무에 대해 훈련받도록 하여 특정 부서의 업무와 책임을 이해하는 한 명 이상의 사람을 보유하도록 하는 것

－운영자 사이에 공모(collusion)를 통한 사기 행위를 확인하는 데 도움

－장점: 업무의 지속성 확보, 단점: 전문성 결여

(4) Least Privilege

－개인이 회사에서 업무를 수행하는 데 **충분한 사용권한과 접근권한을 가지며 그 이상은 갖지 않는 것**

－권한의 크기: Read Only(low), Read/Write(higher), Access Change(highest)

－need-to-know와 공생 관계

－전관예우(Authorization Creep)는 최소권한과 알아야 할 필요성의 원칙 위반이다.

1.2.2. 특권 운영 통제(Privileged Operation Controls)

(1) Privileged entity controls / operations functions

－운영자나 시스템 관리자에게 주어지는 컴퓨팅 자원에 대한 특별한 접근 권한

(2) Operator / Administrator Privilege

－콘솔에서의 시스템 운영 지원: 시스템 실행 모니터, 작업흐름제어

－IPL(Initial Program Load), Reset(OS log, time/date, password), Server Startup/shutdown

－Superzapping: **장애처리 도구(접근 통제를 우회한다)** → 프로그램은 보안 또는 접근 통제를 우회하여 system freezing을 유발하거나 오동작을유발하는 것으로부터 **관리 또는 복구하기 위해 고안**

(3) Physical Access control

－물리적 자원에 접근하는 모든 직원들에 대하여 통제와 계정추적이 요구되지만 다음과 같은 직원들은 특별한 물리적 통제가 필요

예) IT/IS(info. Tech./Info. Secu) 직원, Vendor Service 직원, 컨설턴트/계약직/임시직, 외부 기술지원 직원

－**Piggybacking: 인가받은 사용자 뒤를 따라 비인가자가 들어오는 것. 예방 → Man trap**

1.3. H/W, S/W 통제

1.3.1. Input / Output Control

(1) Input Control

－Out-of-range, invalid characters, Volume limits

(2) Printer & Output Control

－출력물의 기밀성이 보호되었는지, 입력처리에 대한 출력물의 무결성이 검증되었는지를 통제

－해당 출력물에 시리얼 번호를 넣어 보호하고 여백에는 no output 표시

－Input과 control total 비교

－output이 담당자에게 도달함을 보장

(3) Media 통제

① 미디어 유형

－테이프, Disk, 카드, 페이퍼, 광학장치(CD, DVD 등)

② 미디어 보안 제어 방법

－Logging, 접근 통제, 적절한 폐기

－폐기(Sanitization) 방법: Overwriting(최소 7번), Degaussing(자성제거), Destruction(파괴)

※ **Degauser: 정보저장 매체 폐기 솔루션으로 강제적 자기력을 발생시켜서 저장매체의 자기 유압 필드를 '0'으로 감쇄시키는 장치**

-Marking: 사람이나 기계가 읽을 수 있는 형태, 생성일, 폐기일, 생성자, 불륨/파일이름, 버전, 분류

-잔존 데이터(Data Remanence): 미디어의 삭제 후에 남아 있는 데이터

-광학매체(CD, DVD 등)의 보안을 위한 방법은 Destruction(파괴)이 가장 확실하다.

③ Media viability controls(미디어 생존 통제)

-Marking: 미디어에 식별, 바코드를 마킹

-Handling: 미디어의 물리적인 보호(차단)

-Storage: 안전한 장소의 보관

:: 핵심 문제 풀이

문제 1〉	소프트웨어를 개발하는 SI(System Integration)회사 내에서 정보보안의 원칙인 직무분리 원칙을 준수하려고 한다. 이러한 경우 아래의 예에서 반드시 준수해야 하는 것은 무엇인가? ① 시스템 운영 및 시스템 개발 ② 보안관리 및 변경관리 ③ 시스템 개발과 변경관리 ④ 시스템 개발과 시스템 유지보수
카테고리	CISSP 〉 운영보안통제

문제풀이

– 시스템 개발 시에 자연스럽게 변경관리가 발생할 수 있음. 하지만시스템 개발과 운영은 그 역할과 책임이 다르므로 분리해야 한다.

정답 ①

문제 2〉	보안 아키텍처 설계 시 계층형 구조 설계할 경우 발생할 수 있는 이점은 무엇인가? ① 계층화된 보안 체계로 확장성이 좋고 비용 절감 ② 공격자의 work factor를 상승 ③ 고객에게 대외적으로 기업 이미지 향상 ④ 기업 내부 및 외부의 보안 사고를 현저하게 줄일 수 있음
카테고리	CISSP 〉 운영보안통제

문제풀이

- 계층형 보안 아키텍처는 각 영역을 계층별로 분류하여 독립된 보안을 수행하고 전체적으로 시스템 보호를 위한 통합된 보안 구조임
- 공격자는 해킹을 위해서 수행해야 할 작업이 많고 시스템 해킹에도 어려움이 발생한다.

정답 ②

문제 3〉	기업 A는 외부기관으로부터 감사를 받기로 했다. 내부 감사 인력을 보유하고 있지만, 비용이 발생해도 외부기관의 감사를 진행했다. 이러한 이유로 적정한 것은 무엇인가? ① 객관성 유지 ② 비용문제 ③ 전문성 ④ 기술력 확보
카테고리	CISSP 〉 운영보안통제

문제풀이

- 외부 기관에 감사를 받는 이유는 외부 전문가를 활용한 객관성을확보하기 위함이다.

정답 ①

문제 4〉	업무 효율성을 위해서 댁내에서 네트워크를 통해서 본사 시스템에 접근했고 회사 업무를 처리했다. 이러한 경우 어떠한 보안 위험에 가장 노출되어 있는가? ① 비 인가된 변경 ② 비 인가된 접근 ③ 악성코드 변경 ④ 바이러스 전파
카테고리	CISSP 〉 운영보안통제

문제풀이

– 외부 네트워크의 접속으로 인하여 비 인가된 접근의 문제점이 발생할 수 있다.

정답 ②

문제 5〉	시스템 구매 시에 보호 덮개를 사용하는 이유는 가장 적절한 것은 무엇인가? ① 시스템 가용성 향상 ② 정보 자산식별 ③ 부품도난을 방지 ④ 시스템 신규 개봉 시도
카테고리	CISSP 〉 운영보안통제

문제풀이

– 외부 네트워크의 접속으로 인하여 비 인가된 접근의 문제점이 발생할 수 있다.

정답 ③

문제 6〉

미국기업은 원거리의 특성으로 분산환경 기반의 시스템을 구축하였다. 이러한 경우 발생할 수 있는 보안 이슈는 무엇인가?

① 시스템 성능과 확장성 향상
② 네트워크 환경
③ 시스템 장애 저하
④ 시스템 속도 저하

카테고리 CISSP 〉 운영보안통제

문제풀이

- 네트워크를 통해서 업무를 수행하는 분산 환경은 네트워크 부분에 보안 위험 요소를 파악하고 대응해야 한다.

정답 ②

문제 7〉

기업 내부의 단말을 보호하기 위해서 안티 바이러스 프로그램을 도입하고 이것을 통하여 악성코드 탐지 및 치료를 수행했다. 이러한 경우 발생할 수 있는 문제점으로 가장 올바른 것은 무엇인가?

① 보안 소프트웨어 구매 비용이 꾸준히 증가
② 보안 프로그램으로 인하여 단말 성능저하
③ 새로운 공격 패턴 및 신규로 발생한 바이러스는 탐지할 수 없음
④ 물리적 보안 가능

카테고리 CISSP 〉 운영보안통제

문제풀이

- 공격기법도 지속적으로 변화하고 발전하기 때문에 새로운 공격패턴은 과거 백신이 탐지할 수 없다.
- 이러한 문제를 해결하기 위해서 주기적으로 백신 소프트웨어를 패치해야 한다.

정답 ③

문제 8〉

직원들이 지속적으로 불법 소프트웨어를 사용하고 있을 때 조치 방법으로 가장 적절하지 않은 것은 무엇인가?

① 보안인식교육
② 불법 S/W의 주기적 모니터링
③ 불법 소프트웨어 방지 정책 마련
④ 불법 소프트웨어 사용에 대한 개인 책임제도 시행 및 외부 기관에 관리 위탁

카테고리 CISSP 〉 운영보안통제

문제풀이

- 불법 소프트웨어 사용을 방지하기 위해서는 보안 인식교육, 방지정책 수립, 주기적 모니터링 등의 작업을 수행해야 한다.

정답 ④

문제 9〉

기업 내에 기밀정보를 특정 서버에 저장하고 기업내부, 혹은 Cloud 서비스를 활용하여 임직원들이 문서를 열람하고 있다. 아래의 내용 중에서 적정한 보안통제 방안은 무엇인가?

① 시스템 접근을 위한 패스워드 입력 요청
② 시스템 접근 시 OTP 사용
③ 문서 열람 시 관리자에게 알람 메시지를 보낸다.
④ 각각의 문서에 접근할 때마다 비밀번호 입력을 요청한다.

카테고리 CISSP 〉 운영보안통제

문제풀이

- 위의 지문에서 가장 적절한 것은 개별 문서마다 패스워드를 설정하는 것이다.

정답 ④

문제 10〉 기업의 문서들에 대한 보안 통제를 위한 방법으로 가장 알맞은 것은 무엇인지 선택하시오.

① 에스크로 계약
② 경영진 비밀 금고에 보관
③ 기업 외부에 대외 저장소를 구축하고 활용
④ 백업저장소에 모두 저장

카테고리 CISSP 〉 운영보안통제

문제풀이

– 중요 문서를 백업하고 적절한 접근 통제를 수행해야 한다.

정답 ④

문제 11〉 멀티프로그래밍 환경에서 운영체제를 ID와 Password를 통하여 인증 전에 트랜잭션에 접근하여 공격하는 것을 무엇이라고 하는가?

① 동기적 공격
② 비동기 공격
③ 은닉채널
④ 세션 하이재킹 공격

카테고리 CISSP 〉 운영보안통제

문제풀이

– 비동기 공격: 멀티 프로그래밍 환경에서 인증 전에 트랜잭션에 대한 공격 형태

정답 ②

문제 12〉	통합된 데이터웨어하우스에서 데이터들의 무결성을 보장하기 위해서 직무분리를 수행해야 하는 직무를 선택하시오. ① 운영환경 통제 및 데이터 통제 기능 ② 시스템 개발 및 시스템 유지보수 ③ 스케줄 관리 및 컴퓨터 백업 ④ 애플리케이션 개발 및 컨설팅
카테고리	CISSP 〉 운영보안통제

문제풀이

– 운영환경과 데이터는 분리하여 각각의 직무를 정의하고 개별 담당자를 두어 직무를 분리한다.

정답 ①

문제 13〉	공격자의 악성코드로 인하여 백신 프로그램에 손상이 발생했다. 이러한 문제 때문에 손상이 발생하면 자동 복구 하는 기능을 추가했다. 이러한 경우 무엇을 방지하기 위한 조치인가? ① 교정 통제 ② 예방 통제 ③ 탐지 통제 ④ 전환 통제
카테고리	CISSP 〉 운영보안통제

문제풀이

통제 유형	설명	사례
예방(Preventive)	바람직하지 못한 사건이 발생하는 것을 피하기 위해 사용되는 통제	담장, 자물쇠, 보안 경비원, 백신, 직무분리, 암호화, 방화벽
탐지(Detective)	발생된 사건을 식별하기 위해 사용	CCTV, 보안 감사, 감사로그, 침입탐지, 경보
저지(Deterrent)	보안 위반을 단념시키기 위해 사용	CCTV, 경보, 보안의식 훈련
교정(Corrrective)	발생된 사건을 교정하기 위해 사용	백신 S/W
복구(Recovery)	자원과 능력을 복구하기 위해 사용	백업

정답 ③

	기업 내부의 주요 인프라인 하드웨어와 소프트웨어를 전문업체에 위탁하는 아웃소싱을 수행할 때, 발생될 수 있는 가장 큰 문제점을 선택하시오.
문제 14〉	① 통제 보안 위험이 증가 ② 기업 내 예산이 증가 ③ 대외 이미지를 손상 ④ 업체 직원의 사내규칙을 위배
카테고리	CISSP 〉 운영보안통제

문제풀이

- 아웃소싱은 비용절감, 기술력 확보의 장점은 있지만, 외부 기관으로부터 수행되므로 보안 통제 위험은 증가하는 문제점이 발생, 즉 기업의 중요 비즈니스 정보 및 고객 정보에 대한 보호 방안이 수립되어야 한다.

정답 ①

	해킹 사고가 발생하여 날짜, 시간, 사용자, 터미널 등의 보안 사건을 확인할 수 있는 방법은 무엇인가?
문제 15〉	① 보안프로그램 ② 참조모니터 ③ 감사로그 ④ 데이터베이스
카테고리	CISSP 〉 운영보안통제

문제풀이

- 보안 사고가 발생하고 로그 확보를 통해서 침입에 대한 정보를 명확히 규명해야 함. 시스템에 접근로그, 변경정보, 접근방법, 루트권한, 변경된 파일정보 등의 로그를 관리하고 분석해야 한다.

정답 ③

	광학 매체에 저장된 데이터를 완전히 삭제하기 위한 방법으로 가장 올바른 것을 선택하시오.
문제 16〉	① 물리적 파괴 ② 덮어쓰기 ③ 디가우징 ④ 포맷
카테고리	CISSP 〉 운영보안통제

문제풀이

– 광학매체 저장소는 물리적 파괴를 통하여 완전히 삭제함. 또한 디가우징은 자기 저장장치를 파괴하기 위해서 사용되는 방법이다

정답 ①

	기업 내의 정보시스템 인프라인 하드웨어 장비에 대해서 고장 시에 문제가 발생하지 않도록 설계하는 방법은 무엇인가?
문제 17〉	① 구성장비 이중화 ② 강한 결합 설계 ③ 사용하지 않는 기능 삭제 ④ 무 정전시스템
카테고리	CISSP 〉 운영보안통제

문제풀이

– 시스템 장애에 대비하기 위해서 고가용서 서버, 결함허용 시스템 등과 같이 이중화를 통하여 대비해야 함. 또한 시스템 내부는 독립된 모듈 단위로 설계하는 모듈러 컴퓨팅 기반 설계가 필요하다.

정답 ①

문제 18〉	침입탐지시스템(IDS/TMS)의 탐지정보를 모니터링한 결과 악성코드 유입을 탐지하였다. 보안 담당자는 이를 해결하기 위해서 보안등급(Security Label)을 높여서 정상적인 트래픽만 기업 내부로 유입되도록 하였다. 이러한 경우 오히려 보안 등급을 낮추어야 할 것은 무엇인가? ① 교차 오류율(The crossover error rate) ② 처리율(The throughput rate) ③ 부정오류비율(The false negative rate) ④ 긍정오류비율(The false positive rate)
카테고리	CISSP 〉 운영보안통제

문제풀이

– 긍정 오류비율은 오히려 낮추어야 한다.

정답 ④

문제 19〉	인쇄된 양식지에 일련번호가 인쇄되도록 하는 보안통제는 무엇인가? ① 수정 통제 ② 예방 통제 ③ 저지 통제 ④ 탐지 통제
카테고리	CISSP 〉 운영보안통제

문제풀이

– 예방통제: 의도되지 않은 에러를 예방, 인가되지 않은 불법 침입 통제

정답 ②

	침투 테스트 시에 각종 스캐닝 도구들은 어느 단계에서 주로 사용되는가?
문제 20〉	① 계획 ② 발견 ③ 공격 ④ 보고
카테고리	CISSP 〉 운영보안통제

문제풀이

- 발견단계에서 실제 테스트가 진행되기 때문에 각종 스캐닝 도구를 활용한다.

정답 ②

	침투 테스트 시에 고려사항이 아닌 것을 선택하시오?
문제 21〉	① 테스트 시간 통제 ② 경영진 승인 ③ 문서 테스트 ④ 운영자 승인
카테고리	CISSP 〉 운영보안통제

문제풀이

- 침투 테스트는 비밀리에 시스템에 침투하여 보안 취약점을 식별함. 이러한 것을 하기 위해서 운영자의 승인은 필요 없다.

정답 ③

문제 22〉	외부 침입 발생 시에 활동으로 가장 적정한 것은 무엇인가? ① 보안정책 수립 ② 원격 접근 차단 ③ 신뢰관계 접근제어 ④ 방화벽 패킷 필터링 기능 활성화
카테고리	CISSP 〉 운영보안통제

문제풀이

– 외부 침입 발생 시에 상황에 따라 다르겠지만 신뢰관계 접근제어부터 수행한다.

정답 ③

STEP 8

BCP/DRP(비상계획)

1. BCP/DRP 개념

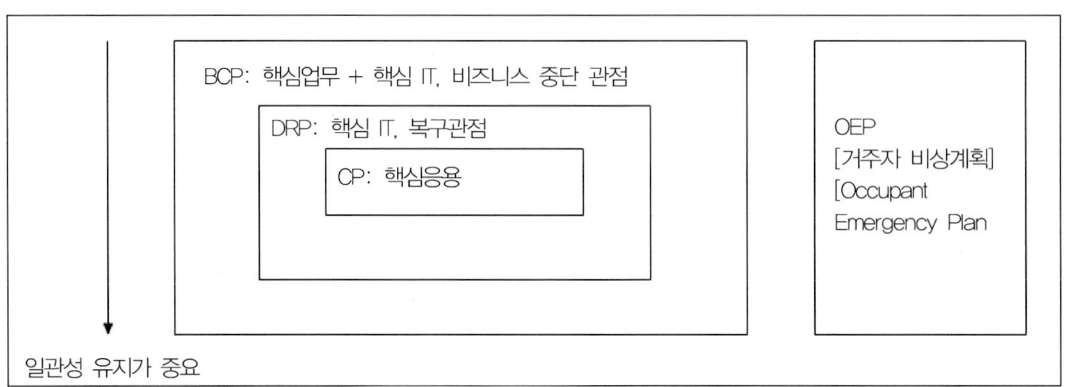

1.1. BCP/DRP의 개요

1.1.1. 재해(Disaster)의 특성

- 낮은 발생 가능성, 치명적인 결과, 불확실성
- 재해는 일상적이지 않으나 그 피해가 크며 기업의 취약성은 점차 증가하고 있음
- **재해의 발생원인에 따른 분류**

분류	세부 항목
자연적(Natural)	- 화재, 지진, 태풍, 홍수 등
인적(Human)	- 조작 에러, 폭격, 테러, 방화, 해킹 등
환경적(Environmental)	- **기술적인 재해**, 장비 고장, SW 에러, 통신, 네트워크 중단, 전력 중단

※ 기술적 재해가 가장 빈번하며, 가장 신속한 복구가 가능하다.

- **장애 정도와 대체처리설비 활용 필요 여부에 따른 분류**

위협 구분	비재해(Non-Disaster)	재해(Disaster)	재앙(Catastrophe)
중단시간	상대적으로 짧음	하루 이상	장기 중단
정보처리시설	파괴되지 않음	손상 가능	완전 파괴
장비교체/화일복구	O	O	O
대체 설비의 활용	X	O	O
원 시설의 복구	X	△	O

1.1.2. BCP(Business Continuity Planning, **사업연속성계획**)

– *단어 숙지할 것*

(1) BCP 개요

– 비상시에도 기업의 존립을 유지하기 위한 프로세스를 정의한 복구 절차

– 업무의 중단 상황과 이후의 비즈니스 운영의 연속성을 위한 계획

– **가장 핵심적인 비즈니스 기능들의 우선순위화된 재개에 초점**

(2) BCP의 특징

– 업무의 **심각한 중단상황과 이후의 업무 기능과 업무 프로세스를 지원하는** IT **시스템의 유지를 다룬다**(**during** and **after** a significant distruption).

– 재해 복구 계획, 업무 재개 계획, 주거자 비상 계획 등을 포함할 수도 있다.

– BCP 내의 책임추적성과 우선순위는 운영연속성계획(COOP) 내의 책임 추적성과 우선 순위와 가능한 충돌을 제거하기 위하여 조정되어야 한다.

(3) BCP의 포함 영역

– 문제에 대해 넓은 접근 방법을 채택, 적재적소에 적절한 인력배치, 정상 상황으로 복귀할 때까지 다른 모드에서의 업무 수행

1.1.3. DRP(Disaster Recovery Planning, **재해 복구 계획**)

– *단어 숙지할 것*

(1) 개요

– 비상 환경에서 기업의 존립을 유지하기 위해 **필수적인 IT 자원에 대한 복구 절차**

(2) 특징

– **비상 사태에 따른 대체 사이트에서의 목표 시스템, 응용 프로그램, 컴퓨터 설비의 운영 재개와 같은 IT 중심 계획**

– DRP 영역은 IT Contingency Plan과 중복될 수도 있으나 DRP는 좁은 범위로서 배치전환을 요구하지 않은 **소규모 업무 중단 사태는 다루지 않는다(즉, DRP 핵심 IT를 다루며 배치 전환이 필요함).**

– 조직의 필요에 따라 여러 개의 DRP (예: 화재 DRP, 수해 DRP)가 BCP에 추가되기도 한다.

1.1.4. BCP/DRP의 비교

(1) 개념상의 비교

구분	설 명
BCP	– 사업활동이나 프로세스가 중단 되는 것에 대한 대응
DRP	– 핵심 IT 시스템과 데이터가 중단 되는 것에 대한 대응

(2) BCP/DRP의 공통점

– 일부 예방적(예 위험 회피)인 성격이 있으나 **교정통제로 분류**

– 위험을 수용, **가용성** 확보 목적, **잔여 위험을 대상으로 한다**. **대외비**로 관리된다.

1.2. 비상계획 형태

(1) IT연속성계획(CP, Contingency Planning)

– **우발 계획, 연속성 계획, 비상 계획 등의 의미로 사용**

– 시스템 중단에 따른 IT 서비스를 복구하기 위한 중간 수단과 관련

– 중간 수단: 대체 사이트, 대체 장비를 이용한 IT 기능 복구, 수작업을 이용한 IT 기능 수행

(2) 위험관리(Risk Management)

– IT 시스템에 관련된 위험의 식별, 통제, 완화하기 위한 폭넓은 활동

– 위험 **관리는 잔여위험을 식별하여 연속성 계획에서 반드시 다루어지도록 해야 함**

위험관리	– 정보자원에 대한 위협(Threat) 분석을 실시하고 통제하고 위험요인을 감소
비상계획	– 발생하였거나 발생 가능성이 있는 존재위험에 대한 복구방안을 수립하여 위험관리를 보완

(3) 운영연속계획(COOP, Continunity of Operations Plan)

– **대체 사이트에서의 조직의 필수 기능 유지에 관한 내용**

– 정상운영으로 복귀하는 데 30일 이상 이러한 기능을 유지해야 할 경우

– 본부 레벨(Headquarters-level) 이슈를 다루므로 **BCP와는 독립적으로 개발되고 실행**

– **COOP는 BCP, BRP 그리고 DRP를 포함할 수도 있다.**

(4) 업무복구계획(BRP, Business Recovery(or Resumption) Plan)

－비상사태 후의 대체 사이트에서의 조직의 업무프로세스들의 재개 절차

－BRP를 개발할 경우 BCP, DRP와 조율하여야 한다. BCP에 추가될 수 있다.

－BCP와의 차이점: 업무중단 동안의 프로세스 유지문제는 다루지 않는다.

(5) IT비상계획(IT Contingency Plan or Continuity of Support Plan)

－각각의 핵심응용과 일반 자원 시스템을 위한 계획이 세워져야 하므로 복수의 Contingency Plan은 조직의 BCP에포함되어 유지되어야 한다(**DRP는 중대한 상황 관점, ITCP는 중대한 상황 + 경미한 상황**).

－IT System의 복구와 재개 절차를 다룸, DRP 보다는 영역이 넓다.

－대체 사이트로의 배치 전환을 요하지 않는 경미한 중단 사태도 다룬다(DRP의 반대).

(6) 거주자비상계획(OEP, Occupant Emergency Plan)

－비상사태에서 시설 내 거주자들이 따라야 하는 지시서

－개인의 건강, 안전에 대한 위협, 환경과 자산을 다룬다.

－Family OEP는 BCP에 포함될 수 도 있으나 별도로 수행될 수도 있다.

(7) 비상계획 형태별 비교

관점	계획	목적	영역
업무	Business ContinuityPlan(BCP)	– 심각한 중단 사태로부터의 **복구되는 동안 필수업무 운영 유지를 위한 절차 제공**	– 업무프로세스를 다룸 – IT는 업무 지원에 한함
업무	Business Recovery (or Resumption)Plan(BRP)	– 재해 발생 후 즉각적인 업무 운영의 복구에 관한 절차 제공	– 업무프로세스를 다룸 – IT는 업무 지원에 한함
업무	Continuity OfOperation Plan (COOP)	– 조직의 필수적/전략적 기능을 **대체사이트에서 30일 이상 유지**하기 위한 절차와 능력을 제공	– 가장 치명적으로 여겨지는**조직임무의 부분을 다룸** – **본부레벨**에서 작성
IT	Disaster RecoveryPlan(DRP)	– 대체사이트에서의 복구능력을 촉진하기 위한 상세한 절차 제공	– IT 초점 – 장기간에 걸친 중대한 중단사태에 한함
IT	IT ContingencyPlan/ ContinuityOf Support Plan	– 중요한 응용 또는 일반적인 지원 시스템의 복구를 위한 절차와 능력 제공	– IT시스템 중단 사태를 다룸 – 업무프로세스는 비초점
보안	Cyber IncidentResponse Plan(CIRP)	– 악성 사이버 사건의 탐지/대응/확산 방지에 대한 절차 제공	– 시스템/네트워크에 관한 정보보안대응 초점
업무	Continuity Of Operation Plan (COOP)	– 조직의 필수적/전략적 기능을 대체사이트에서 30일 이상 유지하기 위한 절차와 능력을 제공	– 가장 치명적으로 여겨지는 조직임무의 부분을 다룸 – 본부레벨에서 작성
인명자산	OccupantEmergency Plan(OEP)	– 물리적 위협에 대응하는 동안 인명의 최소화와 자산 충격 보호를 위한 통합 절차	– 인명, 자산 – **업무/IT 기능에 기초하지 않음**
신뢰	Crisis Communication Plan	– 현 상황을 개선, 주주, 공적 기관에 알리는 절차를 제공	– 신뢰유지, 투명한 보도절차 IT는 비초점

※ 업무 관점: BCP, BRP, COOP / IT 관점: DRP, IP CP

※ 보호단계: CP, OEP, 유지단계: COOP, 복구단계: DRP, BRP, COSP, CIRP

1.3. BCP 절차(NIST 권장)

– **모든 단계마다 경영진의 승인을 얻어야 함**

단계	설 명
1. 연속성계획 정책선언서개발	– BCP 개발, 임무수행역할에 관한 권한 할당을 위한 가이드라인을 제공할 정책을 기술 – 법규 요구사항 통합, 영역/목표/역할 정의, 관리진의 정책승인
2. BIA(Business ImpactAnalysis) 수행	– 핵심 기능/시스템 식별, 핵심 기능 관련 요구자산 식별 – 중단 영향과 허용 가능한 정지시간 확인 → 복구우선순위개발 – 자원의 MTO 계산, 위협식별, 위험계량화, 백업솔루션 확인
3. 예방통제식별	– 위협이 식별되면 경제적 방법으로 조직 내 위험 level을 감소하기위한 통제와 대응책을 식별하고 구현한다. – 통제구현, 위험 완화
4. 복구전략 개발	– 시스템과 중대한 기능들이 Online으로 즉시 옮겨질 것을 보장하는 방법들을 공식화한다. – 업무프로세스, 시설, 지원과 기술, 사용자 및 사용자 환경, 데이터
5. 연속성 계획 개발	– 장애상황에서의 업무 기능 수행방법에 관한 절차와 가이드라인을 기술한다 – 절차, 복구 솔루션, 임무와 역할, 비상대응
6. 계획 및 테스트 및 훈련	– BCP 내의 부족한 것을 발견하기 위하여 계획을 테스트하고 기대된 임무상의 개별요소를 적절히 준비시키기 위한 훈련 수행 – 테스트 계획, 계획 개선, 직원 훈련
7. 계획의 유지 관리	– BCP는 살아있는 문서이며 정규적으로 업데이트된다는 것을 보장 – 변화 통제 프로세스에 통합, 책임할당, 계획 업데이트

1.4. BCP와 보안정책

–BCP는 보안 정책과 변경 관리 프로그램의 일부가 되어야 한다(직무 기술서에 수록되어야 한다).

–현행 BCP의 수립과 유지 관리에서 **가장 중요한 것은 경영진의 지원**이다.

–즉, BCP/DRP는 **보안과 동시에 고려**되어야 함.

1.5. BCP 개발 프로젝트 초기 단계

1.5.1. 프로젝트 초기

–프로젝트의 영역, 멤버의 역할, 프로젝트 목표 설계

1.5.2. BCP 수행 절차

① 경영진의 지원 결심(Top-Down)

② 업무 연속 Coordinator 선정(BCP 팀의 리더, 업무연속계획과 재해복구계획의 개발, 구현, 테스트 감독)

③ BCP 위원회 멤버 구성: 사업단위, 고위 경영진, IT 부서, 보안 부서, 통신 부서, 법률 부서)

④ **연속 계획 정책 선언문(Continuity Planning Policy Statement): BCP 팀이 관리진과 함께 개발**

- 핵심요소: BCP 프로젝트 영역, 역할과 책임, 자원/훈련 요구사항, 연습/테스트 일정, 백업미디어 저장소 및 주기
- 프로젝트 계획이 완성되면 경영진에 제출하여 승인을 받은 후 다음 단계를 진행해야 한다. **즉, 단계 말에 검토를 한다.**

1.5.3. 역할

- 고위 경영진(Senior Management): 모든 단계의 궁극적인 책임
- BCP 위원회: 계획 개발, 구현, 테스트에 대한 책임
- BCP Coordinator: BCP 팀 리더, 전 단계 수행/감독
- 고위 경영진과 이사회의 전폭적인 지원이 관건

2. BIA(Business Impact Analysis, 사업영향분석)

2.1. BIA의 개념과 단계

2.1.1. BIA의 의의와 주요 Task

(1) BIA의 의의

－업무 중단이 사업에 미치는 영향에 대한 **정성적/정량적 분석/평가**

(2) BIA 주요 Task

－핵심 업무 프로세스와 workflow 식별(**설문조사, 사용자 참여**를 통해)

－자원 요구사항 식별: 핵심 프로세스에 필요한 자원 식별

－업무 중단으로 인한 영향의 정성적·정량적 평가: 위험분석

－**최대허용유휴시간(MTD: Maximum Tolerable Downtime) 산정**

－우선 순위 결정(**고위 경영진이 결정**하며 복구전략 개발 시 참조한다)

－고려사항: 위원회는 식별된 위협을 아래 사항과 매핑해야 한다.

→ MTD, 운영중단과 생산력, 재정적인 고려사항, 법적 책임과 성명

－**고위 경영진과 사용자의 참여가 중요**

2.1.2. BIA 단계 [모든 업무 파악 → 핵심기능 식별(사용자 주체), MTD 산정 → 우선순위 결정(고위 경영진)]

단계	주요 활동
1	– 데이터 수집을 위한 인터뷰 대상자 선정
2	– 데이터 수집방법 결정(조사, 설명, 워크숍 등 정성적/정량적 접근방법)
3	– 회사의 핵심 업무 기능 식별
4	– 핵심 업무 기능이 의존하는 IT 자원의 식별
5	– IT 자원이 없을 경우의 핵심업무 기능 생존기간 산정
6	– 핵심 업무 기능에 관련된 취약점과 위협 식별
7	– 개별적 업무 기능에 대한 위험 산성
8	– 발견사항을 문서화하고 경영자에게 제출

※ 4단계: 평가자료 취합→ 취약성분석 → 정보분석 → 결과 문서화/권고안

2.2. 위험분석과 MTD

2.2.1. 위험분석(Risk Analysis)

- 자산/취약성/위협을 식별하고 위험 발생빈도와 영향 계량화(위험평가 → 위험식별 → 계량화 → 대안 추천)
- 위험완화: 우선순위 →대안 선택(경영진)
- 방법: 정성적, 정량적
- 정량적 손실과 정성적 손실

정량적 손실기준	- 매출감소, 자본지출, 계약위반/법규위반으로 인한 재정 손실
정성적 손실 기준	- **경쟁기회 또는 시장 점유율 손실**, 공적인 신뢰도 또는 신용도 손실

2.2.2. MTD(Maximum Tolerable Downtime, 최대허용 유휴시간) 산정

- MTD: 업무가 회복할 수 없는 손실을 입지 않도록 업무 기능이중단될 수 있는 최대 시간

예) 최대 허용 시간

자산 중요도	기간
중요치 않음(nonessential)	30일
보통(normal)	7일
중요한(important)	72시간
긴급을 요함(Urgent)	24시간

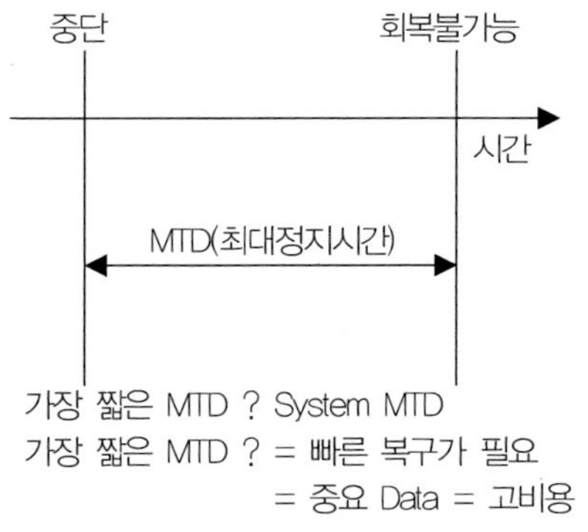

- **모든 업무 기능과 자산은 위의 영역 중 하나에 분류되어야 함**
- 백업 솔루션 선택과 SLA 체결 시 사용

2.3. 응용시스템의 위험 등급과 상호 의존성, 역할과 책임

2.3.1. 응용시스템의 위험 등급(www.sans.org에서 제공하는 등급 가이드라인)

Classification	업무 중요성	컴퓨터 수행여부	수작업대체여부(내성)	복구한계시간
Mission Critical	매우 치명적	컴퓨터에 의해서만	**불가**	36시간
Critical	치명적	컴퓨터에 의해 우선적 수행	매우 제한적	36시간 ~ 5일
Essential	필수	컴퓨터에 의해 수행	여유있는 수작업 가능	5일 이상
Non-critical	일반	완전복구시점까지 대기할 수 있음	수작업 대체가능	

※Mission Critical: 시간에 가장 민감하며 내성(수작업대체)이 전혀 없다. 예) 증권 업무
※Critical: 시간에 민감하나 어느 정도의 내성(수작업대체)이 있다.

2.3.2. 상호의존성(Interdependencies)

- 업무는 상호 의존성이 있으므로 아래의 사항이 지켜져야 함

→ 필수 업무 기능과 지원 부서의 정의, 지원 부서의 상호 의존성 식별, 부서 간 소통 중단에 대한 위협 식별 등

- 부서 간 소통을 중단시킬 수 있는 잠재적 위협의 식별과 문서화, 기능과 통신 복구를 위한 대체 방법 제공

2.3.3. 역할별 책임

경영진	**- BCP 관련 궁극적 책임, BCP/DRP 수립책임** - 정책과 목표 설정, 프로세스를 위한 팀 지정, 자금 지원 - BCP 개발 관련 출력물에 대한 책임(대외비)
BCP팀	- 규정과 법적 요건이 반드시 일치되는지 확인할 것, 모든 가능한 취약점과 위협 확인할 것 - BIA 수행, 재난 발생 후 업무 재개 절차와 단계를 개발할 것

※BCP팀은 BIA 과정 결과를 문서화하여 경영진에 제출하고 승인을 득한 후 다음 단계 진행

2.4. 복구 전략 수립

2.4.1. 복구 전략 수립

- BIA는 모든 구성요소들의 복구전략의 청사진 제공
- BCP위원회는 BIA에서 식별된 위험에 대한 복구 전략을 비용효과분석을 통해 발견해야 함
- 사업 지속을 위한 복구 전력의 정의 및 문서화, 장애시 대체 운영을 위한 대응 전략
- 세분화: 업무프로세스복구, 시설 복구, 지원 및 기술 복구, 사용자 환경 복구, 데이터 복구

2.4.2. 업무 프로세스 복구(Business Process Recovery)

- 업무 프로세스란? 특정한 Task를 수행하기 위한 의사결정활동을 통하여 연결되는 상호 관련된 Step들의 모음
- 각 프로세스에 요구되는 역할과 자원을 포함하는 workflow 문서를 작성하여야 한다
- **핵심: MTD 산정과 분류에 따른 복구 절차**

3. 복구 전략

3.1. 2차 사이트 형태

-(Off Site = **백업** Site = 2**차** Site = Alternate Site = **대체** Site)**의 형태**

3.1.1. 2차 사이트의 형태

① 상호 지원 계약(Mutual Aid Agreement)

② 백업 상용 서비스(Backup Commercial Service): Hot site, Warm Site, Cold Site

③ 제3의 사이트(Tertiary sites)

④ 서비스국(Service Bureau): 대행업체

⑤ 이중 사이트(Redundant Site)

⑥ 다중 처리 센터(Multiple Processing Center)

⑦ 기타: Rolling/mobile backup site, Prefabricated building → Hot Site 형태

3.1.2. 상호 지원 계약(Mutual Aid Agreement, Reciprocal Agreement)

(1) 특징

-**유사한 장비나 응용시스템을 가진 두 개 이상의 조직 간 계약, 비상시 서로 간의 설비와 서비스 시간** 제공 약속

(2) 장점과 단점

장점	- 대체 사이트 중 가장 저렴, 특수 장비로 인하여 Hot Site를 이용할 수 없는 경우 유일한 대책
단점	- 계약이행을 강제할 수 없다. 용량 등의 문제로 모든 핵심 업무 영역의 수용 곤란(호환성문제)

3.1.3. 백업 상용 서비스

-*반드시 숙지할 것*

사이트 구분	특 징				장점	단점
	HVAC	N/W, 기본장비	Mainframe	Real Data		
Hot	O	O	O	O	신속한 가용성	유지비용 고가
Warm	O	O	△	X	시간/비용 중간	HW구입 지연
Cold	O	X	X	X	유지비용 저렴	운영준비 길다

※HAVC(Heat, Ventilation, and Air Conditioning, 난방/통기/환기 조절)

3.1.4. 제3의 사이트(Tertiary Site)

-1차 백업 시설이 무용해질 경우를 대비한 2차 백업 사이트로서 Backup to the backup이라고도 함

3.1.5. Service Bureau(일종의 out sourcing)

-자체 정보처리 설비를 갖추고 **정보처리서비스만 제공하는 벤더**

-회사는 월정 예약금을 지불, Hot Site가 **대표적인 상품**

-장점: 서비스 업체의 신속한 대응, 테스트 가능, 많은 기능 제공

-단점: 대규모 비상 사태 발생 시 가입사 간 경쟁

3.1.6. 이중사이트(Redundant Site)

-1차 사이트와 똑같은 시설과 설비로 운영(Stand-by 상태)

-**회사자체에서 운영하는** Mirroring site, **가용성이 가장 우수**

-**비용이 가장 비싸며** 구성관리의 문제

3.1.7. 다중 처리 센터(Multiple Processing Center)

-가용자원의 공유와 중복을 제공하는 분산시스템 접근법

-다중 센터 간 가용성과 호환성 보장하는 관리/조직/기술적 통제

-회사 자체에서 할 수도 있고 Bureau를 이용할 수 있음

3.1.8. 기타 백업 대안

(1) Rolling/Mobile Hot Site: **이동식**

-**대형 트럭이나 트레일러 이용**

예) 이동식 취사 차량

-업무를 즉시 재개할 수 있는 전원, 통신, 시스템 구비

-**군사조직이나 보험회사**에서 주로 채택, 기동성과 유연성 제공

(2) Prefabricated Building

-고정식, 컨테이너 도는 **조립식 건물을 이용한** Hot Site

3.1.9. Off Site의 위치(백업 Site = 2차 Site = Alternate Site = 대체 Site)

- 동일 재해 지역을 벗어난 곳에 위치해야 하며 1차 Site와 동일한 수준의 보안이 요구된다.
- 일반: 1차 사이트로부터 최소 5miles
- 운영 수준이 하위-중간 핵심(Critical): 최소 15miles
- 운영 수준이 핵심: 50~200miles 지역적 재난으로부터 최대 보호

3.2. Alternative Site & Off-Site Library(Off-Site Storage = Off-Site vault)

3.2.1. Alternative Site와 Off-Site 관계

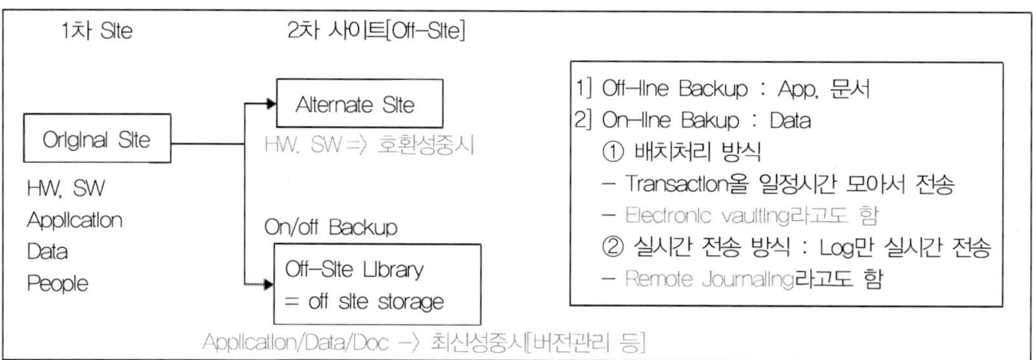

※ 양방향 복제 통제 항목 중요도

① 동일 위험 노출 금지

② 동일수준의 보안 접근 통제

③ 동일 수준 환경 감시

3.2.2. 2차 사이트의 가용성 및 상호비교

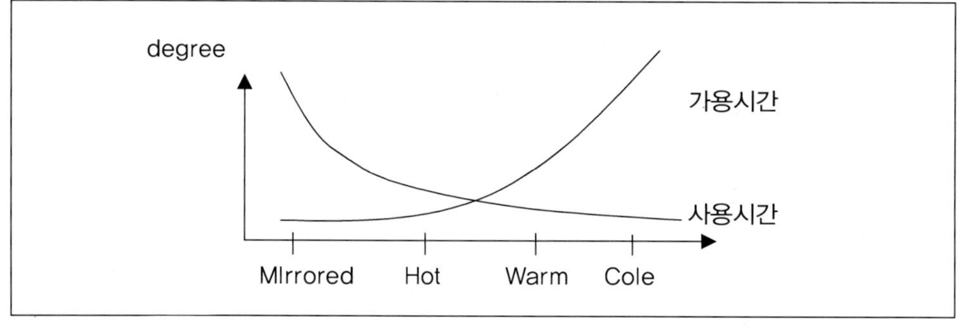

사이트	목표복구	장점	단점
Mirrored	0~수분	1차와 동일, 동기화가능	고비용, 상시 검토
Hot	24시간 내	고가용성, 데이터최신성	DB복구 필요
Warm	수일 내	핫사이트으로전환 용이	시스템확보필요
Cold	수주 내	저렴,데이터만백업	시간이 가장오래 걸림

3.3. H/W, S/W 백업

3.3.1. H/W Backup

- 핵심 장비의 MTD이내의 복구를 위한 하드웨어 백업이 필요
- MTBF(Mean Time Between Failure: **평균고장간격시간)**

① 대형 plant 기기 또는 하드웨어 등의 신뢰성 척도로 사용

② 총 수리시간/총 고장 시간: 길수록 좋나.

- MTTR(Mean Time To Repairs: 평균수리시간)

총 수리시간/총 고장시간: 짧을수록 좋다.

- H/W 백업 고려시간은 MTBF와 MTTR이다.
- Legacy System과 H/W 대신 상용규격품(COTS: Commercial Off The Shelf) 사용이 유리
- On-site와 Off-Site 전략에서 마련되어야 하며 공급업체와 서비스 합의를 체결하는 것이 필수

3.3.2. S/W 백업

- 회사의 운영시스템과 핵심 응용프로그램은 최소한 2개 이상의 복사본이 있음을 보장하여야 한다
- 원래 사이트와 안전한 Off Site에 각각 보관되어야 한다
- 주기적 테스트와 버전관리가 필수이며 Software Escrow도 좋은 방법이다.

3.4. Data Backup

3.4.1. 백업 주기: Daily, Week, Monthly

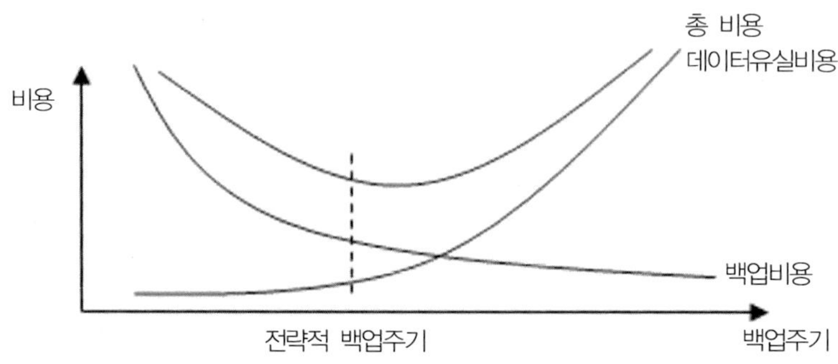

3.4.2. 백업 방식

방식	특 징
Full Backup	– 전체 백업, 디스크 또는 특정 폴더에 대한 전체를 백업, 많은 양의 백업매체 필요
Differential Backup	– 가장 최근에 수행된 전체 백업 이후의 변경된 모든 것 백업
Incremental Backup	– 가장 최근에 수행된 백업 이후 모든 변경된 것만 백업, 백업시간 절감 – 저장매체의 효율적 이용, 복구 시 많은 매체가 필요

방식	주말(A)	월(A+B)	화(A+B+C)	백업생성시간	백업복구시간
Full Backup	A	A+B	A+B+C	↓ 빠르다	↑ 빠르다
Differential Backup	A	B	B+C		
Incremental Backup	A	B	C		

3.4.3. RAID(Redundant Arrays of Inexpensive Disk)

(1) RAID의 개념

– 저용량, 저성능, 저가용성인 디스크를 Array 구조로 중복 구성함으로써 고용량, 고성능, 고가용성 디스크를 대체하고자 함

– 데이터 분산 저장에 의한 동시 엑세스 가능, 병렬 데이터 채널에 의한 데이터 전송 시간 단축

(2) 방식

방식	설 명
Disk Interleaving or Striping	– 데이터 블록들을 Disk Array에 분산 저장하는 기술, 균등 분산 저장을 위해 round-robin 방식을 사용 – I/D 속도 향상, 중복성 없음, 일부 디스크 고장 시 복구 불가
Mirroring (중복저장)	– 동일 데이터를 2개의 Disk에 동시 저장, Fault tolerance(고장감내) 제공 – 하나가 고장시 다른 하나가 즉시 사용가능(가용성 확보), 고비용 A B → A B / A B 고장감내 제공, 가용성 확보, RAID 1
Striping (분산저장)	A B → A / B 고장감내 제공 안됨, 1/0 속도 증가, RAID 0

※ Parity: 무결성 검증 방법, 복구 지원

(3) RAID Levels

단 계	설 명
RAID 0	– Striping 분산 저장, 고장감내 제공 안 됨, I/O 속도 증가
RAID 1	– Mirroring
RAID 10	– Striping + Mirroring, 가장 고비용, 효율성이 좋음
RAID 2	– **Bit-level** Striping + Hamming Code, 학문적 수준
RAID 3	– **Byte-level** Striping + Dedicated Parity Disk
RAID 4	– **Block-level** Striping + Dedicated Parity Disk, 쓰기 동작을 위해 Parity 디스크를 2회씩 Access, 병목 현상 발생
RAID 5	– RAID 4의 문제점 보완을 위해 Parity Block을 Round-Robin 방식으로 분산 저장, 병목현상 해소, 쓰기 동작들의 병렬 수행이 가능, **가장 많이 사용**
RAID 6	– 2차원 Parity를 채용, 한 Array 안에서 동시에 두 개의 디스크에 장애가 발생해도데이터의 사용과 복구가 가능하여 높은 가능성을 제공
RAID 7	– 컨트롤러에 실시간 운영체제를 내장하여 고속 캐시, 독자적인 컴퓨터의 여러가지 특성을 포함하고 있으며 하나의 단일 가상 디스크를 사용

※ RAID 0,1: SW에서 빠르다(구조가 단순함).
RAID 3,5: HW에서 빠르다(구조가 복잡함).
RAID 5: 전용 Parity Disk를 사용하지 않는다.
RAID 3,4,7: 전용 Parity Disk를 사용

3.4.4. Data 백업 및 중복

방법	설 명
Disk mirroring	- 동일 데이터를 2개의 Disk에 동시 저장, 중복성을 높임 - 하나의 Disk Controller를 이용하며 Single Point of Failure로 작동
Disk Duplexing	- Disk Mirroring의 일종으로 하드디스크를 이중화 - 2개의 하드디스크가 고유의 하드디스크 Controller를 갖고 있어서 미러링의 약점을 보완
Disk Shadowing	- 동일한 디스크 이미지를 2개 이상의 Multiple Server에 저장하여 중복성과 I/O Access 속도를 향상
Electronic Vaulting	- 1차 사이트의 데이터를 On-line Batch 방식으로 전송
Remote Journaling	- Off Site에 실시간으로 journal or transaction log를 병렬처리 - Synchronous: 2차 사이트의 전송된 내용을 실시간으로 확인무결성 우수 - Asynchronous: 실시간으로 확인은 하지 않으나 속도가 빠름

※ 데이터 손실 크기(EMC 분류): Traditional Backup > Electronic Vaulting > Remote Journaling > Stand-by DB > Semi-Synchronous > Synchronous Mirroring

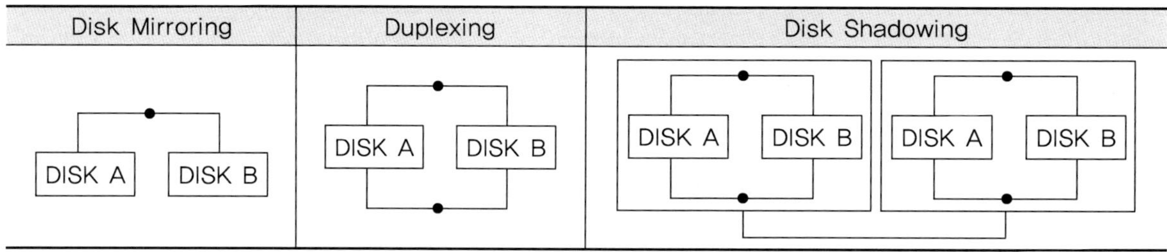

3.4.5. Data Backup 기술

기 술	설 명
DAS (Direct AttackedStorage)	**- 장비에 Storage를 붙여서 쓰는 방법** - 저장할 데이터와 늘어나는 데이터가 한 공간에 존재하므로 데이터의 전송속도가 떨어지는 단점이 있음
HSM (Hierarchical Storage Management)	- 하드디스크를 보다 값이 저렴하고 속도가 느린 **CD 또는 Tape**jukebox와결합하고 파일 이동과 검색을 자동화한 관리 형태 - 재난 복구에 높은 효용성과 지속적인 가용성을 제공
SAN (Storage AreaNetwork, 광저장 장치영역 네트워크)	- 대규모 네트워크 사용자를 위한 서로 다른 종류의 데이터 저장장치를 관련 데이터 서버와 함께 연결하는 특수 목적용 고속 네트워크 - Host 종류와 상관없이 **분산된 Storage 간에 대용량 데이터 전송 가능** - Fiber Channel Interface를 이용 장거리 네트워크를 통한 고속 전송 가능
NAS (Network AttackedStorage)	- 자체 운영체제 내에서 복수의 파일 시스템을 지원함 - 상이한 운영체제가 공존하는 이기종 플랫폼환경에서 Storage 자원 통합과 데이터 공유 가능, **기존의 IP Network를 이용**하여 설치하고 사용이 용이

구분	SAN	NAS
솔루션 용도	전자적 데이터 관리환경	**분산 work 그룹 환경**
저장장치 연결방식	**새로운 망 구축**	기존의 LAN 이용
표준화 정도	표준화 미흡	표준화
구축 비용	고가	저렴

4. 복구와 회복

4.1. 주요 용어

용어	설 명
1차 사이트 (Primary Site)	– Original Site: 재해 전에 사용하던 원래 사이트 – New Home Site: 원래 사이트를 포기 후 새로 구축한 사이트
2차 사이트 (Secondary Site)	– Alternative Site: 1차 사이트의 기능을 대체 – 중간사이트(Interim Site): 대체사이트에서 1차 사이트로 가기 전에 경유하는 Site, 반드시 있어야 하는 것은 아님
재배치(Relocation)/이관	– 타 사이트로의 이동
복구(Recovery)	– 장애나 재해 후 영향을 받은 프로세스와 지원 기능을 정상화하는 데 요구되는 우선순위에 따른 일련의 과정 실행
재구축(Reconstruction)	– 원 사이트를 포기하고 새로운 1차 사이트를 구축
재구성(Reconstitution)	– 기능이 중단된 1차 사이트의 정상화
재개(Resumption)	– 백업사이트에서의 핵심기능의 복구와 업무 재시작을 의미
회복(Restoration)	– 1차 사이트의 정상화와 재시작을 의미

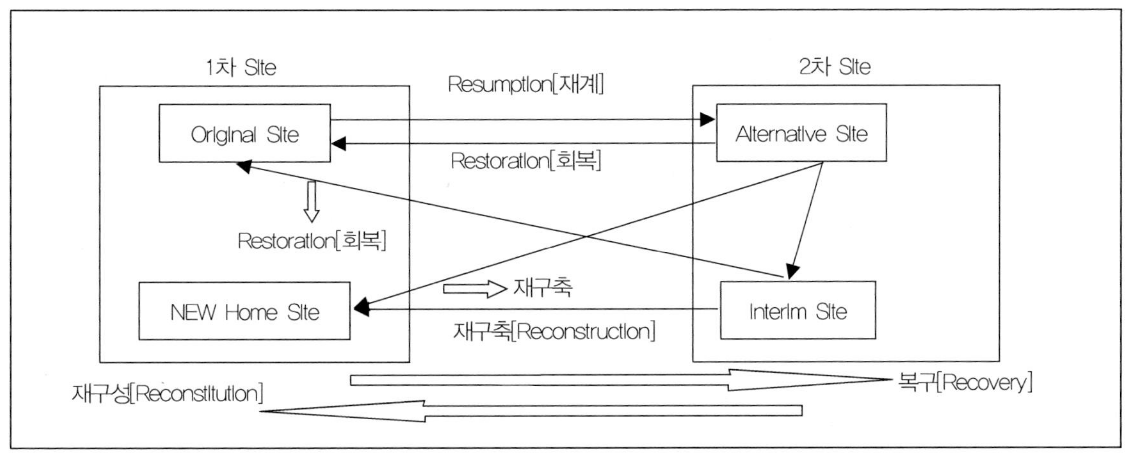

용어	설 명
RPO	**– Recovery Point Objective(복구목표시점)** **– 재해시점으로부터의 Data Backup을 해야 하는 시점까지의 시간** **– RPO = 0의 의미: Mirroring, 고장시점 복구 전략**
RTO	**– Recovery Time Objective(복구목표시간)** **– 재해 후 시스템, 응용, 기능들이 반드시 복구되어야 하는 시간**
RP	– Recovery Period(실제복구기간): 실제 업무 기능 복구까지 걸린 시간
MTD	– Maximum Tolerable Downtime(용인 가능최대 정지 시간) – 치명적인 손실 없이 조직이 중단/재해 영향을 견딜 수 있는 최대 시간 – MTD = RTO + WRT(Work Recovery Time, 업무 복구 시간) **– "MTD가 짧다"의 의미: 중요 자산, 빠른 복구 필요, 높은 비용**
SDO	**– Service Delivery Objective: 2차 사이트에서 제공하는 업무 용량**

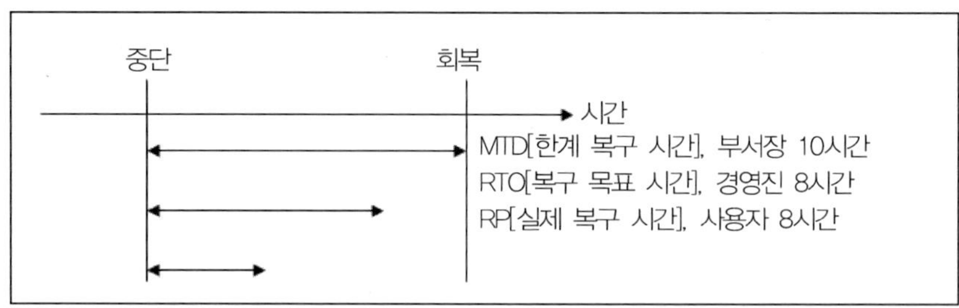

4.2. BCP/DRP 단계별 Task와 팀

4.2.1. BCP/DRP 단계별 Task

단계	설 명
공지 및 가동단계	– 비상조치, 재해공지, 피해 평가(복구 관련 자료 산정), 재해선언, BCP 가동
복구 단계	– 대체사이트의 구축/테스트/재배치, 핵심업무 재개, 상세 피해 평가
재구성 단계	– 1차 사이트로 복원, 업무 정상화, 재해 종료 선언

4.2.2. BCP/DRP 단계별 팀의 역할

단 계	팀	설 명
공지 및가동단계	Emergency Action Team(비상조치팀)	– 인명 구조 및 피해 확산 방지 등 초기 대응, **재해공지(언론 등에)**
	Damage Assessment Team(피해평가팀)	– 재해의 원인 및 **1차 피해 평가재해 선언**
복구단계	Emergency Management Team	– 재해 복구 감독(팀 역할 조정)
	Offsite Storage Team	– off site 저장소에 보관된 매체와 기록을 포장하고 운송
	Network Recovery Team	– 장거리 네트워크(WAN) 복구
	Communication Team	– 사용자 네트워크(LAN) 복구
	User HW Team	– 컴퓨터 주변기기와 집기 설치
	Data Preparation and Recovery Team	– DB 갱신/복구/입력지원
	Emergency Operation Team	– 복구기간에 시스템 운영 수행
	Coordination Team	– 지리적으로 분산된 현장들에서 복구 조정
재구성단계	Salvage Team(구호팀)	– 1차 사이트로의 복구 책임, **상세 피해 평가**, 회복 전략 구축 – 이관 지휘 및 **재해 종료 선언**
	Restoration Team	– 정상적인 업무 재개 책임(1차 사이트)

※ 복구단계를 시작하는 팀은? 피해 평가팀의 피해평가로 복구 단계가 시작된다

4.3. BCP/DRP 테스트

4.3.1. BCP/DRP 테스트 기법

기법	수행사이트		특 징
	1차	2차	
체크리스트	문서테스트		– 각각의 부서에서 체크리스트를 이용하여 BCP 검토
구조적 워크스루			– **각 기능 대표자들이** BCP 검토회의, 가장 많이 사용
시뮬레이션	O	X	**– 2차 사이트로 재배치까지만**, 실제 정보처리는 안 함
병행테스트	O	O	– 1, 2차 사이트에서 **업무 병행처리**
완전중단테스트	X	O	– 1차 사이트 완전 중단 후 2차 사이트에서 업무 처리 – 사고를 대비한 복구 계획이 필수

※Preparedness test(준비성 테스트): 지사 및 지점별로 실시되는 완전중단 테스트

4.3.2. 테스트 평가 시 고려 사항

- **사전 공지는 필수**, 핵심 인력을 포함한 전 인력 참여, 업무 폭주 시간대는 피할 것, 결과는 정성적/정량적 측정/평가
- **변화가 있을 때마다(예: 사장님이 바뀌면 테스트는 안 함, 핵심업무가 바뀔 때는 함), 최소 1회/년**
- **평가: 2차 사이트 →시스템 호환성, off site 저장소 → 데이터 및 응용의 최신성, 사람 → 계획에 대한 정확한 숙지**

4.4. BCP/DRP 계획의 유지 관리

4.4.1. 계획이 오래된 경우로서 업데이트가 필요한 사항

- **BCP가 변화 관리 프로세스에 포함 되지 않은 경우**
- infra 구조와 환경의 변화 발생, 회사 조직 재구성, 휴업, 합병
- HW, SW, Application의 변경 발생
- 계획이 방대하여 유지 관리에 많은 작업이 요구되는 경우

4.4.2. 계획 업데이트시 포함하여야 할 사항

- 업무 연속이 모든 업무 결정의 일부가 되어야 한다.
- **유지 관리 책임을 직무 기술서에 포함시켜야 한다.**
- **BCP를 현재의 변화관리 프로세스에 통합할 것**

4.4.3. 문서화

- BCP 관리자는 BCP 문서화/갱신/배포에 대한 책임을 진다.
- 원본은 원래 사이트에 보관하며 사본은 복구 인력의 사무실과 집에 보관하도록 하여 신속히 대처하게 한다.

4.5. BCP 일반적인 단계

단 계	세부 활동
1. 기획단계	– 목표선언, 개념의 개략화, 역할과 팀 정의, 임무 정의
2. 가동단계	– 공지 단계, 피해평가, 계획 가동
3. 복구단계	– 대체사이트로 이동, 프로세스 복원, 프로시저 복구
4. 재구성단계	– 시설 복구, 환경테스트, 운영의 이동
5. 추가사항	– 연락체계, 다른 계획 유형, 개요도, 시스템 요구사항

5. CPP(Continuty Planning Process, 연속성 계획 프로세스)

5.1. CPP의 개요

-BCP, DRP, CM을 포함, CPP와 BCP는 다르다.

-CPP가 무너지면 여러 조직 중에 책임은 정보보호 조직에서 진다.

5.2. CPP 절차

-프로젝트 시작 → 현재 상태 평가 → 설계 및 개발 → 구현 → 관리

단계	활 동
프로젝트 시작	- 사전 작업: CPP를 하는데 레벨을 어느 정도할지를 정함 - 조직 CPP의 범위와 목표 설정, 관리자의 지지를 얻어 내는 것 - 팀에서 필요한 자원을 정의하고 얻는 것, CPPT(CPP Team) 구성
현재 상태 평가	- BCP 계획과 관련하여 의사결정 할 때 실질적인 정보 제공 - 기업의 목표/전략/목적을 이해, 위험분석, BIA, 현재상태에 대한 CPP 평가동종 업계의 검토
설계 및 개발	- 현재 상태 평가에서 얻어진 기본 정보를 바탕으로 함 - CPPT가 기본적인 권고 사항을 제시 - 다음 단계에 필요한 Action Plan을 제공 - 주요활동: 가장 적절한 연속성 전략을 개발하고 설계, BCP/DRP/CMP 구조만 개발Test와 유지보수 방법CPP에 대한 전제 Test 계획 수립
구현	- BCP/DRP/CMP 개발, Test/유지관리 개발, 훈련 교육 프로그램 개발, 관리 Process 개발
관리	- CPP를 해 놓고 일단위로 해야 될 일들 관리, CPPT가 대표들과 작업을 감독 - CPP 매니저의 역할과 책임

:: 핵심 문제 풀이

문제 1〉	기업의 재해 및 재난으로부터 서비스의 연속성을 보장하는 BCP 및 DRP에서 가장 중요한 요소는 무엇인가? ① 회사 신뢰성 ② 인명 ③ 중요 데이터 ④ 중요 시스템 백업과 복구
카테고리	CISSP 〉 BCP, DRS

문제풀이

– 미국계 자격증은 어떠한 것도 인명보다 중요하게 생각하는 것은 없다.

정답 ②

문제 2〉	아래의 내용 중에서 하드웨어 신뢰성의 의미로 가장 적절한 것을 선택하시오. ① 기능의 일관성, 자료처리 성능 ② 기능의 일관성, 처리의 연속성 ③ 처리의 연속성, 자료의 무결성 ④ 기능의 일관성, 자료의 확장성
카테고리	CISSP 〉 BCP, DRS

– 하드웨어 신뢰성: 기능 일관성 및 처리 연속성

정답 ②

문제 3〉	아래의비상 계획의 종류 중에서 인력에 대한 측면을 고려하여 수립하는 비상 계획은 무엇인지 선택하시오. ① BCP ② OEP ③ DRP ④ CIRP
카테고리	CISSP 〉 BCP, DRS

문제풀이

- Occupant Emergency Plan(OEP): 비상 상황에서 인명의 손실이나 부상을 예방하는데 중점, 사업절차 및 IT 자원은 고려하지 않는다.

정답 ②

문제 4〉	BCP(Business Continuity Planning) 수립 후에 결함 및 문제점을 줄이기 위해서 테스트 훈련 주기는 어떻게 설정하는 것이 좋은가? ① 구축 시에 1회 ② 매년 1회 ③ 2년에 1회 ④ 3년에 1회
카테고리	CISSP 〉 BCP, DRS

문제풀이

- 비즈니스 연속성 수립 후에도 주기적으로 테스트를 통한 점검을 수행하지 않으면 그 효과는 없어질 것이다.
- 이러한 것을 예방하기 위해서 모의 훈련과 같은 테스트를 주기적으로 실행해야 한다.

정답 ②

BCP 수립 후 많은 구축 비용과 유지비용이 발생한다. 이러한 BCP에서 가장 중요하게 생각하는 성공요소가 무엇인지 가장 올바른 것을 선택하시오.

문제 5〉

① 훈련된 직원
② DRS 구축 예산
③ 경영진의 승인
④ 전문적인 기술

카테고리 CISSP 〉 BCP, DRS

문제풀이

- BCP를 수립했다고 즉시 비즈니스적인 효과(이득)를 얻을 수 있는 것은 아니다. 또한 구축과 운영에 많은 비용과 자원이 소모된다.
- 이러한 작업을 추진하기 위해서는 경영진 적극적인 지원과 공감대 형성이 중요하다.

정답 ②

BCP에서 가장 중요한 활동은 비즈니스 영향도 분석 작업이다. 비즈니스 영향 분석(BIA)을 수행하는 이유로 적당하지 않은 것은 무엇인가?

문제 6〉

① 핵심 업무프로세스 식별
② 핵심 프로세스에 필요한 자원식별
③ 최대허용 유휴시간 산정
④ DRS 구축 비용산정

카테고리 CISSP 〉 BCP, DRS

문제풀이

- BIA는 핵심 업무프로세스를 식별하고 업무별 등급과 재해 및 재난 발생시에 영향도를 정량적으로 측정하고 목표 복구시간을 산정하는 BCP의 가장 중요한 활동이다.
- DRS 구축 비용에 대한 계획은 BCP 수립에 대한 이행과정에서 고려되어야 할 내용이다.

정답 ④

문제 7〉	MTD(the Maximum Tolerable Downtime)의 의미는 무엇인가? ① Maximum elapsed time required to complete recovery of application data ② Minimum elapsed time required to complete recovery of application data ③ It is maximum delay businesses can tolerate and still remain viable ④ Maximum elapsed time required to complete recovery of application data
카테고리	CISSP 〉 BCP, DRS

문제풀이

- MTD는 사업 유지를 위해서 허용되는 최대한의 장애시간

정답 ③

문제 8〉	비즈니스 영향도 분석을 수행할 때 아래의 내용 중에서 가장 불필요한 것은 무엇인가? ① 업무 중단에 대한 정량적 영향도 산정 ② 업무 중단의 운영적 영향 식별 및 전이 ③ 업무 프로세스에 대한 기술적 의존도 파악 ④ 업무 중단으로 인한 대외인지도 변화 및 예측
카테고리	CISSP 〉 BCP, DRS

문제풀이

- BIA에서 대외인지도 분석은 핵심내용과 동떨어진다.

정답 ④

문제 9〉	MTD분류 기준에 해당되는 것을 선택하시오. ① Service ② Criticality ③ Integrity ④ Tolerance
카테고리	CISSP 〉 BCP, DRS

문제풀이

- Maximum Tolerable Downtime(용인 가능최대 정지 시간)
- 치명적인 손실 없이 조직이 중단/재해 영향을 견딜 수 있는 최대 시간
- MTD = RTO + WRT(Work Recovery Time, 업무 복구 시간)
- "MTD가 짧다"의 의미: 중요 자산, 빠른 복구 필요, 높은 비용

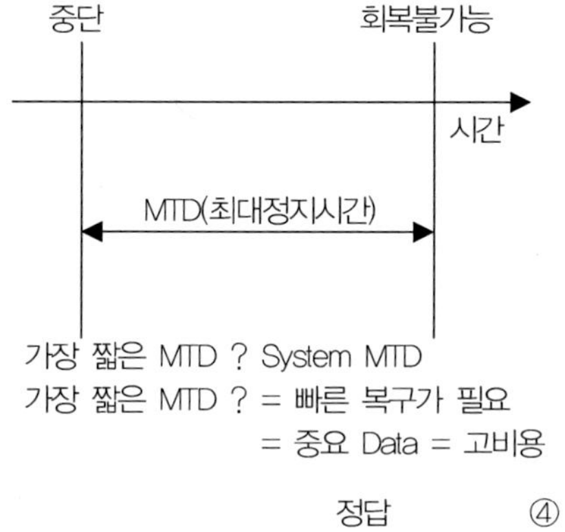

가장 짧은 MTD ? System MTD
가장 짧은 MTD ? = 빠른 복구가 필요
= 중요 Data = 고비용

정답 ④

문제 10〉	비즈니스 영향도 분석(BIA) 시 가장 중요한 결정 요인은 무엇인지 선택하시오? ① 경영진의 승인 및 예산지원 ② 테스트비용 산출 및 테스트 수행 ③ 테스트 도구 산정 ④ 최대허용 유휴시간(MTMD) 산정
카테고리	CISSP 〉 BCP, DRS

문제풀이

- 핵심 업무 식별 후 최대허용 유휴시간을 산정하고 이 산정 결과에 따른 대응계획을 수립하는 것이 BCP이며 이러한 분석을 수행하는 것은 BIA이다.

정답 ④

문제 11〉	디스크의 결함 시에 복구가 가능한 RAID 구현 기술은 무엇인가? ① 인덱스(Index) ② 페이징(Paging) ③ 패리티(Parity) ④ 스트라이핑(Striping)
카테고리	CISSP 〉 BCP, DRS

문제풀이

- 패리티 비트는 짝수와 홀수 패리티로 나누어 지며, 데이터 복구를 위한 비트 정보이다.

정답 ②

문제 12〉	우리은행에서 BCP, DRP 개발 시에 가장 고려해야 할 내용이 아닌 것은 무엇인가? ① 비즈니스 영향도 분석 ② 관리자 정책승인 ③ 법규준수 ④ 수립 및 구축에 대한 회사 예산
카테고리	CISSP 〉 BCP, DRS

문제풀이

- 실제 시스템 구축 측면에서는 구축 비용과 운영비용이 중요한 요소이다.
- 하지만 본 문제에서는 정책승인, 영향도 분석, 법규준수보다 우선 할 수는 없다.
- BCP 및 DRS 수립 및 운영 시에 위의 항목을 준수하면서 실제 유지할 수 있는 수준으로 계획을 수립해야 한다.

정답 ④

문제 13〉 시스템 가용성을 높이기 위한 방법으로 적당한 것은 무엇인가?

① MTTF를 낮추고, MTTR을 낮춘다.
② MTTF를 낮추고, MTTR을 높인다.
③ MTTF를 높이고, MTTR을 낮춘다.
④ MTTF를 높이고, MTTR을 높인다.

카테고리 CISSP 〉 BCP, DRS

문제풀이

- 평균 장애시간(MTTF)은 높이고, 평균 수리시간(MTTR)은 낮추어야 한다.

정답 ③

문제 14〉 다음 중 BCP구축 후에 테스트하기 위한 테스트 평가 항목이 아닌 것은 무엇인가?

① Mirror Site 구축 여부 및 테스트 방법
② 사전공지
③ 전 직원의 참여도 및 교육 정도
④ 업무 로드량이 많은 시간대를 피하여 테스트

카테고리 CISSP 〉 BCP, DRS

문제풀이

- Mirror Site 구축여부는 DRS에 해당되는 것이고 BCP 테스트에는 해당되지 않는다.
- 물론 Mirror Site 구축이 가장 이상적인 DRS 시스템이다.

정답 ①

문제 15〉 일본과 같이 지진이 많은 지역에 위치한 기업이Hot Site 구축 시에 가장 좋은 입지 여건은 어느 곳인가?

① 동일 전력이 사용, 지진의 위험이 가장 먼 건물
② 다른 전력이 사용, 지진의 위험이 가장 먼 건물
③ 동일 전력이 사용, 인근건물
④ 서로 다른 전력이 사용, 인근건물

카테고리 CISSP 〉 BCP, DRS

문제풀이

전력 차단에 대비하기 위해서 서로 다른 전력을 사용하고 지진의 위험이 적은 곳으로 선정한다.

정답 ②

문제 16〉 재해 및 재난 발생으로 복구 팀을 구성하였을 경우, 복구 팀의 역할로 올바른 것은 무엇인가?

① 별도의 저장소에서 필요한 설비들을 제공한다.
② 대체 사이트에서 주요한 사업 영역을 재개한다.
③ 정상적인 사업 운영 환경으로 복구를 시행한다.
④ 재난 발생 후 사용 가능한 자원들을 수집한다.

카테고리 CISSP 〉 BCP, DRS

문제풀이

- 복구 팀 역할: 보안 유지, 대체 사이트 구축, 설비 설치, 인력 배치, 시스템 및 문서 확보, 대체 사이트 운영, 통신망 구축, 인력, 장비의 이동

정답 ②

문제 17〉	다음 중 비즈니스 영향도 분석(BIA)의 계획 수립 목표와 거리가 먼 것은? ① 비즈니스 측면에서 핵심기능 식별 및 관련 시스템 식별 ② 핵심 업무를 처리하기 위한 요구자산 파악 ③ 재해 및 재난 시에 허용 가능한 정지시간 산정 ④ 핵심 업무 복구절차 기술
카테고리	CISSP 〉 BCP, DRS

문제풀이

- BCP는 BIA와 핵심업무 복구 절차 등을 모두 포함하지만, BIA는 핵심 비즈니스 파악, 요건정의, 정지가능 시간 산정 등을 수행하는 것이 목표이다.

정답 ④

문제 18〉	금융회사에서 BCP 수립 시에 가장 첫 번째 활동은 무엇인가? ① DRS 구축 ② 위탁관리 계획수립 ③ 복구전략개발 ④ 비즈니스 영향도 분석
카테고리	CISSP 〉 BCP, DRS

문제풀이

- BIA 첫 번째 활동은 비즈니스 영향도 분석이며 DRS 구축 및 위탁계획, 복구전략 등은 그 이후의 활동이다.

정답 ④

문제 19〉	DRS 구축 시 가장 신속한 가용성이 높은 사이트를 순서대로 나열한 것은? ① 핫 사이트 → 원 사이트 → 이중 사이트 ② 콜드 사이트 → 원 사이트 → 핫 사이트 ③ 이중 사이트 → 핫 사이트 → 원 사이트 ④ 콜드 사이트 → 원 사이트 → 핫 사이트
카테고리	CISSP 〉 BCP, DRS

문제풀이

구 분	목표복구	장 점	단 점
Mirrored	0~수분	1차와 동일, 동기화 가능	고비용, 상시 검토
Hot	24시간 내	고가용성, 데이터 최신성	DD복구 필요
Warm	수일 내	핫사이트으로 전환 용이	시스템확보필요
Cold	수주 내	저렴, 데이터만 백업	시간이 가장 오래 걸림

정답 ③

문제 20〉	아래의 내용 중에서 DRP 주요 기능과 관련이 가장 적은 것은 무엇인가? ① 인명구조 ② 원인분석 및 재발방지를 위한 교정 ③ 비즈니스 연속성 ④ 복구
카테고리	CISSP 〉 BCP, DRS

- DRP는 재해복구 계획으로 재발방지를 위한 원인분석과 교정을 수행하지는 않는다.

정답 ②

문제 21〉	BCP, DRP 계획 후 지속적으로 수정하고 보완을 해야 하는 이유에 가장 올바른 것을 선택하시오. ① 새로운 소프트웨어가 개발되고 변경됨 ② 시장의 변화에 따라 기업의 비즈니스도 변화됨 ③ 패치를 통한 소프트웨어 업그레이드 ④ 데이터의 중요도가 변경
카테고리	CISSP 〉 BCP, DRS

문제풀이

- 기업의 비즈니스는 시장 변화에 따라 지속적으로 변경되기 때문에 비즈니스 영향도 분석 결과 및 대응계획, 방안도 변경되어야 한다.
- 이러한 변경을 위해서 이미 구축된 BCP 및 DRP에 대해서 지속적인 관리가 중요하다.

정답 ②

문제 22〉	재해발생 시에 복구가 가능 늦은 사이트는 무엇인지 선택하시오? ① 미러링 사이트 ② 콜드 사이트 ③ 웜 사이트 ④ 핫 사이트
카테고리	CISSP 〉 BCP, DRS

문제풀이

- Cold Site는 복구를 위해서 수주의 시간이 발생한다.

정답 ②

문제 23〉	인터넷 뱅킹 업무를 수행하는 금융기관에서 일시적으로 네트워크 통신 장애가 발생하였을 때 가장 먼저 취하는 행동은 무엇인지 선택하시오. ① BCP를 수립하고 Mirror Site를 구축 ② 로그 분석을 통해서 트랜잭션 처리 상태 확인 및 복구 ③ 전체 트랜잭션을 Rollback ④ 고객 피해배상
카테고리	CISSP 〉 BCP, DRS

문제풀이

– 비정상 트랜잭션의 진행상태를 먼저 로그를 통해서 정확히 식별하고 대응계획을 수립해야 한다.

정답 ②

문제 24〉	어떠한 이유로 기업 전산실에 화재가 발생했다. 이러한 경유 가장 첫 번째 해야 할 활동은 무엇인가? ① 핵심 시스템을 백업하고 외부로 이동시킴 ② 소화기로 화재를 진압 ③ 인명을 대피 ④ 소방서에 신고
카테고리	CISSP 〉 BCP, DRS

문제풀이

– 가장 첫 번째로 해야 할 활동은 인명 대피이다.

정답 ③

문제 25〉 데이터웨어하우스에서 많이 활동하는 증분백업(Incremental Backup)에 대한 설명으로 가장 올바른 것은 무엇인가?

① 스토리지의 모든 내용을 2차 장치로 백업
② Full Backup 후 변경된 데이터만 백업수행
③ 가장 최근에 백업 후 모든 변경 데이터 백업
④ 백업 스케쥴링에 따른 백업 수행

카테고리 CISSP 〉 BCP, DRS

문제풀이

– 증분백업은 가장 최근에 백업 후에 변경된 데이터를 백업하는 방법으로 백업 데이터 용량을 줄인다.

정답 ③

문제 26〉 주문 시스템의 디스크가 RAID 1로 구성되었을 때, 하드 디스크 1개의 장애 시 취할 수 있는 조치로 맞는 것은 무엇인가?

① 고장 난 드라이브를 교체
② 모든 디스크 드라이브 교체
③ 데이터 복구 수행
④ 마지막 Full 백업 본으로 복구

카테고리 CISSP 〉 BCP, DRS

문제풀이

– RAID 1은 이중화하여 디스크를 구성하므로 고장난 디스크를 교체한다.

정답 ①

법 수사 및 윤리학

1. 컴퓨터 범죄와 사이버 범죄

1.1. 컴퓨터 범죄(Computer Crime)

1.1.1. 컴퓨터 범죄의 유형

유 형	설 명
DOS	- 시스템 자원을 고갈시켜 가용성을 해침
Dumpster Diving	- 쓰레기통 뒤지기, **합법, 비윤리적**
Data Diddling	- 고의적으로 데이터 변형시키는 행위, 위조되거나 잘못된 데이터를 입력
Salami	**- 작은 이익을 긁어 모으는 수법**
Password Sniffing	**- 수동적 공격**
IP Spoofing	- 허가된 IP 주소로 가장하여 시스템에 접근권한을 얻는 방법
Network Attack	- 능동적 공격과 수동적 공격이 있음
Emanation Eavesdropping	- 전자기파에 의한 정보의 방출, 라디오 주파수를 도청하여 정보를 유출 - **Tempest: 전자파 방사 신호를 도청하는 기술**
Van Eck Phreaking	- 전자파 방출에 의해 방출된 데이터를 모니터링하고 캡처하여 정보획득
Social Engineering	- 사람의 심리적 약점을 이용하는 공격
Masquerading	- Impersonation, Mimicking, Spoofing
Embezzlement(횡령)	- 금융정보를 조작 불법적으로 금융자산을 획득, Large Account
Information Theft	- 인터넷 범죄 유형 중 가장 심각
Phshing	- 신뢰된 브랜드의 가치를 이용해 개인 정보를 빼내는 수법

1.1.2. 컴퓨터 범죄의 특징

- 발각과 원인 규명이 어려움, 범행의 국제성과 과역성, 범행의 자동/반복 및 연속성
- 은밀성과 전파성, 전문가나 내부 경영자의 범행

1.1.3. Computer Crime을 법으로 기소하기 어려운 사유

- **교차 사법권의 문제**: 물리적 공간과 국가를 초월하는 범죄의 사법처리
- 컴퓨터 범죄를 다루는 특별한 법률 사항이 부족하고 심각하지 않게 생각하는 인식
- 컴퓨터 범죄를 행할 때 여러 단계의 노드를 거침: 범죄자 찾기 힘듦
- 증거 자체가 Magnetic Tape과 같은 일반적인 범죄 증거와 달리 **무형의 증거**
- 증거 자체가 법원에서 Hearsay Evidence로 **분류: 범죄자 처벌이 어려움**

1.1.4. 컴퓨터 범죄자 분류

분 류	설 명
Hacker	- 컴퓨터를 심층 탐구하여 컴퓨터에 대한 자기의 능력 과시를 즐기는 사람
Script Kiddies	- 인터넷에서 다른 사람이 작성한 스크립트나 프로그램을 사용하는 사람 - 특징: 감사 증적, Script 사용, Tool 사용
Hack-activist	- 정치적 목적, 자신의 행동을 정당화(justify), **"목적은 수단을 정당화"**
Cracker	- 정보시스템의 보안 침해자
Phreaker	- 전화 요금을 다른 사람이 물도록 하는 불법행위자

※ 침투 Tester(Penetration Tester)

1) **사무라이(samurai):** 합법적인 크래킹 임무를 수행하기 위해 고용된 해커
2) **스니커(Sneaker):** 조직에 잠입하여 시스템에 대한 보안 상태를 테스트하기 위한 피고용자
3) **Tiger Team:** 정부와 산업체의 컴퓨터 시스템에 대한 보안 취약점을 찾아내고 그것을 보완해 주기 위한 노력의일환으로 계획적으로 시스템의 방어상태를 침투하는 인가된 컴퓨터 전문가 팀

1.1.5. 전화 사기 범죄

분 류	설 명
Blue boxes	- 장거리 전화선의 독특한 톤을 시뮬레이션하여 전화시스템을 속여 무료로 승인받지 않은 장거리 통화 접근을 가능하게 하는 방법으로 최초의 사기 수법 **2600Hz 주파수 톤을 생성**
Red boxes	- 유료전화에 쌓이는 **동전들의 톤을 흉내 내어** 단/장거리 전화를 가능하게 하는 기법
Black boxes	- 전화선의 **전압을** 조작하여 무료통화가 가능하게 하는 기법
Cheese Box	- 불법 책 판매업자나 마약 거래상들이 먼 거리에서 서로 전화를 할 때 자신의 실제 전화번호를 속이기 위해 사용한 장치

※ 전화 범죄가 줄어 들지 않는 이유는?
- 잡기가 어려우며 탐지는 가능하나 뚜렷한 예방법이 없다.

1.2. 사이버 범죄

1.2.1. 사이버 범죄의 구성요소(MOM, Means, Opportunity, Motives)

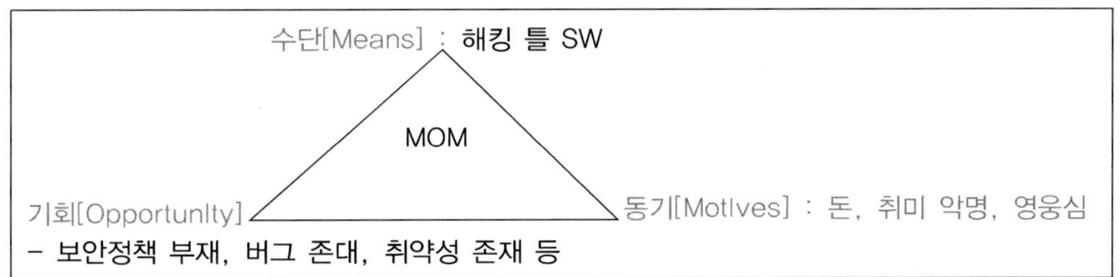

※ MOM 심문 시 유의사항

- 심문은 사전에 준비되어야 하며 전문가의 도움을 받아야 한다.
- 심문 시 거꾸로 용의자에게 너무 많은 정보를 제공하지 않도록 조심한다.
- 용의자가 증거를 훼손할 것을 대비해 원본 증거를 사용해서는 안 된다.

2. 컴퓨터 침해

2.1. 컴퓨터 침해사고

2.1.1. 컴퓨터 침해사고 대응 능력

- **피해를 복구하고 억제하며 앞으로 발생할 피해를 방지하는 능력**
- 앞으로 발생할 피해의 방지, 위협 및 취약성 데이터의 활용, 교육과 보안 인식 프로그램 향상
- 사고 처리는 빠르고 효과적인 대응 능력을 필요로 하기 때문에 비상계획의 한 요소로서 검토될 수 있음

2.1.2. 침해사고 대응 문제점

- 관리자의 정보보안 지식 부족, 공격이 다양화되고, 정교화됨, 충분치 못한 대응 자원

2.1.3. 사고 발생시 신고 대상

- 사업 비밀의 탈취 및 도청, 전자 메일 스팸, 횡령, 음란물 배포, DoS 및 업무 방해, 악성코드

2.1.4. 침해사고 신고 시스템

(1) 필수요소

- 일반적 정보: 사고가 탐지된 날짜 혹은 시작된 날짜, 작성자 및 사고 발견자 연락 정보, 사고 발생부서 정보
- 특정 정보: 사고의 타입 및 사고에 관한 기타 정보, 조직 내부에서 파악된 사고 개요, 탐지 경로, 피해시스템 정보

(2) 신고 시스템 포함 정보(윈도 기준)

- IP정보(MAC, IP), ver(시스템 버전), date/t(시스템 날짜), net user(사용자 정보), net share(서비스 정보), mem(메모리 정보), net sess(세션정보), arp -a(ARP 정보), route print(라우팅 정보)

예제) 다음 중 신고 시스템의 포함 정보가 아닌 것은? **A.MAC B.IP C.Host name D.사용자 이름** 답: D번

2.1.5. 침해사고에 따른 피해 요소

- **Lives(가장중요)**, Money, Time, Products, Reputation

2.1.6. 다른 조직과의 연락체계

- 상호 지원 체계를 위해 항상 접촉하는 것이 중요
- 수사 기관 및 법률 기관과의 유대 형성
- 침해사고는 방송매체의 관심을 받으며 조직에 대해 많은 부정적인 이미지를 반영할 수 있으므로 침해사고처리능력은 조직의 홍보부서와 밀접하게 일할 필요가 있음
- 공중 매체를 통해 공격자에게 조직을 위태롭게 하는 정보를 알리지 말아야 하며, 잠재적인 법률적 증거를 보유하고 있다는 사실을 알리지 말아야 함

2.2. 컴퓨터 침해 대응팀

2.2.1. CERT의 개요

- 해킹과 바이러스에 대항하는 보안기술을 개발하고 서비스하는 응급 대응 센터
- 미국의 카네기멜론 대학의 컴퓨터 침해사고 대응팀으로부터 발족되어 범국가/세계적인 단체의 역할 수행
- Worm의 대대적 침해 피해 후 창설
- 보안상의 허점과 부정이용 사고들에 초점을 맞추어 경보와 사고처리 및 예방을 위한 정책 수립 등을 수행
- **예방, 탐지, 교정 통제를 제공**
- 정보보안에 관련된 모든 사고와 현안에 대한 Single Contact Point로서의 역할을 한다

2.2.2. CERT가 필수적으로 제공해야 하는 지원업무

- **보안에 대한 가이드라인을 작성하고 배포, 또한 권고문 제공**
- **보안 취약점 분석 및 대응 업무를 수행: 1차적 대응**
- **취약점 분석 및 테스트, 취약점 보안을 위한 대책 수립, 침해사고 접수, 처리 업무를 지원**
- 국내외 관련 기관간의 업무 공조, 정보시스템 기획/개발/운영에 보안 내용 반영

2.2.3. CERT가 하지 말아야 할 일들

- 개개인의 조사, **해결책 없이 취약점 정보 전달**, 승인 없이 정보 제공

2.2.4. CERT의 업무 절차

업무 절차	상세 내용
사고 전 준비과정	– 사고가 발생하기 전 CERT와 조직의 준비를 하기 위한 행동
사고 탐지	– 가능성 있는 컴퓨터 보안 사고의 식별
초기대응(차 대응)	**– 초기 조사 수행, 사고 정황에 대한 기본적인 세부사항 기록, 대응팀 소집**
대응전략체계화	– 알려진 사실에 기반을 둔 최적의 전략 결정과 관리자의 승인 획득
사고조서	– 데이터 수집을 통한 수행, 향후 방지 대책을 위해 모인 데이터를 재검토
보고서작성	– 의사 결정자에게 유용한 형태로 사고에 대한 정확한 보고서 작성
해결	– 문제를 식별하기 위한 보안 측정, 절차 변경, 과거 사건의 기록, 장기 보안 정책, 기술 수정, 계획 수립 등을 도출

2.2.5. CERT 구축의 어려운 점

– 조직 내에서 CERT 필요성 인지 부족: 공격에 대해 객관적 자료로 알리고 설득해야 함

– 관련 조직의 협력 부족: CERT는 전산 관리 부서간의 조정자 역할 수행

– 기술 인력의 확보

2.2.6. CERT 조직 구성 형태

– 중앙집중형, 분산형, 절충형

3. 컴퓨터 범죄 수사(Computer Forensics)

3.1. Computer Forensics과 디지털 증거

3.1.1. Computer Forensics

(1) 정의

- 하드 디스크 등 컴퓨터 저장매체에 들어있는 데이터를 대상으로 복구, 검색 그리고 수사하는 기법
- **법원이 인정할 만한 컴퓨터 관련 증거를 수집, 보존, 분석하여 법원에 제출, 결정적인 증거로 활용할 수 있도록하는 기술**
- **디지털 증거를 찾는 기술 → Autopsy of Disk(하드디스크 부검) → 파일 복구**

※ Forensics?

- 광의적 개념: 사이버 Forensics(네트워크, 암호기술까지 포함)
- 협의적 개념: 컴퓨터 Forensics(PC위주)

(2) Computer Forensics의 3가지 기본 기술 - 원칙: 무결성

- 원본 데이터를 변형 없이 증거로 수집하는 기술
- 보관한 증거가 원본 데이터와 다르지 않다는 사실을 입증하는 기술
- 데이터 분석 시 변조됨이 없이 분석하는 기술

(3) Computer Forensics의 증거 찾기

- **조사를 하기 전에 할 일: 중요 데이터의 사본을 생성(디스크 이미징)**
- 증거가 있을 수 있는 곳

a. 커널 구조의 휘발성 데이터	
b. 틈새공간(Slack space = 논리적 파일시스템 = unallocated space)	
c. 자유공간(Free space)	d. 이벤트 로그와 레지스터리
e. 휴지통	f. 임시 파일
80% 80% 용량 중 80% 사용 후 남은 공간이 slack space	

(4) 고려사항

－컴퓨터 범죄, 침해사고에서 증거로서의 정보를 기록하고 보전할 경우 휘발성에 따른 정보 변경

〈저장 매체의 휘발성〉

	Category	Data Type	Life Time
UP 휘발성 Down	CPU Storage	Register	보통 1~수 Cyle
		Cache	
	System Storage	RAM	System Shutdown 시
	Kernel	Network 정보	
		Process 정보	
	Hard Disk	SWAP Space	Overwrite 되거나 삭제되면 사라지는 것으로 간주 (삭제된 데이터는 차후복구 가능)
		Spool Directory	
		TEMP Directory	
		Log Directory	
	이동식 저장매체	Floppy Disk, Tapes, CD Flash memo교	
		Hard Copied Data	

※ 정전시 남아 있는 데이터는 어디에 있는 데이터인가? 이동식 저장매체
※ Scavenging
－시스템에 접속 이후에 다음 접속자가 메모리의 내용을 얻을 수 있는 기술
－이전 접속자가 작업 완료 후 남겨진 데이터의 흔적에서 유용한 정보를 취득
－취득 가능한 정보는 감사추적, 로그파일, 메모리, 덤프, 캐시데이터 등이 포함 될 수 있음

(5) 기타 고려사항

고려사항	세부 내용
증거로서의 효과	– 고려할 항목: **증거의 정확한 시간, 증거의 변조 무결성(Check sum(Hash))** – 주의사항: **증거 기록 시에 시간 정보를 반드시 포함** – 변조 무결성 형식: 기록된 데이터에 대한 check sum(hash) 방식: 시간이 포함된 정보 전체에 대한 check sum을 별도의 정보로 기록
삭제되거나 변경된 데이터	– 데이터 복구: 이전 시간의 데이터 기록, 시스템에서 삭제되었거나, 매체에는 남아있는 기록, 매체에 숨겨진 이전 기록 – 메모리: 메모리 dump로 남아있는 기록 복구 일부 가능 – 파일: 삭제되었으나 매체에 남아 있는 기록 복구 일부 가능 – 디스크: **매체에 숨겨진 이전 기록 복구 가능(최근 6번까지 변경상태 복원 가능)**
시간에 따른 이력	– 시스템: 특정 프로세스의 사용빈도 및 파일의 변경유무 – 네트워크: 특정 IP주소의 사용빈도 및 특정 서비스의 사용 빈도

(6) Forensics 절차

－수사준비 → 증거획득 → 보관/이송 → 검증/분석 → 조사/보고서

(7) Computer Forensics 분석을 위한 작업 절차

- 1단계: 원본 컴퓨터의 디스크 이미지 백업 → 사본 생성
- 2단계: 검사 컴퓨터에서 데이터를 분석 → 깨끗한 PC, 전용 PC 이용
- 3단계: 각종 저장 매체에 있는 데이터를 복제하여 분석
- 4단계: 분석 결과를 정리

(8) Forensics 조사 표준: 무결성 관점

① 원본 증거는 증거 발생 당시의 상황과 가능한 유사나 상태로 보존되어야 한다 **→ 사본에서 분석**

② 가능하면 원본 데이터와 정확히 똑같은 **사본을 조사해야 한다**. 그래야 원본 데이터의 무결성을 해치지 않는다

③ 조사를 위해 데이터를 복사할 때는 깨끗한 매체를 사용해야 한다.

④ **모든 증거물에는 적절한 꼬리표를 붙여야 하며 문서화**해야 한다. 그리고 증거물을 잘 보관해야 하며 각 포렌식 단계 과정을 자세히 문서화해야 한다.

3.1.2. 디지털 증거

(1) 디지털 증거의 특징

- 근본적으로 손상이 되거나 사라지기가 쉽다.
- 의도적/비의도적 손상 또는 파괴가 가능하다.
- 디지털 증거를 보호하는 첫 번째 단계는 어떤 형태이건 간에 조작 또는 사고가 일어나지 않도록 하는 것이며, 이것을 하기 위한 가장 좋은 방법은 증거가 저장된 매체에 완전한 비트스트림 이미지를 만드는 것이다.

(2) 비트스트림 이미지(디스크 이미지)와 디스크 이미징(=Disk cloning=ghosting)

- 비트스트림 이미지(디스크 이미지): 원본 장치에 기록됐던 모든 데이터의 사본
- 비트스트림에 존재하는 데이터: 숨김파일, 임시파일, 손상된 파일, 파일 일부분과 삭제된 파일 중 덮어쓰이지 않는 파일 등 모든 이진 데이터가 복사 매체에 그대로 복제된다.
- 비트스트림 사본(비트스트림 백업): 비트스크림의 존재하는 모든 이진 데이터가 복사 매체에 저장된 것으로 CRC 계산법을 이용해 원본 데이터의 차이가 없는지를 확인 가능
- **디스크 이미징: 비트스트림 사본을 만드는 과정을 말함**
- **비트 수준으로 데이터를 복제하는 방법**

① 용의자의 컴퓨터에서 하드디스크를 떼어 낸 다음 다른 컴퓨터에 붙여서 복사한다.

② 또 다른 하드디스크를 용의자의 컴퓨터에 붙인 뒤 복사한다.

③ DIBS Rapid Action Imaging Device(RAID)와 같은 단독 이미징 장치를 사용한다

④ 네트워크 연결을 이용해서 디스크의 콘텐츠를 다른 컴퓨터 또는 Forensics 워크스테이션으로 옮긴다.

(3) 디지털 증거 복구

− electronic dumpster diving(전자쓰레기 뒤지기): **디지털 데이터, 특히 일부분이 파괴됐거나 삭제된 것처럼 보이는 데이터를 복구하는 것을 말함(=Scavenging)**

복 구	세부 설명
삭제된 데이터 복구	− 파일이 삭제되면 원래 데이터가 저장된 위치는 비할당 공간(unallocatedspace)으로 표시되며 이것은 새로운 데이터를 이 공간에 쓸 수 있다는 의미 − 대용량 Disk의 경우 비할당 공간에 덮어쓰기까지 많은 시간이 걸리므로 적절한 툴을 사용해서 데이터를 복구하는 것이 가능
감춰진 데이터 복구	− 하드 디스크에 숨겨진 데이터는 사이버 범죄를 해결하는 데 매우 중요한 역할 − 숨겨진 데이터 찾기 ① Sector gap: 디스크 섹터는 고정된 크기의 공간 단위로 구성되어 있으며 오래된 하드 디스크는 구조상 외부 트랙 부분에 쓰지 않는 저장공간이 있을 수 있으며 때때로 그러한 외부 공간에 데이터를 쓸 수 있는데 이러한 공간을 Sector gap이라고 함 ② Slack area: 클러스터와 파일 크기가 서로 다르기 때문에 발생하는 공간
잊혀진 데이터 복구	− 웹 캐쉬와 URL 목록, Temporary Files − Swap file: 하드디스크의 일부분을 메모리처럼 사용하는 것으로서 프로세스가 실제 메모리 할당을 요구할 때 하드디스크의 내용을 물리적 메모리로 스와핑한다. 윈도의 경우 이 데이터는 swap file에 저장되어 있으며, 이메일, 웹 페이지, 워드, 기타 컴퓨터 사용 중에 있던 자료를 가지고 있다.

(4) 디지털 증거 수집

역할자	주요 역할
1차 대응자	− Forensics 비교육자인 경우, **컴퓨터가 손상을 입지 않도록 보호하는 것 외에 다른 어떤 행동도 하지 않아야 함** − 컴퓨터를 끄거나 또는 전원을 뽑거나 증거를 찾을 목적으로 컴퓨터를 검색해서는 안 됨 − 범죄 현장 구분: 경계선 표시 등 − 범죄 현장 보호: 기타 주변 사항 보존, 네트워크 분리 − 임시 증거와 사라지기 쉬운 증거를 보존: 모니터에 나와 있는 화면 촬영 등
수사자	− **명령체계 수립**, 범죄현장 수색 − **증거의 무결성 유지: 디스크를 복제완료/시스템 끌 때까지 증거 보호해야 함**
범죄 현장 기술자	− **반드시 Computer Forensics에 관한 특수한 교육을 받아야만 함** − **사라지기 쉬운 데이터(휘발성, 메모리 데이터)를 보존하고 디스크에 복제** − 증거에 꼬리표를 달고 기록하기: **기술자 이름 앞글자, 수집한 날짜와 시간, 사건번호, 구분 정보가 기록되어야 함** − 증거 포장: **하드디스크 같이 노출된 증거는 운반을 위해 정전기 방지 가방에 넣고, 매뉴얼 등 종이 문서는 플라스틱 가방에 넣어야 손상을 예방**

범죄 현장 기술자	– 증거 운송: 모든 증거는 보관 락커 또는보관실로 직접 운송해야 하며 운송 시 증거에 자기장을 발생시키는 장비(라디오 등)와 가까이해서는 안 됨. 햇빛도 섭씨 23.8도 이하 – 증거 처리: 사본 디스크를 통해 디스크 이미지를 재구성한 다음 Forensics S/W 툴을 이용해 데이터를 분석한다.

3.1.3. 디지털 증거의 법적 무결성 보호를 위한 조치 절차

절차	세부활동
1단계	**– 가장 먼저 문서화를 한 후 아래의 상황에 따라 진행** **– 범죄가 진행 중인 경우: 네트워크 케이블 제거** **– 범죄가 종료된 상황: 압류 당시 모니터에 있는 내용을 카메라로 찍는다**
2단계	**– 사라지기 쉬운 데이터를 보존하기 위한 조치를 취한다, 메모리 덤프 등**
3단계	**– 디스크 이미지를 생성: 시스템 끄기 전에 수행(종료시나 시작 시 삭제 프로그램을 설치할 수 있으므로)**
4단계	**– 원본을 정확히 복제했는지 확인: CRC 또는 checksum, hash 알고리즘을 사용하는 프로그램을 이용**
5단계	– 실행 중인 운영체제의 표준 시스템 종료 절차에 따른 시스템을 안전하게 종료
6단계	– 시스템 내부의 부품을 옮기기 전에 시스템을 사진으로 촬영(컴퓨터 앞/뒤/내부케이블)
7단계	– 시스템과 모든 주변 기기의 플러그를 뽑는다. 뽑을 때마다 꼬리표 붙임
8단계	– 장비(디스크 등)를 다루기 전에 정전기 방지 손목 띠 등을 사용
9단계	**– 운반을 위해 디스크 등의 장비는 정전지 가방에 넣고, 열이나 자기장에 없는 곳에 보관**

3.1.4. 데이터 복구 기법 피하기(데이터 완전 제거)

–용의자의 디스크에 대한 비트스트림 사본을 만드는 데 **사용했던 디스크를 재사용할 경우에는 디스크 전체를 완전히 덮어쓰는 것이 좋다.** 그렇지 않으면 데이터가 남아 있을 수 있다.

기법	세부내용
디스크 덮어쓰기	– 잔류 데이터: 삭제된 파일의 데이터 중 물리적으로 디스크에 남아 있는 부분 – 디스크 덮어쓰기 단계 **1단계: 문자로 데이터 덮어쓰고** **2단계: 첫번째 문자의 보수로 덮어쓰고** **3단계: 랜덤한 문자로 덮어쓴다** **예) 7번 포맷과 3번 overwrite 중 3번 overwrite가 더 안전**
소자(Degaussing)	– degaussing: 매체의 자기 상태를 중화시킬 수 있는 강력한 자기장 – degausser: 강력한 자기장을 만드는 장치 – 디스크, tape 등은 완전 파괴하나 광매체는 안됨 – **자기 매체가 높은 온도에 노출되거나 오랜 시간 동안 저장되면 소자 현상에 대한 저항력이 커지면 이러 환경에서는 overwrite가 더 안전하다**
물리적 파괴	**– 분쇄, 산, 연마 등의 방법** **– 하드디스크 파괴 시에는 데이터 복구 가능성을 없애기 위해 1/4인치 이하로 파괴하도록 권고 (미 국방성)**

※ 환경 위생상 처리 순서
– a.overwirteb.degaussing c.파괴 순이다

3.2. PDA Forensics

3.2.1. PDA 증거 수집의 중요성

– 휘발성 데이터의 손실의 방지

3.2.2. PDA의 증거 수집 시의 주의사항

① 전원이 off된 경우 on시키지 말 것

② PDA는 봉투에 넣고 밀봉

③ rechargeable battery인 경우 어댑터를 연결시킨다

④ 전원이 있는 경우 전문가 검사 전까지 전원을 공급: 사용자 인증과 콘텐츠 암호 같은 보안메커니즘을 활성화를 피하기 위함이며 충분한 파워가 제공되지 못할 경우 PDA를 off하고 현재 장비 상태, 셧다운 날자, 시간을 문서화

3.2.3. PDA Acquisition(습득) 시 패스워드를 우회하여 데이터를 추출하는 방법

① Obstructed devices: 전원이 껴져 있어서 접근을 하기 위해 패스워드 같은 인증을 요구하는 장비

② 이러한 장치로부터 장비의 손상을 피하고 정보의 무결성을 유지하면서 데이터를 추출하기 위해서는 훈련된 포렌식 전문가가 필요

③ Obstructed devices로부터 데이터를 추출하는 기법

추출기법	내용
Investigative Methods	– 용의자에게 문의 또는 증거물 등을 통해 패스워드를 알아냄
Software-based Methods	– 인증 메커니즘을 우회하기 위해 소프트웨어를 사용 예) 인증 메커니즘의 취약점 이용, 알려진 시스템 취약점 이용
Hardware-based Methods	– Software-based Methods와 같이 사용되며 장비 제조사는 데이터 추출을 위한 정보와 툴을 제공해야 함 – 세부 기법 ① 하드웨어 백도어를 통한 접근: 메모리에 접근하기 위해 사용되는 debugging, production testing 등을 위한 인터페이스 이용 ② 장비의 메모리 직접검사: 숙련된 검사자를 통한 메모리 칩 검사 ③ 취약점 이용 또는 reverse engineering 이용한 코드 분석 ④ 자동화된 무차별 공격

4. 증거(Evidence)

4.1. 증거의 규칙(Rule of Evidence)과 증거의 형태

4.1.1. 증거의 규칙

- 증거를 수집, 보존, 제시한 것은 법적 절차이기 때문에 증거를 제시할 법원이 위치한 그 지역의 법을 따라야 한다.
- 증거 규칙은 재판 과정에서 법원이 증거로서 채택 여부를 결정하는 기준을 의미한다.

증거규칙	내용
관련성(Relevant)	- 논리성, 관련 범죄의 실제적인 사실을 입증할 수 있어야 함
신뢰성(Reliable)	- 무결성, 증거에 대한 신뢰성 및 증거 수집 과정의 신뢰성 입증
충분성(Sufficient)	- 다른 누구도 증거를 보고 반론할 수 없도록 설득력이 있어야 함
법적허용성(Legally Permissible)	- 증거는 합법적으로 수집되어야 함

※ 법정에 증거를 제시할 때 가장 중요한 부분은 증거의 존재 여부와 유효성 여부, 그 증거를 찾아 낸 상황,그 증거가 조작되지 않았다는 것을 증언할 사람을 결정하는 것
※ 위법 수집 증거 배제의 법칙
미국 법정에서의 증거는 합법적(정당한 수색과 압류 절차)로 얻은 것이어야 한다. 만약 그렇지 않다면그 증거가 피고의 죄를 입증한다 하더라도 정당한 것으로 인정받지 못한다

4.1.2. 증거의 형태(Type of Evidence)

증거형태	내용
Best Evidence	**- 가장 믿을 만한 증거로서 원본 계약서와 같은 문서화된 증거에 국한 예) 계약서 원본, 법적 문서(복사본, 구두 증언(목격자 증언 예외)** - Best Evidence of rule: writing, recording, photograph의 내용을 증명하기. **original이어야 함**
Secondary Evidence	- 주요한 증거보다 신용도가 떨어지는 증거로서 원본의 복사본이나 목격자의 증언이 해당됨 (original document's COPY, oral evidence…)
Direct Evidence	- 목격자의 증언과 같이 어떠한 가정이나 추론할 필요 없는 확실한 증거 예) 범죄 현장에서 본 목격자의 진술
Circumstantial Evidence	- 간접증거라고 하며 범죄사실을 간접적으로 추론할 수 있는 증거로서 개인적 관찰에 기반한 증거는 아니지만 결론을 이끌어내는 데 도움을 주는 관찰이나 지식
Conclusive Evidence	- 결정적 증거로서 논쟁의 여지가 없는 확실한 증거(확증)
Corroborative Evidence	- 보강 증거, 동일한 사실에 관한 성질을 달리 하는 증거로서 미리 제출된 증거를 더 확실하게 하기 위해 보조적으로 제출하는 증거
Opinion Evidence	- 의견 증거, 보고 들은 것에 대한 증거
Hearsay Evidence	**- 소문, 목격자 외의 사람으로부터 구술 등으로 얻은 간접증거로서 정확도가 떨어짐 - 컴퓨터 범죄는 주로 소문이므로 기소하기 어려움**

4.2. 증거의 일반적인 사항

4.2.1. 증거의 Life-Cycle

단계	내용
증거수집 및 식별화 (Collection & Identification)	- 증거를 수집하고 나서는 식별되고 마크되어야 하며 향후 법원에증거 제출을 위해서는 명확히 증거를 찾아낸 장소, 시간, 사람 등이 명시되어야 함 **- 수집 시 주의사항: 가능한 한 원본 수집, Degaussing 장비 주의**
증거수집 및 식별화 (Collection & Identification)	**- 증거 식별 시 주의사항** **① 플로피 디스크 같은 경우 표면에 직접적 명기는 안 됨** **② 출력물은 영구 마킹펜으로 마킹**
저장, 보호, 운반	- 법원에 제출하기 전까지의 파손 등에 보호하며 경비원 및 잠금 장치가 있는 안전한 장소에서 보관 - 전자파 차폐용기에 보관, 온/습도 유지, 자성물체 회피 등을 고려
법원에 제출	- 저장(보관)장소에서 법원까지 운반할 때도 세심한 주의 필요
희생자/소유자에게증거 돌려줌	- 재판 종료 후 소유자에 증거 반환, 모든 증거품에 대해서는 아니고 증거품이 금지품목인 경우에 한해 압수 파기할 수 있음

4.2.2. 증거에 꼬리표 달기와 표식 남기기

- 꼬리표나 표식에 기록할 내용: 자신의 이름, 날짜와 시간, 사건 번호
- 가급적 물리적 증거물에 표식: 꼬리표는 증거물에서 쉽게 떼어 낼 수 있으므로 증거 담당자 목록(Chain of custody)이 잘 유지되지 않음
- 물리적 표식이 불가능한 경우: 가방에 넣고 봉합한 뒤 그 가방에 표식을 남김
- 디지털 증거의 경우: 증거를 수정하지 않는다는 조건하에 디지털서명을 할 수 있음
- 증거 기록(Evidence Log): 범죄사건에서 수집한 모든 증거를 나열한 문서, 각 증거에 대한 설명, 증거를 발견하고,수집한 사람, 수집한 날자와 사람, 증거를 어떻게 처리했는지를 설명하는 문서

4.2.3. 보호관리 사슬(Chain of Custody) = 증거 담당자 목록

- 개요: 증거의 연속성으로서 현장에서 수집된 증거가 법정에 제출 될 때까지 거쳐간 경로, 그 증거를 다룬 사람, 증거가 옮겨진 장소와 시간을 추적할 수 있도록 문서화하는 것을 의미
- 증거를 보호하기 위한 요소: 획득된 증거의 위치, 증거가 획득된 시간, 증거 발견자 및 보호자 신원, 증거 통제 및 보관자의 신원

4.2.4. 디지털 증거물 분석

분 석	분석 내용
Timeline 분석	- 파일 생성, 변경, 접근, 삭제 시간 등
시그니처 분석	- 의도적으로 파일 확장자를 변경해 놓은 파일을 간단히 파악이 가능
Hash 분석	- 시스템 내의 파일이 변경되었는지를 확인 - 기존의 알려진 파일과 같은 파일이 존재하는 가를 확인(파일에 대해 hash 값을 계산한 후 미리 준비된 hash 값들과 비교하여 검색)
로그 분석	- 웹 브라우저 로그, 메일 로그, FTP 로그
프로세스 분석	- 현재 수행되고 있는 프로세스의 메모리 내용을 조사, 의심되는 실행 파일 조사
암호화된 디지털 분석	- 스테가노그래피, password, 암호화된 이메일 메시지

5. 법(Law)과 보안 원칙

5.1. 법의 유형과 지적재산권

5.1.1. 법의 유형

(1) 법의 유형

유 형	특 징
민법(civil Law)	– 일상 시민과 관련된 법으로 일상적인 사람들 사이의 관계를 규정
형법(Criminal)	– 대중을 보호하기 위해 만든 국가 법, 위반시 징역
행정법(Administrative)	– 행정기관(정부, 주, 시)에 의한 rules, regulations, procedure 등의 형태로 제정된 법률
국제법	– 컴퓨터 범죄에 대한 공조 필요, 나라별 재판관할권 문제와 법 해석의 차이

(2) 민법과 형법의 비교

항목	형법	민법
범죄 행위의 대상	– 사회	– 개인이나 조직
처벌의 유형	– jail(감옥), 금전적 보상	– 금전적 배상, 금지명령
법의 목적	– 범죄자의 처벌	– 피해에 대한 금전적 배상
증거의 수준	– 법원에 채택될 증거 확보가 어려움	– 유죄 판결 위해 준비할 증거의 부담이 적음

(3) 형법에서 정한 컴퓨터 관련 범죄

– 비인가된 접근, 지적재산권 침해 또는 오용, 포르노 그래피, 위조 및 횡령, 프라이버시 침해, 컴퓨터 사기 등

5.1.2. 지적 재산권(Intellectual Property Law)

– 개요: 창조성(Creativity), 혁신(Innovation)과 같은 아이디어를 하나의 자산으로 인정하여 소유할 수 있도록하는 것

– 지적 재산권의 종류

분 류	설 명
Patent(특허권)	– 산업에 응용할 수 있는 새롭거나 개선된 상품이나 프로세스를 말함 – 아이디어를 제품으로 만드는 방법 과학, 기술, 그리고 공학분야에 적용될 의도를 가지며 "새롭고 유용한 과정, 기계, 제조 또는 재료의 구성 등" 보호 – 특허는 **아이디어 자체가 아니라 아이디어를 수행하기 위한 장치와 과정을 보호**

Copyright(저작권)	- 문학, 음악, 드라마, 예술, 건축, 음성 혹은 시청각 작품에 대한 저작권자의 허락 없이 무단 복제를 금지하여 재산권을 보호하는 형태 **- 컴퓨터의 Source, Object Code, Database도 보호를 받는다.** **- 아이디어를 보호하는 것이 아니라 아이디어의 표현에 대해 보호를 받는다.**
Copyright(저작권)	**- 아이디어의 표현을 복사하는 것은 저작권으로 보호된다.**
Trademark(상표권)	- 일반적으로 판매자들이 자사 상품에 타사와 구별되기 위하여 붙이는 로고, 심벌
Trade Secret (영업기밀)	- 모든 유/무형의 금융, 비즈니스, 과학, 기술, 경제, 기술적 정보를 의미 **- 아이디어 자체를 보호** - 정보의 소유자는 정보를 보호하기 위한 설득력 있는 보호 대책을 강구해야 함 **- 직원은 정보 누출하지 않을 것**을 서약하기 위해 기밀 유지 동의서(NDA) 작성

항목	저작권	특허	영업비밀
보호대상	아이디어 자체가 아니라 아이디어 표현	발명-어떤 것이 작동하는 방법	비밀, 경쟁적인 우위
공개여부	공개되어야 함-발명은 공개되는 것은 권장함	설계는 특허청에 등록되어야 함	공개되지 않음
배포여부	배포됨	배포되지 않음	배포되지 않음
등록용이	매우 쉬움-혼자 가능	매우 복잡-변리사 대행	등록 없음
보호기간	사람: 수명에 70년 더함 회사: 전체 95년	19년	정의되지 않음
법적보호수단	비인가된 복사본이 팔린다면 기소함	발명이 복사되면 기소됨	비밀이 불법적으로 획득되면 고소됨

5.1.3. Privacy 관련 법

- 개인정보보호법(1974): 수집한 개인 정보에 대한 privacy
- 전자통신개인보호법(1986): 전자 전화 도청에 대한 보호법
- HIPAA(Health Insurance Portability and Accountability Act, 보건 보험 편의 및 책임법)
- Gramm Leach Bliley Act 0f 1999: 개인의 금전 기록에 있어서의 프라이버시

5.1.4. Transborder Information Flow: 국가 간 데이터 흐름

- 회사가 정보 유통 및 프라이버시와 관련된 다른 나라의 법 조항을 연구하는 것이 중요
- 일부 국가에서는 개인정보와 금융 데이터의 유통을 제한하며 그것을 어길 경우 불법 행위로 간주
- 국가 데이터 흐름이란 국가 경계선을 넘는 디지털 데이터의 이동을 의미
- **유형: 운영데이터, 특정 개인 정보, 국가 간의 자금 이체, 과학 및 기술 데이터**

－기밀 정보의 프라이버시와 관련하여 고려할 문제

고려사항	세부 내용
데이터 검색진행	– 막대한 양의 개인 데이터를 모아서 중앙 저장소에 저장하는 방법
수렴 기술	– 정보를 수집, 분석, 배포하는 기술적 방법
세계화	**– 국경을 넘어서 정보를 배포**

※ 위의 기술들을 통해 데이터를 수집, 저장하는 데 사용된다면 데이터는 적절히 보호되어야 하며, 접근이 철저하게 제한되어야 한다.

5.1.5. 국제적 문제(관할권)

－정의: 법적 관할권은 법 집행기관이 법을 집행하거나 법원이 법적 판단을 내리는 유효 범위

－관할권의 유형: 법이 적용되는 법률시스템, 사건 종류 및 범죄 등급, 금전적 피해

－경찰과 검사가 자신이 권할권 밖에서 일어난 사이버 범죄를 추적하지 않는 이유는?

→ 다른 관할 지역, 특히 다른 국가의 협조를 얻기 위해 필요한 문서 작업과 형식주의

5.1.6. 수출입법

－국가 간 무역에 있어서 **암호기술은 제한**을 두는데 이유는 테러리스트 국가에 유입될 수 있기 때문

5.2. 보안 가이드 라인 및 원칙

5.2.1. NIST 보안 원칙

① 컴퓨터 보안은 **조직의 임무를 지원**해야 한다.

② 컴퓨터 보안은 견고한 **관리를 위한 필수요소**이다.

③ 컴퓨터 보안은 비용대비 **효과가 고려**되어야 한다.

④ 컴퓨터 보안에 대한 **책임과 책임추적성**이 분명해야 한다.

⑤ 시스템 소유자들은 그들의 조직 외부에 대해서도 **보안 책임**을 갖는다.

⑥ 컴퓨터 보안은 포괄적이고 통합된 **접근 방법을 필요**로 한다.

⑦ 컴퓨터 보안은 정기적으로 **재평가**되어야 한다.

⑧ 컴퓨터 보안은 **사회적인 요인에 의해 제약**된다.

5.2.2. 컴퓨터 윤리 위원회 윤리 강령(Computer Ethics Institute)

– 윤리적인 기반하에서 컴퓨터 및 정보 기술의 향상을 위하여 지원하는 비영리 단체

– 목적: 컴퓨터 윤리 정보를 일반 대중에게 전파, 정책의 분석과비용, 컴퓨터 기술의 사용에 있어서의 윤리에 대한인식 검토

- **컴퓨터 윤리 10계명**

① 타인을 **해치기** 위해 컴퓨터를 사용하지 말아야 한다.

② 타인의 컴퓨터 **작업을 방해**하지 말아야 한다.

③ 타인의 컴퓨터 **파일을 탐지**하지 말아야 한다.

④ 타인의 컴퓨터를 **절도용**으로 사용하지 말아야 한다

⑤ **위증**하는 데 컴퓨터를 사용하지 말아야 한다.

⑥ 대가를 지불하지 않고 **소프트웨어**를 복사하거나 사용하지 말아야 한다.

⑦ 적절한 허가나 보상 없이 **타인의 컴퓨터 자원**을 사용하지 말아야 한다.

⑧ 타인의 **지식 산출물을 도용**하지 말아야 한다.

⑨ 자신이 설계하는 시스템과 자신의 작성하는 프로그램의 **사회적 결과**를 생각해야 한다

⑩ **동료를 존중**하고 사려 깊게 컴퓨터를 사용해야 한다.

5.2.3. 인터넷 활동 위원회(IAB, Internet Activities Board)-Ethics and the Internet

- IAB는 Internet Society에서 임명한 고문들로 이루어진 기술 자문 기관으로 산하에 IEFT, IRTF가 있다.
- 인터넷을 이용하는 것은 privilege(특권)이며 인터넷을 이용하는 모든 사람들이 똑같이 대우받아야 한다.
- **비윤리적인 행동 규정**(Unethical and unacceptable behavior)

① 고의로 허가받지 않은 인터넷 자원에 대한 접근을 획득하려는 행위

② 인터넷의 의도된 이용을 막는 행위

③ 의도적으로 자원(사람, 능력, 컴퓨터)을 소모하는 행위

④ 컴퓨터 기반 정보의 무결성으로 파괴하는 행위

⑤ 타인의 사행활을 침해하는 행위

⑥ 인터넷 확산에 태만한 행위

5.2.4. OECD 가이드 라인

① 인식성: 사용자들은 정보시스템과 네트워크 보호의 필요성과 안정성을 높이는 데 필요한 사상을 충분히 숙지

② 책임성: 모든 사용자들이 정보시스템과 네트워크의 보호에 책임과 의무를 져야 한다.

③ 윤리성: 사용자들은 바이러스 감염 등 정보보호 사고를 예방하고 사전 대응하기 위해 협력해야 한다.

④ 민주성: 다른 사용자의 적접한 이익을 존중해야 한다. 익명성을 이용한 공격은 상호 존중의 자세가 아니다.

⑤ 대응성: 정보 시스템과 네트워크 보호는 민주주의 사회의 근본적인 가치들에 부합하여야 한다.

⑥ 위험 평가: 정보 네트워크를 위협하는 외부 위험을 수시로 체크하고 대응책을 마련해야 한다.

⑦ 보안장비 및 대응책: 사용자들은 정보보호를 정보시스템과 네크워크의 핵심요소로 수용해야 한다.

⑧ 보안관리: 정보보호 관리체계는 일관성이 유지될 수 있도록 포괄적으로 접근, 조정 통합되어야 한다.

⑨ 재평가: 정보네트워크는 새롭고 변경된 위협과 취약성이 계속 나타나기 때문에 이에 대한 지속적인 재평가를 통해 진화하는 위험에 대한 정책대안을 강구해야 한다.

5.2.5. OECD 개인정보보호 8대 원칙

(1) 수집제한의 원칙(Collection Limitation Principle)

- 개인 정보 수집은 적법하며 공정해야 함, 경우에 따라 동의를 구해야 함

(2) 정보 내용의 원칙(Data Quality Principle)

- 개인 정보는 이용 목적을 준수해야 하며 필요한 범위 안에서 정확하고 안전하고 최신의 것을 가져야 함

(3) 목적 명확화의 원칙(Purpose Specification Principle)

- 정보 수집 목적은 수집 시 보다 늦지 않은 시점에서 명확하게 되어야 하며 그 후의 데이터 이용은 해당 수집 목적의 달성 또는 수집 목적에 모순되지 않도록 하며 목적의 변경 시 명확한 다른 목적의 달성에 한정돼야함

(4) 이용 제한의 원칙(Use Limitation Principle)

- 개인 정보는 명확한 목적 이외의 다른 목적을 위해서는 동의가 있는 경우나 법률의 규정에 의한 경우를 제외하고 공개나 이용, 그 외의 사용에 대해서는 금지되어야 함

(5) 안전보호의 원칙(Security Safeguard Principle)

- 정보 분실 또는 부적합한 접근, 파괴, 수용, 수정, 공개의 위험에 대해서 합리적 안전보장 조치에 의해 보호해야 함

(6) 공개의 원칙(Openless Principle)

- 개인 데이터에 관한 개발, 운용 및 정책에 관하서는 일반적 공개 정책이 취해져야 하며, 개인 데이터의 존재,성질 및 주요목적과 함께 데이터 관리자의 식별, 통상의 주소를 분명히 하기 위한 수단이 쉽게 이용될 수 있어야 함

(7) 개인 참가의 원칙(Individual Participation Principle)

- 개인은 다음의 4가지의 권리를 가짐

① 데이터 관리자는 자기 데이터 유무를 확인할 수 있다.

② 자기 데이터를 알 수 있다.

③ 위의 두 가지 중 한 가지 권리가 거부되었을 경우에는 사유를 들 수 있다.

④ 자신의 데이터에 관한 이의신청이 인정될 경우는 데이터를 소거, 수정, 완전한 교정을 할 수 있다.

(8) 책임의 원칙(Accountability Principle)

- 전기 통신 분야에 있어서 고용문제에 대한 관리자는 상기의 원칙을 실시하기 위한 조치에 책임을 진다.

5.2.6. GASSP(Generally Accepted Systems Security Primciple)

- **보안 전문가, IT 제품개발자, 정보소유자 그리고 다른 정보보안의 원칙을 정의하고 기술하는 폭넓은 경험을 가진 조직들로부터 지침을 받아** 다음과 같이 시스템 개발 원칙을 개발하고 유지한다.
- 8가지 원칙들은 새로운 시스템, 운영계획, 정책 등을 설계하거나 시스템을 유지 보수하는 데 필요한 가이드라인을 제공하기 위하여 만들어졌다.
- Common Criteria Project와 연계한다.

① 원칙 1. 컴퓨터 보안은 조직의 사명을 지원함

② 원칙 2. 컴퓨터 보안은 안정된 관리를 위한 통합된 요소임

③ 원칙 3. 컴퓨터 보안은 비용 효과적이어야 함

④ 원칙 4. Systems Owners는 그들 조직 외부에 대한 보안 책임을 가짐

⑤ 원칙 5. 컴퓨터 보안 책임 및 책임 추적성은 명시적이어야 함

⑥ 원칙 6. 컴퓨터 보안은 포괄적이고 통합적인 접근을 요구함

⑦ 원칙 7. 컴퓨터 보안은 주기적으로 재평가되어야 함

⑧ 원칙 8. 컴퓨터 보안은 사회적 요소에 의해 제한됨

5.2.7. $(ISC)^2$ 윤리 규정

(1) 사회와 국가의 기간 시설을 보호함

- 정보와 시스템에 대한 공공의 신뢰를 보호하고 증진시키며 정보보호를 위해 노력해야 함
- 안전하지 않은 행위를 하지 않고 공공기반 시설의 무결성과 완전성을 보존하고 강화해야 함

(2) 정직하고, 공정하고, 책임 있고, 합법적으로 행동해야 함

- 모든 명시 또는 내재된 계약을 준수하고 지키며 신중한 조언을 해야 함

(3) 고객들에게 근면하고 경쟁력 있는 서비스를 제공해야 함

- **어떠한 이해관계의 충돌도 피하며** 타인이 당신에게 부여하는 신뢰를 존중하여 지키며 완벽히 달성할 수 있는업무만 수행

(4) 직업적 명성을 보호하고 항상 전진해야 함

- 다른 보안 전문가의 명성에 해를 끼칠 수 있는 행동을 하지 않음
- 경쟁력 있는 서비스 제공을 위해 기술과 지식을 향상시켜 전문성을 높여야 함
- 전문가 직업의 명성에 부정정 영향을 미칠 수 있는 어떠한 불법적, 비윤리적 행동을 저지르지 않는다.

※ CISSP는 지속적인 연구를 장려하며 가르치고 조언하고 자격의 가치를 높이는 행위를 권장하는 반면, 불필요한 두려움 또는 의심을 가지고 불의에 동조하는 것을 삼가도록 권고함

6. 기타

6.1. 해커 윤리

① 컴퓨터에 대한 접근, 그리고 세상의 운행 원리에 대해 가르쳐 주는 모든 것에 대한 접근은 어떠한 이유로도 방해 받아서는 안되며 완전히 보장되어야 한다.

② 모든 정보는 공유되어야 한다.

③ 권력에 대한 불신, 분권화를 촉진하라.

6.2. Downstream Liability(하향 책임)

6.2.1. 개요

– 기업들이 엑스트라넷과 가상사설망 같이 통합된 방식으로 협력할 때 각각의 참여 기업들은 필요한 수준의 보호, 책임, 의무를 다할 것을 보증해야 함

– 예를 들어 한 기업의 시스템이 보안에 실패하여 공격자에 의해 분산도스공격에 사용되어 결과적으로 다른시스템에 피해를 입힌 경우 공격 도구로 사용된 **시스템 소유 기업에 책임이 있음을 의미함**

6.2.2. 의미

– 둘 이상의 회사가 어떠한 형태로든 네트워크 등이 연결된 경우 한 회사가 보안에 대한 Due Care를 실천하지 않아발생한 부정적 영향에 대해 입은 측에서 상대 회사의 태만에 대해 고소할 수 있게 됨을 뜻함

※ Due Care: **반드시 해야 될 책임**

Due Dingence: **해도 되고 안 해도 됨**

6.2.3. Entrapment(유인) vs. Enticement(유혹, 함정)

구분	Entrapment(유인)	Enticement(유혹, 함정)
대상	– 시스템에 허가되지 않은 접근을 시도한 책임자	– 침입의 의도가 없는 사용자
목적	– 침입의 흔적을 증거로 남기기 위한 목적	– 범죄를 유발할 목적
합법 여부	– **합법, 윤리적**	– 불법, 비윤리적
기타	– 증거를 잡아내기 위해 범인으로 하여금 범죄 시간을 충분히 오래 유지하도록 하는 것	– 의사가 없던 사람에게 범죄를 저지르도록 이끄는 것

:: 핵심 문제 풀이

문제 1〉	정부기관이 제정하는 법률로 조직의 운영 및 업무의 집행을 규제하기 위한 목적인 법률은 무엇인지 선택하시오. ① Standard Law ② Administrative Law ③ Common Law ④ Criminal Law
카테고리	CISSP 〉 법

문제풀이

–행정법(Administrative Law)에 대한 설명이다.

정답 ②

문제 2〉	아래의 내용은 금융회사의 자산 항목이다. 아래의 내용 중에서 지적재산권과 관련이 없는 것은 무엇인지 선택하시오. ① 라이선스 ② 특허권 ③ 영업비밀 ④ 저작권
카테고리	CISSP 〉 법

문제풀이

– 저작권, 특허권, 영업비밀 등은 지적재산권이다.

정답 ①

문제 3〉	아래의 항목 중에서 저작권 보호 대상으로 가장 올바른 것을 선택하시오. ① 직원들의 아이디어의 표현 ② 직원들의 아이디어 자체 ③ 하드웨어의 작동방법을 문서화 ④ 경영전략 측면에서 기업의 경쟁우위에 있는 전략적 비밀
카테고리	CISSP 〉 법

문제풀이

- 지적재산권은 해당 아이디어를 표현해서 만든 본인의 창작물이다.

정답 ①

문제 4〉	정보사생활보호법(Information Privacy Law)의 가장 목적은 무엇인지 선택하시오. ① 개인이 자신의 정보를 조작하는 것을 방지 ② 사용 전에 반드시 정부의 허가 ③ 개인 사적인 정보를 악용하는 것을 방지 ④ 사적인 정보를 정부에서 관리
카테고리	CISSP 〉 법

문제풀이

- 정보사생활보호법(Information Privacy Law): 개인 데이터의 수집, 보존, 사용, 폐기 등에 대해 지정
- 개인 정보를 활용할 정부 및 조직이 정해진 목적에 한해서만 개인 정보를 사용
- 부적절하게 개인데이터가 유출되어 악용되는 것을 방지

정답 ③

문제 5〉

기업의 직원들로부터 내부 영업비밀이 유출되는 사건이 발생했다. 이러한 것을 대비하기 위해서 거업의 영업비밀(Trade Secret)을 보호하기 위한 방법으로 가장 합리적인 것을 선택하시오.

① 법적 저작권 보호
② 라이선스를 부여하는 식의 판매
③ 특허를 신청하고 보호
④ 직원들에게 보안(기밀)서약서를 작성하게 함

카테고리 CISSP 〉 법

문제풀이

- 특허권은 많은 사람들에서 효율적이고 독창적인 방법이어야 함. 즉, 영업비밀은 특허권과 관련이 없다.
- 입사 시에 직원들에게 보안 서약서를 통해서 기밀준수에 대한 사항에 대해서 서명을 받고 해당 내용을 주기적으로 교육하는 것이 가장 기본적이면서 합리적이다.

정답 ④

문제 6〉

다음 중 컴퓨터 범죄 수사인 컴퓨터 포렌식에서 증거물이 법적 증거물로 채택되기 위해서는 무결성을 보호하고 사건 증거의 훼손을 방지하기 위해서 가장 먼저 해야 할 일은 무엇인가?

① 하드디스크의 이미지를 만들어 다른 기관에 보관
② 증거 분석을 위해서 관리 하드웨어, 소프트웨어를 안전한 곳으로 이동
③ 시스템을 포함한 사건 현장의 사진 촬영
④ 증거 훼손을 막기 위해서 시스템을 종료하고 전원을 차단함

카테고리 CISSP 〉 법

문제풀이

- 증거물이 법적으로 채택되기 위해서는 무결성이 보장되어야 함. 즉, 훼손되지 않을 보장해야 한다.
- 이것을 하기 위해서 현장자체를 그대로 보관하고 관련 내역을 사진촬영 등으로 기록하는 것이 중요하다.

정답 ③

문제 7〉	다음 중 보안 사고가 아닌 것은? ① 내부직원을 통한 영업 비밀 누출 ② DoS 및 DDoS 공격이 발생했지만, 피해가 없었음 ③ 보안관리자 이직 ④ 중요 서버에 대한 도난
카테고리	CISSP 〉 법

문제풀이

- 보안관리자의 이직은 보안 사고라고 보기는 어렵다.

정답 ③

문제 8〉	보안사고 발생 시에 사고처리를 통해서 얻고자 하는 가장 큰 목적을 선택하시오. ① 영향 받은 시스템에 대한 통제를 복구 ② 보안사고 발생자의 처벌 ③ 회사 신뢰고 향상 ④ 재발방지
카테고리	CISSP 〉 법

문제풀이

- 보안사고 처리는 영향받는 시스템에 대한 통제복구이다.

정답 ①

문제 9〉	컴퓨터 포렌식 시에 디스크 이미지를 사용하는 이유는 무엇인가? ① 법률 준수를 위해서임 ② 디스크의 모든 물리적 섹터 저장 ③ 백업 성능이 우수함 ④ 비즈니스 연속성 보장
카테고리	CISSP 〉 법

문제풀이

– 디스크 이미지는 디스크의 모든 물리적 섹터를 저장하여 원본과 동일하게 보관

정답 ②

문제 10〉	법적 증거물을 확보한 경우 법원에 제출하기 전에 해야 할 것은 무엇인가? ① 사건 관련성 ② 증거에 대한 신뢰성 및 무결성 확보 ③ 피의자의 승인 ④ 합법적 수집 절차 및 방법의 적정성
카테고리	CISSP 〉 법

문제풀이

– 법원에 증거물을 제출하기 전에 피의자의 승인(동의)이 필요

정답 ③

문제 11〉	직장 동료의 기업 내부정보 유출을 목격한 경우 아래의 증거 유형 중에 어느 것에 해당되는가? ① 직접증거 ② 보강증거 ③ 의견증거 ④ 간접증거
카테고리	CISSP 〉 법

문제풀이

– 직접증거에 해당

정답 ①

문제 12〉	컴퓨터시스템 침해사고 시에 경영진이 손실에 대한 책임을 져야 하는 상황으로가장 올바른 것은 무엇인가? ① 침해사고 범인을 기소하지 않음 ② 침해사고 사전에 보험 미가입 ③ 다국적 기업인 경우 ④ 주의 의무(Due Care) 미준수
카테고리	CISSP 〉 법

문제풀이

– 경영진의 책임은 주의 의무 미준수

정답 ④

문제 13〉	아래의 내용 중에서 개인정보를 어느 경우에 활용이 가능한지 선택하시오. ① 목적 명확성 ② 이용 제한 ③ 안전보호 원칙 ④ 책임 원칙
카테고리	CISSP 〉 법

문제풀이

- 개인정보 활용은 이용제한을 준수해야 한다.

정답 ②

문제 14〉	아래의 내용 중에서 증거 보관주기에 해당되지 않는 것을 선택하시오. ① 보호(protection) ② 증명(identification) ③ 기록(recording) ④ 삭제(destruction)
카테고리	CISSP 〉 법

문제풀이

- 삭제는 관련성이 없다.

정답 ④

문제 15〉	침해사고 발생 시에 직원들이 침해사고 보고를 하지 않으려 하는 이유로 잘못된 것은 무엇인가? ① 보고체계의 중앙집중화 ② 오히려 본인이 의심받을 것을 걱정 ③ 증인조사 ④ 기업의 보안 정책을 모름
카테고리	CISSP 〉 법

문제풀이

- 보고체계의 중앙집중화는 관련이 없다.

정답 ①

STEP 10

물리적 보안

1. 물리적 보안의 개요

1.1. 물리적 보안의 개요

1.1.1. 물리적 보안 영역

- 물리적 위협으로부터 회사의 자산과 민감한 정보를 보호하기 위함
- 영역: 시설물 건축과 위치, 전력 문제와 대응책, 화재의 예방/탐지/진압, 경계 보안, 모바일기기 및 시스템 환경

※ 모바일 기기에 대한 도난에 가장 좋은 대응책은 암호화

- 계층화된 보안 대책의 조합: 한 계층에서 실패하더라도 다른 계층에서 가치 있는 자산을 보호**심층 보안의 원리 및 방어/복구 성과 지표의 중요성**

1.1.2. 물리적 보안 자산

- 사람, 시설, 데이터/장비/지원시스템, 저장매체

1.1.3. 물리적 통제의 3가지 유형

유 형	설 명
관리적 통제	– 시설(부지) 선정과 건설, 시설 관리(FM:Facility Mgt), 인적 통제/훈련, 비상대응과 절차
기술적 통제	– 접근통제, 침입탐지, 경보/모니터링, 난방, 통풍, 전력공급/백업, 화재 탐지 및 진압 – 공기조설(HVAC: Heating, Ventilation and air conditioning)
물리적 통제	– 담장/잠금 장치/조명(Fencing/Locks/Lighting), 시설 건축 자재

1.1.4. 물리적 보안 위험, 위협요소

- 물리적 보안 위험: **가용성, 무결성, 기밀성 전부에 해당되며 가용성이 제일 중요**
- 물리적 위협 요소

위협 요소	설 명
자연환경적	– 홍수, 지진, 폭풍, 누수, 고습도, 먼지 등
공급시스템	– 전력중단, 통신 간섭, 에너지 자원(수도, 가스) 간섭 등
악의적	– 인위적이고 잠재적 위협, 물리적 공격, 공공시설파괴, 휴대용 랩톱(노트북), 소형가전기기
사고적	– 75%가 내부 구성원의 소행, 단순한 사고, 보안의무사항 간과, **반복적 교육이 가장 좋음**

1.1.5. 물리적 계층화 방어 모델

- 물리적 보안의 기반 모델
- 계층화된 보안 대응책의 조합 내지 계층화된 방어 모델이라 정의

예) 외곽경계 → 건물대지 → 입구/공공장소 → 일반사무실 → 정보통신시스템실

1.2. 물리적 보안 프로그램

1.2.1. 물리적 보안 프로그램의 개념과 목표

- 개념: 자산을 보호하기 위한 사람, 프로세스, 프로시저, 장비의 결합
- **목표: 잔여위험 ← 용인 가능한 위험 레벨(ARL, Acceptable Risk Level) → 비용 효율적이다.**

1.2.2. 물리적 보안 프로그램의 세부적인 목표

세부적 목표	세부 설명
저지를 통한 범죄/파괴	- 담장, 경비 요원, **경고 사인**(비용대비 효과가 가장 좋음)
지연 메커니즘을 통한 충격 감소	- 단계적 방어를 통한 공격자 지연, 자물쇠, 보안 요원, 장벽, 조명
범죄 또는 파괴 **탐지**	- 연기 감지기, 모션 감지기, CCTV 등
사건 **판단**	**- 사건을 탐지하고 충격을 판단하는 경기원의 대응(판단은 사람만 가능)**
대응절차	- 화재 진압 시스템, 비상대응 프로세스, 법적 강제 사항 공지

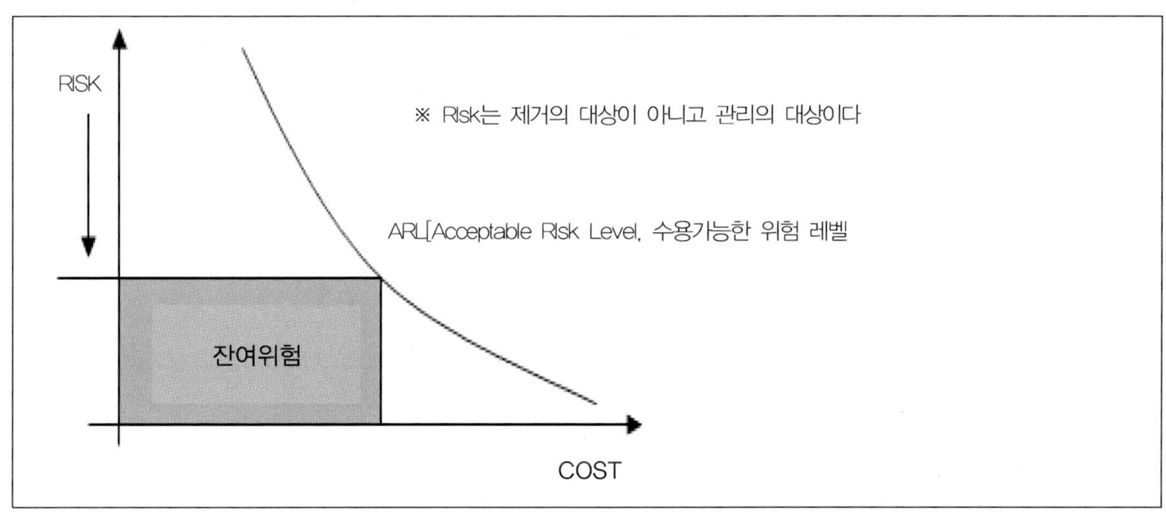

1.3. 효과적인 물리적 보안 프로그램의 절차

영역	단 계1
위험평가	1. 물리적 보안 프로그램 구축 팀 식별(내부지원, 외부 컨설턴트)
	2. 위험분석/위험평가 수행: 식별된 취약점/위협과 각 위협으로 인한 사업영향분석
	3. 물리적 보안 프로그램이 ARL(용인 가능한 위험레벨) 설정
	4. ARL로부터 목표 평가에 요구되는 성과 기준선 유도
	5. 대응책의 성과 척도 생성
	6. 아래 영역에 대한 보호/성과 수준을 개략화한다. – 저지, 지연, 탐지, 평가, 대응
위험완화	7. 각 프로그램 영역의 대응책 식별 및 구현, 위험 완화
재평가	8. 용인 가능한 위험 레벨을 초과하지 않음을 보장하도록 설정된 기준선에 대한 대응책들에 대한 지속적인 평가 및 재평가

1.4. CPTED(Crime Prevention through Environment Design, 환경 디자인을 통한 범죄 방지) – 자연스러운 범죄 방지

1.4.1. CPTED의 정의

– 적절한 물리적 환경 설계를 통해 직접적으로 사람 행동에 대해 영향을 미쳐 범죄를 줄이거나 예방하는 것

– 조경, 출입구, 공장과 이웃과의 배치, 조명, 도로 배치, 교통순환 체계 등을 다룬다.

– 간과하기 쉬운 여러 가지 항목에 대한 지침 제공

① 건물 주위의 울타리와 나무는 높이가 2.5피트 이하

② 데이터 센터를 건물의 중심부에 위치

③ 회사 내 조경은 침입자가 숨을 수 있는 숲 포함 금지

④ CCTV는 전 범위를 커버할 것

1.4.2. CPTED의 3가지 원리

원리	설 명
자연스런 감시(natural surveillance)	– 가시성을 극대화하여 범인을 쉽게 볼 수 있는 방법을 제공 – CCTV, 보안 요원, 시야의 트임, 낮은 조경 등
자연스런 접근통제(natural access control)	– 울타리, 출입문, 조명, 보도, 조경 등을 통해서 사람의 이동 경로를 유도 – 사람에게 안정감을 주며 범죄자의 범죄행위를 단념시킨다.
관할영역 강화(territorialReinforcement)	– 사원들의 자존감과 소속감을 형성 – 합법적 사람들로 하여금 소유의식을 갖게 하고, 잠재적 반항자들의 행동억제

1.5. 물리적 보안 프로그램의 설계

1.5.1. 물리적 보안 프로그램의 개요

- 물리적 보안 정책을 준수하는 데 필요한 보호레벨을 제공하고자 구현되고 유지, 관리되는 각종 통제의 집합

1.5.2. 물리적 보안 레벨 평가를 위한 사전 조사 내용

- 벽과 천장의 건축자재, HVAC systems, 전력원 분배 시스템, 통신 경로 및 타입(구리, 전화선, 광섬유)
- 주변의 위험 물질, 외부 요인(지형, 공항, 고속도로, 기후 및 토양), 고용인들의 작업시간

1.5.3. 정책과 절차의 작성

- **정책은 현실과 언제나 매칭되어야 한다 → 실현 가능해야 한다, 각종 법규를 정확히 준수하여야 한다.**

1.5.4. 필요한 통제와 대응책의 예

범죄저지	**- 담장, 경고 사인, 보안 요원, 경비견**
침입자 지연	- 자물쇠와 조명(지연 메커니즘, 비용효과가 좋음), 심층방어수단, 접근통제
침입자 탐지	- 외부 침입자 감지, 내부 침입자 감지
상황 평가	**- 보안 요원 준수 절차, 연락망**
침입과 파괴에 대한 대응	- 대응력, 비상대응절차, 경찰, 소방, 의료진

2. 시설관리

2.1. 부지 선정시 고려사항

2.1.1. 부지의 위치

- 부지의 위치는 시스템의 물리적 보안의 요구사항을 충족해야 한다.
- 외곽에 위치한 경우 담장, 경비원순찰, CCTV, 밀리적 침입 탐지 센서 등이 필요하다.
- 지리적인 위치는 자연재해, 각종범죄, 파업, 방화, 테러 등의 영향을 받으며 비상시 물류 지원에도 영향을 받는다.
- 도시 내에 위치한 회사일지라도 낮은 담장을 사용하여 조직의 경계를 명확히 해야 한다.

2.1.2. 부지의 구조 및 기반시설의 고려사항

- 대지와 연결된 창문 및 출입문의 위치
- 외부에 개방된 출입구 위치, 고객접견실, 물류 배송 출입구, 화재 비상구, 내부 및 외부 계단
- 사무실의 배치, 개방 계획, 파티션 설계, 벽의 자재구성, 출입문 설계 등

2.2. 설계/건축시 고려사항

2.2.1. 각종 시설물에 대한 고려사항

(1) 벽(walls)

- **(ISC)2에서 권고하는 벽에 적용되어야 할 화재 등급**
- **문서나 기록매체들이 저장된 방의 벽은 최소 2시간 이상 그 외에 최소 1시간 이상**

(2) 문(Doors)

- 방향성 개방(Directional open, 한쪽 방향으로만 문이 열림)
- 전기적 잠금 장치는 정전발생시 안전한 대피를 위해 사용 불가능 상태로 전환될 필요가 있음
- **문틀을 벽에 단단히 고정해야 하고 문의 이음매(hinge)를 문을 닫더라도 외부에 보이지 않도록 장착**

－**자동문의 기본값**

개폐 방식	형태
Fail Safe(Fail open)	– 전력 공급 중단 시 자동으로 열림, **인명우선**
Fail Secure(Fail closed)	– 전력 공급 중단 시 자동으로 닫힘, **자료 및 자산 보호**
Fail soft	– Fail Open

(3) 천장(Ceilings)

－하중과 무게 지탱 등급으로 하고 천장 붕괴에 대한 고려

(4) 바닥(Flooring)

－slab: 하중과 무게 지탱 등급

－올림(Raised) 바닥

－부도체 표면, 화재에 대한 대비

(5) 진입점(Entry point)

－문, 창문, 지붕, 비상 탈출구, 굴뚝, 환기통 등

－문, 지붕의 접근 포인트, 화재 탈출구, 통풍장치의 개방시, **마루나 천장 위에 다른 룸 간에 기어 다닐 수 있는 공간에 각별히 주의가 필요**

(6) 창문(Windows)

－침입자에 대한 접근성, 반투명 또는 불투명 재질, 비산 방지(깨졌을 때 퍼지지 말아야 함)

－보안센서가 창문틀에도 적용되어야 하고 소음 및 진동을 탐지하여 창문으로의 공격을 탐지

－**Data 센터는 창문이 없는 것이 원칙이며 필요시 반투명 방탄 소재로 한다**

(7) 난방/통풍/공기조절(HVAC, Heating, ventilation and air conditioning)

－**양성 공기압(positive air pressure): 공기가 밖으로 배출**

－**보호된 공기 흡입구(protected intake vents): 외부 공기가 유입되는 곳은 철조망 보호**

－전용전기 배선(Dedicated power line)

－비상 차단 스위치와 밸브

(8) 전원의 공급

－백업 및 대체 전력 공급, 안정적 지원, 필요지역에서의 전용선, 배전판과 회로 차단기의 배치와 접근

(9) 수도 및 가스관(Water and Gas Lines)

- 차단 밸브(Shutoff valves)
- **양성흐름(Positive flow/Positive drain): 공기, 물, 가스는 비상사태 시 건물 내에서 밖으로 흘러야 하며 내부로 흘러 들어오면 안 됨**

※ 양성 공기압은 어느 곳에 주로 사용되는가? 병원, 전산실

※ 양성 흐름은 언제 사용되는가? 홍수 대비

(10) 화재 탐지 및 진압(Fire Detection and Suppression)

- 센서와 탐지기의 배치, 분사기의 배치

(11) 내부 구획(Internal compartments): 칸막이(Partition)

- 네트워크의 분할과 작업공간 분리
- **중요시스템 및 장비의 보호를 위해서는 천장까지 확장되어야 함**

(12) 최대 높이의 벽(칸막이는 사용되지 않음)

- **달 천장(suspended ceiling)을 통한 침입방지**
- **벽이 화재 진압의 역할을 수행하기 때문**

(13) 데이터 센터의 위치

- 시공 전에 보안을 고려, 자연재해나 폭탄에 의한 대비를 고려
- 비상대책직원들의 접근이 용이하도록 **건물 중앙에 위치**, 직원들이 모이는 구역과는 달리 분리된 구역에 설치

(14) 컴퓨팅 영역은 다음과 같은 특징을 구비해야 한다

- 문이 2개만 있다, 벽/문/천장은 적절한 화재 등급을 지녀야 함
- 정전기 방지 대책이 잘되어 있을 것, 전용 HVAC System을 갖출 것

2.3. 랩톱 절도(Laptop Theft)

2.3.1. 장비 내부의 정보

- 장비 자체보다 더 중요하며 적절한 복구 메커니즘과 현실적이고 정확한 자산 평가가 이루어지도록

위험평가에포함되어야 한다.

2.3.2. 랩톱과 데이터에 대한 보호

- 일련번호를 포함한 모든 랩톱의 재고 조사, 운영시스템 강화하고 password를 **통한** BIOS **보호**
- 비행기 탑승시 수하물로 체크하지 말 것, 랩톱을 두고 자리를 떠나지 말고 특징이 없는 운반 상자에 넣고 다닐 것
- 랩톱이 적절하게 식별될 수 있게 심벌 등을 새길 것
- **모든 민감한 정보는 암호화할 것**
- **추적 S/W를 설치(Tracing S/W): 설치 후 Tracking center로 주기적인 신호를 보냄**
- 고정된 물체에 랩톱을 연결하고 자물쇠로 채울 것

2.3.3. 랩톱 보안 장치

장 치	설 명
Steel Cable lock	- 랩톱을 책상이나 고정된 물체에 연결하며 내장 Security slot 방식이 선호됨
Tracking & recovery system	- 추적과 복구에 사용
Laptop locker	- 책상, 차 트렁크, 벽, 벽장 등에 설치하고 보관
Anti-Theft Tags	- STOP(Security Tracking of Office Property) 장비의 유일한 일련번호 - 장점 ① 도난방지 ② 장비 추적(추적DB와 복구 시스템) ③ 자산 추적
Laptop tie-down brackets	- 랩톱 고정

2.3.4. 휴대 장비(Portable Device) 보안

- 휴대 컴퓨팅 기기의 확산으로 기기의 물리적 보호 및 내장 정보 관리 문제가 이슈화됨
- 휴대 시 특정 장비임을 알 수 없는 가방 등에 담아 휴대할 것(제조사 제공 가방 사용금지)
- 운반시 하드디스크를 랩톱/노트북에서 분리할 것
- 스마트 카드 사용으로 불법 접근 방지
- 디스크 암호화, 패스워드 보호 등 유사한 기술적 수단 사용

※ **절도와 관련하여 가장 중요한 것은 보안 인식 교육이다.**

2.4. 금고(Safe)

2.4.1. 금고(백업 데이터, 계약서 등 보관)

- Wall safe: 벽에 내장되어 쉽게 숨길 수 있음
- Floor safe: 마루바닥에 내장
- Chest: 독립형
- 보관소(Depository): 슬롯형 금고로 쉽게 집어 넣을 수 있음
- 금고실(Vaults): 대형금고(걸어 들어갈 수 있는)

2.4.2. 금고와 자물쇠는 효과적으로 결합되어야 한다(심층적 보안체계 적용)

- Passive relocking function: 금고의 부정 조작 감지시 금고내의 추가 볼트가 내려진다.
- Thermal relocking function: 일정한 온도에 도달할 경우 추가적인 lock이 동작된다.

3. 전력 및 환경 보안

3.1. 전력과 관련된 용어의 정의

3.1.1. clean power(순수 전력)

-지속적이며 안정적인 전력

3.1.2. 고전력

① Inrush: 전력 공급 초기의 순간 고압

② Spike: 일시적인 고압

③ Surge: 지속적인 고압

-Surge protector(surge 보호기): surge 발생 시 초과 전압은 grounding한다.

3.1.3. 저전력

-Seg/Dip → 일시적인 저압, Brownout: 지속적인 저전압

3.1.4. 전력 공급 중지

① Fault(누전): 일시적인 전력 공급 중지

② Blackout(정전): 지속적인 전력 공급 중시

3.1.5. Ground(접지)

-과전압을 방전시키도록 하는 지면으로의 경로

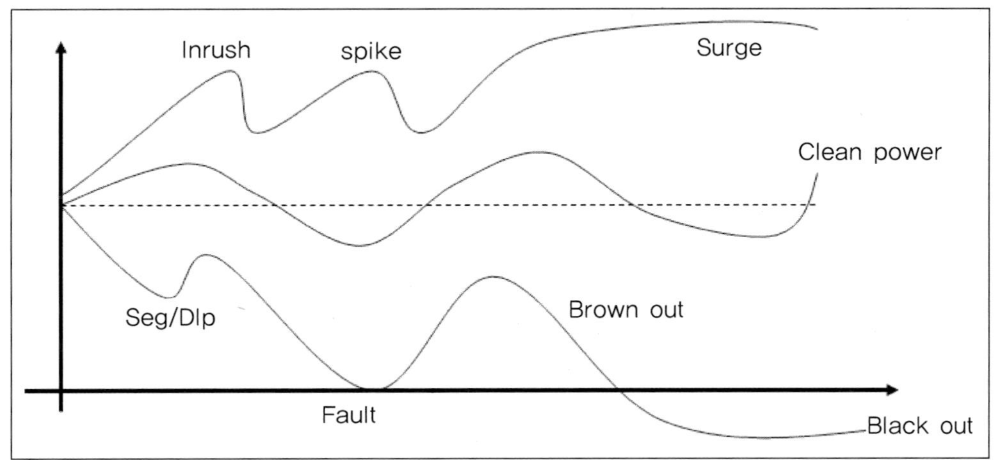

3.1.6. Noise(간섭)

－순수전력 공급을 방해하는 전자기나 주파수 간섭

(1) 전자파 장애(EMI, Elcectromagnetic interference)

－3상 전기의 3선 사이에서 발생

- Common mode: Hot - GND - Traverse mode: Got - Neutral	

－번개와 전기모터가 전기의 적절한 흐름을 방해하기도 함

(2) 고주파 방해 잡음(RFI: Radio Frequency interference)

－전기 케이블이나 형광 조명이 유발

－전자파를 발생하는 모든 물건에서 발생

(3) Noise 방지책

－Power line conditioning: **정전압 유지 장치**

－적절한 grounding

－거리 제한: 자성체, 지나치게 강한 조명, 모터, 히터 등으로 부터 거리를 둠

3.2. 대체 전원의 구비

3.2.1. 대체 전원 준비

－조직은 1차 전원가 대체 전원을 갖추어야 함

－1차 전원: 변전소로부터 직접 공급

－2차 전원: UPS, 발전기에 의함

3.2.2. 무 정전 전원장치(UPS, Uninterruptable Power Source)

－일시적인 전력 공급 중단시 임시적 사용이 가능

(1) 종류

－Standby UPS: 전력선이 끊어지면 동작

－Online UPS : 정전 시 배터리를 이용, 즉각 동작

(2) 구입/작동 시 고려사항

-정전 시 UPS의 응답속도

-지탱할 부하의 크기와 배터리 수명

-UPS의 설치 공간

3.2.3. 정전압 전원 공급장치(Constant Voltage Power Supply Unit or Power Line Conditionary)

-입력 전압의 변동을 자동으로 교정하여 일정한 전압을 공급

3.2.4. 백업 전원(Backup source)

-정전 지속 시간이 UPS 지탱시간보다 클 때 사용

-백업전력 공급은 다른 전기 변전소 또는 발전기로부터 공급

-주 전원 또는 UPS에 전력을 공급할 때 사용

3.2.5. 안전한 전압 상태를 유지하기 위한 방법

-서지보호기(Surge Protector) 구입하고, 낙뢰보호기와 연결되고, 접지되어야 한다.

-전압조정기와 컨디셔너는 순수 전력 공급을 유지해야 한다.

-UPS나 발전기는 백업 전력공급이 가능해야 한다.

-전력선 감시 장치로 주파수와 전압 진폭의 변화를 추적한다.

-차폐케이블을 사용하여 전자파 장애를 방지한다.

-3가닥 케이블/콘센트/어댑터를 사용한다.

-콘센트 선과 확장코드를 서로 연결하지 말아야 한다.

3.3. 난방, 환기, 공기 조절

3.3.1. HVAC(Heating, Ventilation(환기구) and Air Conditioning)

-온도, 습도, 그리고 오염물질을 통제하기 위하여 사용

-정보 처리 시설의 HVAC 시스템은 반드시 전용으로 사용할 것

3.3.2. 온도

-컴퓨터 시스템의 적정온도: 70 ~ 74。F, 섭씨와 화씨 연산: F = (9/5) * C + 32

-기기와 피해 온도

① 컴퓨터 시스템과 경계선 기기: 175 。F

② 자기 저장 장치: 100 。F

③ 종이류 제품: 350 。F

3.3.3. 환기: 양성가압(Positive pressurization) 특성을 가져야 함

－문이 열렸을 경우 내부의 공기는 외부로 나가되 외부 공기는 유입되지 않아야 함

－화재 발생 시 연기가 실내가 아니라 실외로 배출되는 것

3.3.4. 물, 증기, 가스

－적절한 차단 밸브와 양성 배출구를 갖추어야 한다.

－차단 밸브의 위치와 용도는 시설 관리/조작, 보안 담당자가 필히 숙지해야 한다.

3.3.5. 정전기(Static Electrcity)

－경질목판마루와 정상습도에서의 정전기는 4,000V 이하

－비정전 카펫과 낮은 습도에서의 정전기 20,000V 이상까지 발생

－방지 대책

① 컴퓨팅 영역에는 **반정전기(anti-static) 바닥재를 사용**

② 적절한 습도를 유지해야 한다. → HVAC

③ 가능한 장소에서는 정전기 차단 스프레이를 뿌린다.

④ 적절한 접지

⑤ **사무기기도 정전 방지 처리**

⑥ **컴퓨터 시스템 내부에서 일할 때는 반전정기 밴드를 착용한다.**

정전기전압(V)	피해 발생
40	– 민감한 회로
1,000	**- 모니터**
1,500	**- 하드 디스크 데이터 손상**
2,000	**- 시스템 다운**
4,000	– 프린터 고장
17,000	– 영구 칩 손상

3.3.6. 습도(Humidity)

－컴퓨터 영역의 적정 습도: 40~60% 상대 습도

－습도가 60%를 넘으면 액화/응결, 부식(전지분해도금, Corrosion) 현장이 발생

－습도가 40% 이하면 정전기가 증가한다.

4. 화재예방 탐지 진압

4.1. 화재의 등급

4.1.1. 화재의 3요소(4요소)

- 열, 연료, 산소, (화학반응)

4.1.2. 화재 종류 및 진압방법(열/온도: 물, 연료: 소다산, 산소 - CO_2, 화학반응: 하론대체가스)

등급	화재유형	화재요소	진압방법	발생장소
A	일반가연성물질	목재, 종이	- 물, 소다산(거품)	문서, 서류보관소
B	유류제품(액체)	가솔린, 윤활유	- 소다산, CO_2, 기체(하론대체가스)	로켓 제조 공장
C	전기, 배선	전기장치, 철선	- CO_2, 기체(하론대체가스)	데이터처리시설 및센터
D	가연성 금속	마그네슘, 나트륨	- 드라이,파우더	화학물질회사
K	주방용 기름	조리용 기름	- 습식화공약품	주방

4.1.3. 화재 진압 소화약제의 특성

- 물: 화재가 지속되기 위해 필요한 온도를 낮춤
- CO_2: 산소 제거(억제)
- Halon 대체물: 화학반응 제거
- Dry Powder: 산소 억제

4.1.4. 화재 예방 고려사항

- 가장 최우선은 인명보호
- 주기적인 화재 대비 훈련 및 교육
- 컴퓨터실의 경우 바닥에서 천장까지 모두 내화 등급을 가진 자재를 사용한 방화벽으로 보호
- 중요한 데이터를 담은 미디어와 시스템 S/W는 내화금고에 보관하고 오프사이트 백업

4.2. 화재 탐지기

4.2.1. 연기 탐지기(Smoked Aativated detector)

- 기능: 연기 탐지, 초기 경보 장치로 우수하며 소방물질 방출 전 경보가 발생
- 광학 탐지기, 광전자 장치: 빛이 연기에 의해 차된 되면 경보가 발생

4.2.2. 열 활성 탐지기(Heat Activated detector)-온도 탐지기

-고정온도탐지기(Fixed-temperature sensors): 미리 설정된 온도 탐지

-온도증가율센서(Rate-of-rise temperature sensors): 짧은 시간 내의 급격한 온도 상승 탐지

4.2.3. 화염탐지기(Flame Activated Detector)

-불꽃의 파동 또는 연소와 관련된 **적외선 에너지 탐지**

4.2.4. 자동 다이얼-업 경보(Automatic Diall-up alarm)

-탐지된 화재를 지역 소방서와 경찰서로 자동으로 알림

4.2.5. 화재, 연기 탐지 시스템의 포함해야 할 사항

-이온화(Ionization): 적은 양의 연기에 반응

-광전자(Photoelectric): 연기에 의해 차단된 빛에 반응

-열(Heat): 불에 의한 온도 변화에 반응

※ 즉, 연기-조도, 열활성-온도, 화염-적외선 에너지로 탐지

4.3. 화재 진압

4.3.1. 물 분사(Water Sprinklers)

-작동 전 전력이 차단되도록 설치되어야 한다.

-분사헤드는 개별적으로 작동되며 차단 밸브가 있어야 한다

-수해 위험이 존재 할 수 잇다

-물 분사기의 종류

종 류	특 징
습식 파이프(Wep Pipe)	- 물이 항상 차 있음 - 온도 통제 수준 탐지기에 의해 작동 - 정해진 온도(약 165˚ F)에 이르면 연결고리가 녹아서 물을 방출 - 보편적이며 신뢰성이 높으나, 누수와 동파 우려 - 센서에 의해 감지되면 지연 없이 바로 분사
건식 파이프(Dry Pipe)	- 물/연기 탐지기 작동 → 물 채워짐 → 화재경보 → 전력차단 → 물 분사 - 특정온도에 도달하는 것과 물 유출 사이에 시간적 지연이 있음 - 추운 지방에서 많이 이용, 지연 메커니즘
사전 작동식(Preaction)	- 습식과 건식의 결합, 고가의 장비 - 지정온도 도달(1차) → 물 채워짐 → 온도상승(2차) 분사헤드 녹음 → 물 분사

사전 작동식(Preaction)	**- 잘못된 경보나 다른 진압 방법이 불가능한 소규모화재에 신속한 대응 가능** **- 수해방지를 원한 경우(사전작동식이 적합), 지연 메커니즘**
범람식(Deluge)	- 짧은 시간에 대량의 물을 방출

4.3.2. CO_2 - 소화약제

(1) CO_2소화약제의 설치제한

- 무색/무취, 인체에 미치는 영향 고려 → **사람이 없는(Light Out) 장소에 한하여 설치**
- 기존 설치 대상은 청정 소화약제 소화설비로 교체 권장
- 전시장, 관람장 등 불특정 다수인 출입장소 설치 대상(FM200: 유인환경하에서 사용 가능, 제일 좋은 소화약제)
- **CO_2는 지연 매커니즘을 사용해야 하며 그 이유는 인명 대피시간 확보이다.**

(2) 경고문 부착

예) "스위치 작동전 실내에 사람이 있는지 확인"

(3) 불특정다수인 출입시 안전대피 절차 등 경고(교육)

- 경보 신호 작동 시 반드시 피난 대피토록 경고, 임의로 소화설비 손대지 않도록 교육 필요

4.3.3. Halon - 소화약제

(1) 특징

- **한때는 최고의 소화약제로 인정되었으나 현재는 안 씀**
- 공기와 빠르게 혼합, 무색, 무취

(2) 종류

- Halon 1211: 휴대용 소화기, Halon 1301: 고정식 전역 소화절비

(3) 문제점

- Halon 분자 1개당 산소파괴력이 프레온 가스보다 최고 10배임
- 공기 중 농도가 10% 이상 시에는 호흡 곤란 발생

(4) 현재(몬트리올의정서)에 의해 생산 금지

- 기존의 것은 청정소화약제로 대체 권장되고 있음

- **하론 1211, 1301, 2404 가스의 사용을 제한함**

4.3.4. 소화약제 대체(Halon 대체)

① EPA(Enviroment Proteciton Agency, 미 환경보호국) 인증 하론 대체 물질

- **FM200, CEA-410, NAF-S-III, FE-13, Argon, Argonite, Inergen, 물**

② FM200: 현재 개발된 HFC 소화재 중에 가장 우수하나 고가, 무색 무취이며 전지적으로 비 전도성, 전역방출방식

③ Inergen: 산소 농도 저하에 따른 소화 효과, 유해성이 없으며 유인 환경에도 사용 가능

④ 청정소화약제의 정의 - 화재 안전기준(NFSC 107A)

- **할로겐화합물 및 불활성기체로서 전기적으로 비전도성이며 휘발성이 있거나 증발 후 잔여물을 남기지 않는 것**
- 할로겐화합물 소화약제: 불소, 염소, 브롬
- 불활성가스 소화약제: 헬륨, 네온, 아르곤, 또는 질소 가스 중 하나 이상의 원소를 기본 성분으로 하는 소화약제
- **청정소화제 이점은? Down time을 최소화시켜 준다. 즉, 가용성을 증가시켜 준다.**

5. 경계 보안(Perimeter Security)

5.1. 경계 보안

5.1.1. 경계 보안의 특징

- 시설 운영 시: 인가자와 비인가자의 구분
- 시설이 닫힌 경우: 수상한 행동 경계를 위한 전략적 위치의 감시 메커니즘
- 접근 통제 감시 모니터링, 침입탐지 및 교정 등

5.1.2. 경계 보안의 주된 내용

- 자물쇠, 인적 접근통제, 현관, 울타리, 조명, 감시장치, 침입탐지시스템, 저장매체보안

5.1.3. 시설 접근 통제(Facility Access Control)

- 영역별로 접근하는 사람들을 식별하기 위한 상세한 검토 수행
- 접근 통제 지점을 식별하고 등급 분류
- 등급에 적합한 보호 메커니즘을 구현

5.2. 자물쇠(Locks)

5.2.1. 특징

- **가장 저렴한 접근 통제 메커니즘, 침입지연 장치로만인정(침입 저지가 아님)**

5.2.2. 종류 및 특성

기존의 자물쇠	- 일반자물쇠, 파손/분실/복제 우려
Pick-resistant locks	**- 다른 기구로 열수 없으며 키 복제 불가**
암호 자물쇠(Cipher locks)	- 키패드, swipe 등 암호 입력, 디지털 도어락
Deadbolt locks	- 볼트가 문손잡이 아니라 문틀과 연결
Smart locks	- 특정시점에 특정인만 통과, 시간에 민감한 마그네틱 띠 카드

5.2.3. 기계식 자물쇠(mechanical locks)의 2가지 유형

유 형	특 징
Warded lock	- 열쇠가 회전하는 길에 장애물을 만들고 이 장애물에 닿지 않도록 만든 열쇠로 자물쇠를 연다. **- 적은 부품을 사용하며 보안 취약**
Tumbler lock	**- 많은 부품을 사용하며 보안 향상**

5.2.4. 암호 자물쇠의 선택사양: 접근 통제 강화

- Door Delay: 문이 장시간 열린 경우 경보 발생
- Key-override: 비상 상황이나 무시할 수 있도록 특수조합이 프로그램될 수 있음
- Master-keying: 관리자가 접근암호화 암호자물쇠의 특성 변경할 수 있음
- Hostage-alarm: 사람이 갇히거나 인질로 잡힌 경우, 경비 초소나 경찰서에 상황을 알리기 위해 입력하는숫자 조합이 있음

5.2.5. Circumvnting Locks - 자물쇠 피하는 도구

- Tension wrench: 자물쇠를 따는 L자형 도구

5.2.6. Smart Lock

- 스마트 카드와 결합하여 허가된 기간 동안 허가된 사용자만 출입이 가능하게끔 운영
- 접근제어문과 유사하지만 중앙 DB와는 연동되지 않는다.
- 취약점: 퇴사자의 카드 미반납이나 카드 분실

5.3. 인적 접근 통제(Personal Access Control)

5.3.1. 식별 기법

- 생체인증, 스마트카드나 메모리 카드, 보안 요원에 의한 개별적 인식, 암호나 개인식별번호

5.3.2. 마그네틱 카드(Magnetic Cards)

- 개인의 접근 정보가 들어있는 마그네틱 띠나, 내장철선(변경방지)이 있는 마그네틱 카드

5.3.3. 무선 접근 판독기(Wireless proximity readers): 시스템 카드 이용

방 식	설 명
User Activated	- 접근 코드를 사용자가 입력하는 방식
System sensing	- 시스템이 자동인식, 개인은 코드를 입력할 필요 없음(예)RFID)

5.3.4. 전자 접근 제어(EAC, Electronic Access Control) Token

- 근접인증장치(근접판독기, 암호 자물쇠, 생체 인증 시스템)라고 도 함
- 사용자를 식별하고 인증하는 데 사용

5.3.5. 시스템 탐지 카드의 종류

–전력 발생 방식에 따라 구분

종 류	설 명
송수신기 (transponder)	**– Active device, 카드와 판독기가수신기/송신기/전지를 가지고 있음** – 판독기는 정보를 요청하는 신호를 보내고 카드는 판독기에 접근 암호를 보내는 방식, 사람은 할 일이 없음
수동장치 (passive device)	– **카드에는 전지가 없으며** 판독기에 보내는 RF field에 의해 동작하며 사용범위가 좁음
Field–power devices	– 카드에 전력공급장치가 내장되어 있으며 카드와 판독기 모두 RF 송신기를 가지고 있고 사용범위가 넓음

※ 송수신기는 자체 건전지 보유하고 원거리에, 수동장치는 자체 건전지가 없고 단거리용

5.3.6. Biometric Controls: 개인의 Privacy 문제 발생

–많이 선호되지만 음성 오류, 양성 오류 오탐률이 문제, **사용자 인증 속도 문제, 생체 인증의 거부감 유발**

5.3.7. 기타 사항

–사이트 출입구: 접견실은 방문자 등록과 출입관리가 필요, 서버룸 내 모든 진입점에 카메라 녹화

–빌딩 내 보안지역의 절차적 통제: 책상의 정리정돈, 팩스/복사기/음성사서함 등의 미디어 정리, 철저한 퇴실 점검

5.4. 출입구(Doorway)

5.4.1. 출입문에 요구되는 사항

–강제적인 접근 시도에 견딜 수 있어야 하며 요구되는 보안 수준과 수용할 만한 위험 정도를 측정 후 구입/설치

–강제 진입을 대비하여 경보, 강화 금속판과 문틀이 필요

–자동으로 닫혀야 하며 장시간 열려 있는 경우의 탐지기 설치 요구

5.4.2. Tailgating or Piggybacking

–통제된 접근 방법을 통해 직원을 따라 들어가는 것으로 고정문에서 많이 발생

–Mantrap(=Deadman dook)**을 통한 예방이 최선책**

① 2개의 문을 가진 작은 영역을 통해 직원을 통과시킴

② 두 번째 문은 사람이 들어가도록 허용될 때까지 열리지 않음

③ 경비원에게 배지를 보여주고 판독기에 카드를 제시하거나 생체인증 시스템을 통해 인증받는다.

- 회전문: 회전문으로 영역에서 도망치려는 수상한 자가 있을 경우 문이 잠기게 된다.

5.4.3. 출입기록의 유지(Detective Contrio) - 탐지 통제에 해당

- 사건 발생 후 출입 기록은 출입자와 그 내용을 확인하는 데 사용
- 출입기록이 관리 되는 것은 예방 통제로도 볼 수 있으나 부수적인 효과에 지나지 않는다.

5.5. 울타리(Fence)-예방통제

5.5.1. 울타리 특징

- 예방 메커니즘으로 작용하며 매우 효과적인 물리적 장벽
- 사람들을 통제하며 시설과 주변 영역에 대한 접근 통제(시위대에 가장 효과적인 통제)

5.5.2. 울타리 높이에 따른 보안 수준

- **3~4피트: 우발적인 침입자만 방어**
- **6~7피트: 너무 높아 쉽게 오를 수 없다고 간주**
- **가시 철망의 높이: 재산보호에 강력함을 인식, 심각한 침입자 저시 가능, 중요지역의 적절한 보호에 적합**
- **가시철망의 각도: 내외부 모두 45° 가 좋다.**

※ 1피트 = 12인치 = 30.48cm

5.5.3. Bollard

- 건물 주위에 설치하여 외벽을 보호

5.5.4. PIDAS(Perimeter Intrusin and Detection Assesement System, 경계침입탐지 평가 시스템)

- 그물망 또는 담장 하부에 센서를 설치, 침입자의 담장 접근/손상해위 탐지/경보하는 시스템
- False-Positive Error이 높음.

5.5.5. 울타리 설계 시 고려사항

- 장벽의 모든 부분에 대한 시야 확보, 경비원 순찰, CCTV, 기타 침입 탐지 수단 역할 수행, 조망을 확보한 설계
- 울타리의 체인연결이 사이트에 알맞게 되었는지 부식 및 파손으로부터의 안전한지 주기적 검사 수행

5.6. 조명(Lighting): 지연 메커니즘

5.6.1. 조명의 특징

- 침입자에게 심리적 위축을 제공하며 침입을 저지/포기하게 함
- 경영진의 Due care principle(원칙)

① 회사는 위험한 지역에 적절한 조명을 제공해야 한다.

② 어두운 지하주차장에서 회사원이 공격을 당할 경우 적절한 보안조치 미 설치를 이유로 회사를 고소할 수 있다.

- **예방 및 보호를 제공하는 가장 일반적인 물리적 통제 수단**
- **중요 지역에 대한 미국립표준연구소(NIST) 표준 권고안: 8피트 높이에서 2피트 촉광으로 조명이 비쳐야 한다.**

5.6.2. Glare Protection

- 조명은 출입문 또는 외부 진입점에 비추고 보안 요원은 어두운 곳에서 감시하는 것(예: 군초소)

5.7. 감시 장치(Surveillance Devices) – CCTV

5.7.1. 감시 장치의 주 목적: 수상한 행동 감시

순찰요원과 경비원	- **최상의 보안 메커니즘, 분별력이 필요한 경우 좋다.** - 가용성/신뢰성/훈련 비용 등의 문제가 있을 수 있다.
경비견	- 무단 침입자 및 바람직하지 않는 상황 감시, 청력/시력우수충성심이 좋다
시각적 녹화장비	- **사후 검토용**으로 카메라나 CCTV 활용
순찰요원과 경비원	- 최상의 보안 메커니즘, 분별력이 필요한 경우 좋다. - 가용성/신뢰성/훈련 비용 등의 문제가 있을 수 있다.

※ CCTV, 카메라는 사전 감시용이 아니며 그 이유는 항상 모니터링이 불가하기 때문이다.

5.7.2. CCTV(Closed-Circuit TV)

- 관찰영역과 조명 조건, 카메라의 회전각도가 중요, 관제 인력의 운영이 필수적이다.
- **무단 침입 감시시스템과 결합하여 사용해야 최적의 효과를 기대할 수 있음 – 경보 발생시 CCTV를 본다.**
- **CCTV 구입과 구현시 고려사항: 렌즈 속도, 해상도, 시양**

① 목적: 침입자의 탐지, 판단, 식별

② 환경 유형: 내부용, 외부용

③ FOV(Field of view, 시양): 모니터링 될 범위의 좁고 넓음

④ 타 보안 통제와의 결합: 경비원, 경보 시스템

－조직에서 CCTV의 합법적이 및 실용적 사용

① 영상데이터의 보관 법정기간 준수

② 테이프는 물리적 손상으로부터 보호/보관되어야 하며 법적 증거로 사용함에 무결성을 지녀야 함

③ 개인의 Privacy 문제, 인권침해를 고려하며 CCTV가 작동하고 있음을 적당한 곳에 안내 문구를 비치해야 함

－CCTV의 구성요소

구성요소	주요 기능
Camera	– Data 캡처
Transmitter	– Data를 Receiver로 전송
Receiver	– 데이터를 수신하여 모니터에 디스플레이
Recording system, monitor	– 녹화, 모니터
Multiplexer	**– 모든 카메라로부터의 신호를 한 라인으로 모니터에 전송** **– 동시에 여러 영역을 모니터링 할 수 있음**

※ 실제 시험에 CCTV 나오면 Multiplexer, X.25 구성요소는 PAD

5.7.3. CCDs(Charged-Coupled Devices, 전하결합소지)

－빛에 민감한 전자회로 칩으로서 카메라/팩스/포토카피/망원경 등에 사용

－빛 렌즈 → 전기신호변환 → 모니터 Display

5.7.4. 렌즈의 2가지 Type

Fixed focal lens	**– 낮은 심도, 좁은 지역(출입문) : 8mm** **– 깊은 심도, 넓은 지역 : 2.8 ~ 4.3mm**
Zoom	– 넓은 장면과 클로즈업된 화면이 요구될 때 최상

5.7.5. 심도(Depth of Field)

－심도의 정의: 카메라의 뷰 파인더를 들여다보면서 초점을 맞추었을 때 초점을 맞춘 지점과 유사한 선명도를 가지게 되는 화면상의 앞뒤 범위를 말함

－심도가 깊다: 초점 범위가 화면 전체적으로 잘 맞아 떨어져 있으면"심도가 깊다"라고 함

－심도 결정 세가지 요소

결정요소	설 명
초점거리(focal length)	– 초점거리와 심도는 **반비례**
조리개 유효 구경(Effecticve aperture)	– 조리계 사이즈와 심도는 **반비례**
카메라와 피사체와의 거리	– 심도와 **정비례**

※특정대상이 아닌 넓은 지역을 모니터링을 하고자 할 경우
→ Wide-angle lens and a small lens opening(와이드 렌즈로와 렌즈를 조금 열고 심도를 깊게 가져간다)

5.7.6. Iris(홍채)

－렌즈로 들어오는 빛의 양 조절

－Manual Iris: 빛의 세기가 고정된 곳에서 사용,

－Auto Iris: 빛의 세기가 변하는 곳에 사용, 현관 문 등

5.8. 침입탐지 시스템(Intrusion Detection System)

5.8.1. 목적

－보호구역 내의 물체나 사람의 움직임(변화)을 감지/경보 발생 목적

5.8.2. 탐제 대상

－변화를 탐지(빛, 소리나 진동, 동작, 전기회로, 시야의 변화)

5.8.3. 침입탐지 시스템의 유형(각 유형의 특징을 알아야 함)

(1) 전기 기계식 시스템(Electro-mechanical system)

구성요소	주요 기능
진동탐지기	– 구조물 내부에 설치돼 미세 전선이 끊어질 때 벽, 천장, 바닥의 움직임 탐지
자성접속 스위치	– 창문과 출입문이 열려서 접촉이 끊어지면 경보 발생
압력판	– 바닥에 놓고 누군가 이 판을 밟으면 경보 발생

(2) 부피분석 시스템(Volumetric System)

기 능	특 징
광전자시스템(photoelectric)	– 광선의 변화를 탐지, 창문이 없는 시스템에서만 적용
수동적 외서시스템 **(PIR, Passive Infrared system)**	– 영역 내 열파장의 변화를 감지 – 공기 중에 입자가 일어나면 경보가 발생

음파탐지시스템 (Accoustical Detection System)	– 지역 내에 강제 침입하는 모든 소리를 탐지
파동탐지기(Wave-pattern Motion detectors)	– 주파수를 발사하고 잘 돌아오는지를 감지
근접탐지기(Proximity)	– 적당한 크기의 자기장판에 발사 후 자기장판을 감지하여 방해를받는 경우 경보 발생

5.8.4. 침입탐지 시스템의 문제점

–사람의 개입을 필요로 하며 비싸다, 전원을 필요로 하며 비상 시 여분 전력과 대체 전력이 필요하다.

–기본값은 Fail Safe 모드로 설정되어야 한다(Default: Activated).

–허위 경보를 발생시킬 수 있으며 침투당할 수 있다.

5.8.5. 접근의 기록과 유지

① 접근시도와 관련한 감사추적이 가능

② 접근시도 날자 및 시간

③ 접근시도 시의 출입지점

④ 접근시도 시의 사용자 ID

⑤ 실패한 접근시도(특히 허가되지 않은 접근시간 동안)

⑥ 접근 이유는 기록되지 않는다.

5.8.6. 경보(지역 경보 시스템과 중앙 경보 시스템)

① 지역경보: 가청수파수를 발생, 최초 400피트 이내에서 들릴 수 있을 것, 경비원의 조치가 요구

② 중앙경보: 특수한 보안 지역, 중앙관리소에서 통제, CCTV 모니터링 제공, 기록이 유지/관리돼야 함, 대응시간은 10분 이하일것

5.9. 저장 매체 및 PC 보안

5.9.1. 저장 매체 보안 통제

–로그, 접근 통제, 삭제(sanitization)

5.9.2. 저장 매체 생존력 통제(Storage Media viability controls)

–마킹: 라벨, 마킹, 바코드

–취급: 물리적 보호

–보관: 열, 환기, 습도, 액체, 먼지 연기 등으로부터 보호하고 내화금고에 보관

5.9.3. 삭제(sanitization)

- 더 이상 필요하지 않거나 사용되지 않는 데이터는 반드시 삭제
- overwritin(=format): (ISC)2 권고 7번

① 평문으로 덮어쓰기 하는 것을 말한다.

② 1st: 문자로 데이터를 덮어쓴다. 2nd:첫번째 문자의 보수로 덮어쓴다.3rd: 랜덤 문자로 덮어쓴다.

- 자성제거: 기밀성 데이터인 경우
- 물리적 파괴: 극비, 효과적 자성소거가 안 된것, 가장 효과적 주의 할 것 Data Remanence(잔존 데이터): 삭제 후에도 남아 있는 데이터

5.9.4. pc 통제

- Cable Locks: PC를 책상에 고정
- Port Controls: 데이터 포트를 보호
- Switch Controls: 전원 보호 커버
- Peripheral Switch Controls: 키보드 사용방지를 위한 lockable switches
- Electronic Security Boards: 부팅시 패스워드를 요구하는 PC Slot을 삽입하는 것(BIOS 암호 넣는 것 포함)

5.9.5. 키보드 로거(Keyboard Logger)

- 사용자가 키보드로 입력하는 데이터를 비밀리에 수집하도록 설치된 S/W나 H/W

유형	특 징
S/W 기반	- 가격이 저렴, 잘 탐지 되지 않음, 추적이 어렵다, 기록할 양이 많다.
H/W 기반	- 가격이 상대적으로 저렴, 탐지가 쉽지 않다, 설치 및 구현이 쉽다. - S/W로는 발견할 수 없다, SW 설치가 필요 없다.

:: 핵심 문제 풀이

문제 1〉	법무부에서 판교에 IDC센터를 구축하려고 한다. 이러한 IDC 센터를 설계할 경우 고려해야 할 사항이 아닌 것은 무엇인가? ① 건물 내의 IDC 센터의 위치 ② 생체인식을 통한 출입장치 ③ 소화기 ④ 무정전원 시스템
카테고리	CISSP 〉 물리적 보안

문제풀이

– IDC 센터 구축 시에 소화기는 고려사항이 아니다.

정답 ③

문제 2〉	소음과 진동이 많은 지역에 IDC 센터를 구축 할 경우 물리적 보안 통제 기법으로 활용할 수 있는 방법은 무엇인가? ① 울타리 ② 움직임 감시기 ③ 생체측정시스템 ④ 혼합인증
카테고리	CISSP 〉 물리적 보안

문제풀이

– 움직임 감시기를 활용할 수 있다.

정답 ①

문제 3〉	기업의 물리적 통제를 구성하기 위한 요소로 틀린 것은 무엇인가? ① 관리적 통제(Administrative Controls) ② 물리적 통제(Physical Controls) ③ 개념적 통제(Concept Controls) ④ 기술적 통제(Technical Controls)
카테고리	CISSP 〉 물리적 보안

문제풀이

– 물리적 보안 통제의 구성은 물리적, 관리적, 기술적 통제이다.
– 개념적 통제는 해당되지 않는다.

정답 ③

문제 4〉	지방에 신규 공장 신축 시에 고려사항이 아닌 것을 선택하시오. ① 정치적 위협 ② 자연재해 취약점 ③ 사람에 의한 위협 ④ 관공서의 거리
카테고리	CISSP 〉 물리적 보안

문제풀이

– 관공서 거리는 공장 신축에 고려사항이 아니다.

정답 ④

문제 5〉	보안지역에 조명 설치 시에 NIST 표준 권고안을 선택하시오. ① 4-foot candles and 8 feet in height ② 2-foot candles and 8 feet in height ③ 4-foot candles and 6 feet in height ④ 2-foot candles and 6 feet in height
카테고리	CISSP 〉 물리적 보안

문제풀이

– 2-foot candles and 8 feet in height

정답 ②

문제 6〉	중요 지역에 가장 적절한 조명 높이는 얼마인가? ① 5 feet ② 6 feet ③ 8 feet ④ 16 feet
카테고리	CISSP 〉 물리적 보안

문제풀이

– 8feet이다.

정답 ③

문제 7〉	일반적으로 외곽 경계 시 활용되는 보안 방법이다. 침입자의 심리를 이용하는 통제방법은 무엇인가? ① 생체측정시스템 ② CCTV ③ 조명 ④ 펜스
카테고리	CISSP 〉 물리적 보안

문제풀이

– 조명은 침입자의 심리적 위축을 발생시키는 보안 통제 방법

정답 ③

문제 8〉	침입을 일정 시간 지연시키는 데 효과적인 보안통제 방법을 선택하시오. ① 경비견 ② CCTV ③ 조명 ④ 경비원
카테고리	CISSP 〉 물리적 보안

문제풀이

– 조명은 침입자의 심리를 이용한 보안통제 방법

정답 ③

문제 9〉	컴퓨팅 시설의 위치를 선택할 때 주변 지형 및 건물 표시, 인구 밀도 등을 고려하는 이유는 무엇인가? ① 주위 환경의 위험(Possible Hazards from surrounding area) ② 접근성(Accessibility) ③ 가시성(Visibility) ④ 자연 재해(Natural Disaster)
카테고리	CISSP 〉 물리적 보안

문제풀이

- 잠재적인 침입자로부터 보호를 위해서 컴퓨팅 시설에 잘 눈에 띄지 않는 것은 가시성이다.

정답 ③

문제 10〉	10층짜리 건물에 컴퓨팅 시설이 위치할 경우 몇 층에 배치하는 것이 가장 적합한가? ① 1층 ② 5층 ③ 지하 ④ 10층
카테고리	CISSP 〉 물리적 보안

문제풀이

- 컴퓨팅 관련 시설은 중간층을 권고한다.
- 1층은 침입 위험, 지하는 홍수 위험, 최상층은 화재 위험이 존재하기 때문이다.

정답 ②

문제 11〉

아래에서 컴퓨팅 시설 접근 감사 기록(Access Audit)에 기록하지 않아도 되는 것은 무엇인가?

① 접근 시도 시간
② 접근 시도 위치
③ 접근 허용 여부
④ 접근 시도 이유

카테고리 CISSP 〉 물리적 보안

문제풀이

– 감사기록은 자동화 되어 있기 때문에 접근 이유까지 파악할 수는 없다.

정답 ④

문제 12〉

기업에 CCTV 설치 이유로 적당한 것을 선택하시오.

① 넓은 지역을 모니터링, 얇은 렌즈를 사용
② 사고예방이 목적임
③ 어두운 곳에 효과적
④ CCTV와 타 보안통제를 동시 사용 시 효과적

카테고리 CISSP 〉 물리적 보안

문제풀이

– CCTV와 타 보안통제 방법을 같이 사용 시에 가장 효과적이다.

정답 ④

문제 13〉	인터넷을 활용하는 IP기반으로 운영된 CCTV의 가장 큰 문제점은 무엇인지 선택하시오. ① 인터넷 망을 이용한 도청 가능성 ② 녹화 기능이 없어 과거 화면을 재생불가 ③ 원격 네트워크를 통한 사이버 공격 ④ 전력 공급에 잦은 장애
카테고리	CISSP 〉 물리적 보안

문제풀이

- IP기반 CCTV의 가장 큰 단점은 녹화기능 미비로 과거 화면 재생의 문제

정답 ②

문제 14〉	기업의 비상상황에서 가장 효과적으로 활용될 수 있는 보안 통제 방법은 무엇인가? ① 조명 ② 금고 ③ 경비원 ④ CCTV
카테고리	CISSP 〉 물리적 보안

문제풀이

- 훈련된 경비원을 통해서 보안 통제를 수행하는 것이 비상 시에 가장 효과적이다.

정답 ③

문제 15〉

기업 내부의 복도는 밝기가 불안정한 문제점을 가지고 있다. 여기에 CCTV를 설치할 때 고려해야 할 사항은 무엇인지 선택하시오?

① Manual Focus Lens
② Auto Focus(Iris) Lens
③ CCTV 설치 각도
④ CCTV 설치 높이

카테고리 CISSP 〉 물리적 보안

문제풀이

– Auto Focus(Iris) Lens를 고려해야 한다.

정답 ②

문제 16〉

보안 담당자는 의무적으로 통제 구역 출입 시 전자 배지 착용을 의무화했다. 이유로 가장 올바른 것을 선택하시오.

① 출입대장을 통한 출입기록 작성
② 들어오는 인원 수와 명단 파악
③ 비 인가자의 접근을 통제
④ 특정서버의 접근권한

카테고리 CISSP 〉 물리적 보안

문제풀이

– 전자배지 착용은 비 인가자의 접근을 통제하기 위해서 활용된다.

정답 ③

부록: CISSP 실전 모의고사

문제 1〉	방화벽은 패킷필터링 기능을 수행하는 보안장비이다. 방화벽은 그 구축방법에 따라 스크리닝라우터, 베스천 호스트, 듀얼홈 게이트웨어로 구성할 수가 있다. 다음의 설명 중 그 내용이 틀린 것을 선택하시오. ① 스크리닝라우터는 패킷필터링 기능을 수행할 수있지만, 접근제어는 할 수 없다. ② 베스천 호스트는 메시지레벨에서 패킷필터링을 수행하여 성능저하를 유발할 수가 있다. ③ 듀얼홈 게이트웨어는 두 개의 LAN카드를 탑재하여 내부망과 외부망을 분리할 수가 있다. ④ 웹 방화벽은 HTTP 프로토콜에 대해서 보호할 수 있는 기능을 지원한다.
카테고리	CISSP 〉 보안시스템

문제풀이

- 스크리닝 라우터: 라우터의 Access List를 활용한 접근 통제
- 베스천 호스트: 워크스테이션급의 서버에 방화벽 S/W 탑재
- Dual-Homed Gateway: 두개의 경로를 갖는 NIC를 활용하여 보안 정책 수립
- 패킷 필터링: IP와 TCP, UDP, ICMP 등의 헤더 정보만을 이용하여 미리 설정한 엑세스 제어 규칙에 따라 해당 패킷의 통과 여부를 결정. 속도가 빠르고 구현이 간단하며 사용자에게 투명성 보장. 정교한 액세스 규칙의 구현은 어려움

정답 ①

문제 2〉	방화벽의 기능 중에서 과거의 패킷에 대한 상태정보를 지속적으로 유지하여 현재 패킷의 통과여부를 결정할 수 있는 것은 무엇인가? ① Packet Filtering ② Application Level Proxy ③ Stateful Inspection ④ Circuit Level Proxy
카테고리	CISSP 〉 보안시스템

문제풀이

- Application LevelProxy: 특정 응용 서비스에 대해 내부망과 외부망을 연결시켜 주는 중간 매개자 역할을 수행 내부 네트워크를 외부에 유출시키지 않는 장점. 응용서비스마다 Proxy가 필요함에 따라 신규서비스에 대한 취약성이 있고다른 기술에 비해 성능 떨어짐
- Circuit-Level Proxy: 세션 계층에서 동작하며 클라이언트와 서버 간 세션에 대한 매개 역할을 수행. Circuit-level Proxy의 대표적인 구현으로는 인터넷 표준 Socks v5가 있음
- Stateful Inspection: 과거의 패킷에 대한 상태정보를 지속적으로 유지하여 현재 패킷의통과여부를 결정

정답 ③

문제 3〉	IDS/TMS의 보안탐지기법은 패킷을 실시간으로 분석하여 침입여부를 판단할 수 있는 기능을 가진다. 다음 중에서 IDS/TMS 탐지기법에 대한 설명 중 틀린 것을 선택하시오. (2개) ① 이상탐지는 행위기반 탐지모델로 정상적인 사용패턴을 저장하고 이외 다른 사용패턴을 침입으로 판단하는 기법으로 오탐률이 낮은 장점을 가진다. ② 오용탐지는 지식기반 탐지모델로 비정상적인 사용패턴을 저장하고 이와 동일한 패턴이 발견되면 침입으로 판단하는 기법으로 IDS/TMS 기법으로 많이 활용되는 방법이다. ③ TMS는 평판정보를 활용하여 탐지할 수 있는 기능을 가지고 있으며 평판정보는 애플리케이션을 사용하고 고객이 생성하는 정보이다. ④ IDS/TMS은 Rule Set이라는 것을 활용하여 각 보안시스템 간에 패턴 정보를 공유할 수 있다.
카테고리	CISSP 〉 보안시스템

문제풀이

- 이상탐지는 오탐율이 높은 문제점이 있다. 평판정보를 활용한 탐지기법은 클라우드 시큐리티 관점에서 활용하려는 것이다.

* Anomaly Detection 정의
- 정상적인 행위에 대한 Profile을 생성하고 실제 수집되는 감사정보를 Profile과 비교 해 정상 행위로 벗어나는 행위를 탐지하는 기술
- Anomaly Detection 장단점과 기법
1) 장점: 알려지지 않은 침입방법까지도 탐지 가능
2) 단점: 침입이 아닌데도 침입으로 판단
3) 기법: 신경망, 통계적 방법, 예측가능 패턴 생성 등 구현기술 적용

* Misuse Detection 정의
  - 침입패턴을 미리 저장하여 감사정보를 패턴과 비교

(Pattern Matching 기술)
- Misuse Detection 장단점과 기법
1) 장점: 알려진 공격에 대한 탐지율이 높음
2) 단점: 새로운 유형 공격에 취약하고 지속적인 Patch가 필요함
3) 기법: 전문가 시스템, 조건부 확률

* Reputation Base 정의
- 처음 보거나 잘 알려지지 않은 파일 및 애플리케이션이 등장할 때, 신뢰성 여부를 많은 수의 사용자를 통하여 평판을 확인하는 탐지방법

정답 ③

문제 4〉	다음 중 보안시스템 설명으로 틀린 것은? ① SSO(Single Sign On): 하나의 시스템에서 인증에 성공하면 등록된 모든 시스템에 대한 인증을 획득하는 방식이다. ② IDS(Intrusion Detection System): 네트워크를 통한 공격을 탐지하는 시스템으로 침입탐지, 접근권한, 인증 등의 기능을 제공한다. ③ IPS(Intrusion Prevention System): 침입탐지시스템과 방화벽의 조합으로 침입탐지 모듈로 패킷을 분석하고 비정상적인 패킷일 경우 해당 패킷을 제거하는 기능을 제공한다. ④ DRM(Digital Right Management): 문서 열람/편집/인쇄까지의 접근권한을 설명하여 통제하는 기능을 제공한다.
카테고리	CISSP 〉 보안시스템

문제풀이

-IDS는 침입탐지 시스템으로 일반적으로 인증과 접근권한 기능은 존재하지 않는다.

정답 ③

문제 5〉	암호화는 평문을 암호화 알고리즘을 활용하여 암호문을 만들고 다시 암호문을 암호화 알고리즘을 사용하여 복호화를 수행한다. 이러한 암호화 알고리즘은 암호화 단위 및 암호화 키에 따라 분류된다. 이러한 암호화에 대한 설명으로 틀린 것을 선택하시오. ① 한번에 1Bit 혹은 1Byte 단위로 암호화를 수행하는 것이 스트림 암호화 기법이다. ② 평문을 블록으로 나누어 암호화를 수행하는 것이 블록단위 암호화 기법이다. ③ DES는 스트림 단위 암호화 기법을 사용하고 3DES, SEED는 블록단위 암호화 기법을 사용한다. ④ 암호화 키와 복호화 키기 동일한 암호화 기법은 IDEA 기법이다.
카테고리	CISSP 〉 보안시스템

문제풀이

구분	스트림 암호(Stream Cipher)	블록 암호(Block Cipher)
개념	하나의 비트, 또는 하나의 바이트단위로 암호화	여러 개의 비트를 묶은 블록을 단위로 암호화
방법	평문을 XOR 로 1Bit씩 암호화	블록 단위로 치환, 대입을 반복하여 암호화
장점	실시간 암호, 복호화	빠른 속도, 대용량의 평문 암호화
종류	RC4, SEAL	DES, 3DES, AES, IDEA, Blowfish, SEED

정답 ①

문제 6〉	DES(Data Encryption Standard)는 56Bit의 키로 64Bit 블록을 16단계로 암호화를 수행한다. 다음 중에서 키의 길이가 긴 것부터 차례로 나열한 것은 무엇인가? (1) DES (2) 3DES (3) RSA (4) ECC ① (4), (2), (1), (3) ② (3), (4), (2), (1) ③ (3), (2), (4), (1) ④ (4), (3), (2), (1)
카테고리	CISSP〉 보안시스템

문제풀이

- RSA 1024 Bit, ECC 160Bit, 3DES 128 Bit, DES 64Bit이다.

정답 ③

문제 7〉	암호화 알고리즘은 소인수 기법과 이산대수 기법으로 분류할 수 있다. 이산대수 알고리즘을 사용하는 암호화 기법은 무엇인가? ① ECC ② RSA ③ 33DES ④ AES
카테고리	CISSP 〉 보안시스템

문제풀이

- Elliptic Curve Cryptosystems
- 이산대수에서 사용하는 유한체의 곱셈군을 타원 곡선군으로 대치하는 암호화 체계
- 짧은 암호화 키로 높은 안정성(RSA= 1024 Bit, ECC = 160 Bit)
- 무선 통신 분야에서 활용

구분	블록크기	키 크기	Round 수	주요 내용
DES	64bit	64(56)bit	16	- 레거시 호환성은 좋음, 키 길이가 작아 해독 용이
3DES	64bit	192 (168)bit	48	- DES 호환, Round 수를 늘려 보안성을 강화 - 대부분의 레거시 시스템에 서 활용
AES	128bit	128,192,256	10,12,14	- 2000 년에 NIST 에서 DES을 대체할 차세대 대칭키암호화 알고리즘으로 선정함, 현 미국 표준 암호화 알고리즘
IDEA	64bit	128bit	8	- 암호화 강도가 DES보다 강하고 2배 빠름
SEED	128bit	128bit	16	- 국내개발(KISA, ETRI), 국내의 보안 SW, HW 에서 사용 - 2005년도에 ISO/IEC, IE TF 표준으로 지정

정답 ①

문제 8〉	아래의 암호화 기법 중에서 전자서명, 무선통신에서 사용되는 암호화 기법을 모두 선택하시오. ① ECC ② RSA ③ 3DES ④ AES
카테고리	CISSP 〉 보안시스템

문제풀이

–전자서명에는 RSA이고 무선통신에는 키의 길이가 짧은 ECC이다.

정답 ②

문제 9〉	HIGHT(High security and light weight) 암호화 기법에 대한 설명으로 맞는 것을 모두 선택하시오. ① 초경량 암호화 기법으로 2005년 KISA, ERTI 부설 연구소 및 고려대가 공동으로 개발한 64Bit 암호화 알고리즘이다. ② 128Bit의 마스터키를 사용하며, 64Bit 평문으로부터 64Bit 암호문을 생성한다. ③ 간단한 알고리즘으로 제한적 자원을 갖는 환경에서 구현될 수 있도록 8Bit 단위의 기본적인 산술연산들인 XOR, 덧셈, 순환이동을 수행한다. ④ HIGHT는 데이터 처리량은 AES보다 15배, 속도는 3배 이상 증대되었다.
카테고리	CISSP 〉 보안시스템

문제풀이

*** 초경량 블록암호 HIGHT(High security and light weigHT)의 정의**

– RFID, USN 등과 같이 저전력·경량화를 요구하는 컴퓨팅 환경에서 기밀성을 제공하기 위해 2005년 KISA, ETRI 부설연구소 및 고려대가 공동으로 개발한 64Bit 블록암호 알고리즘

*** HIGHT의 특징**

– 128Bit 마스터키, 64Bit 평문으로부터 64Bit 암호문을 출력
– 간단한 알고리즘 구조로 설계: 제한적 자원을 갖는 환경에서 구현될 수 있도록 8Bit 단위의 기본적인 산술연산들인 XOR, 덧셈, 순환이동

정답 모두 정답

문제 10〉	저전력 암호화 기술로 Green IT, FMC(Fixed Mobile Convergence), RFID, USN 등의 환경에 맞는 암호화 알고리즘은 무엇인가? ① ECC ② HIGHT ③ AES ④ IDEA
카테고리	CISSP 〉 보안시스템

문제풀이

9번 풀이 참조

정답 ②

문제 11〉	다음 중에 중요 자원에 대한 직접적인 참조를 제어하는 기술이 들어간 것이 아닌 것은? ① Secure OS ② Security Kernel ③ RBAC(Role Based Access Control) ④ DAC
카테고리	CISSP 〉 보안시스템

문제풀이

– 중요 자원에 대한 직접 참조는 Secure OS는 Security Kernel를 활용하고 RBAC도 계층형 구조를 제어한다.

정답 ④

문제 12〉	CGI에 대한 위협요소에 대한 설명으로 맞는 것을 모두 선택하시오. ① CGI는 HTTP Request와 Response Message를 통하여 호출되기 때문에 HTTP Flood라는 DDoS 해킹 기법에 취약하다. ② CGI는 기동 시에 시스템 상에 PCB(Process Control Block)이라는 생성하여 여러 개의 CGI Application 동시에 실행하여 시스템에 가중한 부하를 발생하기 때문에 스레싱과 같은 문제가 발생할 수 있다. ③ CGI는 서버에 있는 파일과 데이터베이스에 참조를 할 수 있으므로 CGI에 대한 해킹은 파일과 데이터베이스의 데이터 획득 문제가 발생할 수 있다. ④ Fast CGI를 활용하여 CGI의 구조를 변경하면, HTTP Request와 Response Message에 대한 호출 시에 PCB를 공유하므로 오버헤드는 감소한다.
카테고리	CISSP 〉 보안시스템

문제풀이

- Fast CGI는 PCB(Process Control Block) 생성을 웹서버 기동 시에 같이 기동되어 미리 만들어둔다. 그러므로 기동에 대한 오버헤드를 감소하지만 서비스 호출 시에 PCB를 공유하는 것은 멀티스레드 기법이다.

정답 ④

문제 13〉	아래의 UNIX 파일 중에서 외부에서 특정 포트를 호출하는 클라이언트 프로그램에 의해서 실행되는 파일은 무엇인가? ① Inetd.conf ② last.log ③ su.log ④ access.conf
카테고리	CISSP 〉 보안시스템

문제풀이

- Inetd 데몬은 특정 포트로 서비스 요청 시에 프로세스 기동시키는 데몬 파일로Inetd.conf 파일을 참조하여 사용한다.

정답 ①

문제 14〉

Digital Divide 정보격차 해소이론 중 정보통신 기기의 보유 및 이용능력에 만성적 부재로 설명한 이론은 무엇인가?

① 확산이론
② 격차이론
③ 현실론
④ 가상론

카테고리 CISSP 〉 보안시스템

문제풀이

*** 정보격차 이론**

– 확산이론
1) 새로운 기술의 보급과정에서 일시적으로 나타나는 현상
2) 초기는 엘리트 이용자만 나중에 모든 계층에 확산됨
– 격차이론: 정보통신 기기의 보유 및 이용능력의 만성적 부재
– 현실론: 정보통신 기기의 보유 및 이용능력의 일시적 부재

정답 ②

문제 15〉

DDoS 공격 기법 중에서 TCP Sync Flooding 기법은 TCP 연결 시에 발생하는 3 Way Handshaking 방법을 사용하여 서버 애플리케이셔의 버퍼 오버플로우를 유발하는 기법이다. 다음 중 TCP Sync Flooding를 예방하기 위한 방법을 선택하시오. (모두선택)

① 침입탐지를 활용한 TCP Sync Flooding 패턴을 탐지. 즉, 클라이언트는 Syn을 보내고 서버는 Syn+Ack로 응답하였는데 클라이언트가 마지막 Ack를 보내지 않는 패턴을 탐지하여 절단을 수행한다.
② 특정 네트워크 세그먼트에서 TCP Syn Flooding 패턴이 발견되면, 특정 네트워크 세그먼트의 세션 대기시간을 서버에서 줄인다.
③ SCTP라는 차세대 트랜스포트 프로토콜을 활용한다.
④ 서버의 메모리 크기를 확장하여 최대 세션의 용량을 증대하고 서버의 대기시간을 짧게 가지고 간다.

카테고리 CISSP 〉 보안시스템

문제풀이

*TCP Sync Flooding
1) 개념
- 서버별로 동시 사용자 수가 한정되어 있어 존재하지 않는 클라이언트가 접속한 것처럼 속여 사용자가 서버에서 제공하는 서비스를 불능으로 만드는 공격
2) 공격 방법
- TCP의 초기연결과정인 TCP 3way Handshaking을 이용, Syn패킷을 요청하여 서버가 ACK 및 SYN 패킷을 보내게 함
- 전송하는 주소가 무의미한 주소, 서버는 대기상태, 대량의 요청패킷 전송으로 서버의 대기큐가 가득차서 DOS상태가 됨
3) 대응방안
- 시스템 보안 패치, IDS설치, 시스템 튜닝
- 서버의 백 로그 큐의 크기를 증가시킴, Syncookies 기능 설정
- Connection Time-Out 시간을 줄임, 패킷 필터링 사용
- TCP Intercept(Intercept Mode, Watch Mode)

정답 모두정답

문제 16〉	다음의 DDoS 기법 중에서 ICMP 프로토콜을 활용한 DDoS 해킹 기법은 무엇인가? ① Smurfing ② DrDOS ③ PDoS ④ UDP Flooding
카테고리	CISSP 〉 보안시스템

문제풀이

* Smurfing 기법
1) 개념
-IP Broadcast 주소 방식과 ICMP 패킷을 이용한 서비스 거부 공격
2) 공격 방법
- 다수의 호스트가 존재하는 서브 네트워크에 ICMP Echo 패킷을 broadcast 전송(Source Address 는 Victim 것으로 위조)
- 이에 대한 대량의 응답 패킷이 하나의 호스트(Victim)로 집중되게 하여 Victim을 마비시킴
3) 대응방안
- 라우터에서 ICMP 의 broadcast 금지

정답 ①

문제 17〉

전자상거래 시에 거래 투명성과 무결성을 확보하기 위한 보호기술은 무엇인가?

① CCL
② XrML
③ INDECS
④ Watermarking

카테고리 CISSP 〉 보안시스템

문제풀이

- INDECS는 전자상거래 시에 거래의 무결성을 확보하기 위한 타이다.
- XrML(eXtensible rights Markup Language): 저작권 메타 데이터의 정의 및 관리 표현을 위한 마크업 언어이며 디지털 콘텐츠 보호 기술의 상호 호환성과 확장성을 위한 공통적 표준 언어이다.

기능	관련 기술	관련 기술의 상세 특징
디지털 콘텐츠 보호	암호화	**DES, 3DES, AES, SEED 알고리즘** 이용, **(3) 공개키/비공개키** 분배
	ACL	콘텐츠 사용권한 설정 (조회/전달/복사/인쇄/변형 권한)
	Watermarking	**비인지성과 견고성**이 특징으로 저작자의 정보를 삽입, 소유권 추적
	Fingerprint	Dual Watermarking, 저작자와 구매자의 정보를 동시 삽입
디지털 콘텐츠 관리	INDECS	전자상거래 시 콘텐츠에 대한 메타데이터 제공
	DOI	Prefix와 Suffix를 이용하여 콘텐츠에 부여하는 고유 식별체계
	MPEG21	콘텐츠의 유통, 배포를 관리하기 위한 디지털 콘텐츠 Framework
디지털 콘텐츠 배포	PKI	인증/등록기관에서 인증서 보유, 요청 시 신원 확인 후 인증서 발급
	SW Streaming	**RTP, RCTP, SIP, H.323** 등을 이용하여 사용자에게 콘텐츠 전송
	CDN	사용자의 최단 ISP의 Cache 서버를 이용하여 안정적 콘텐츠 공급

정답 ③

문제 18〉

정보화 역기능 해소를 위해서 인터넷에 Green Zone을 만들기 위한 메타데이터는 무엇인가?

① PICS 메타데이터는 웹 콘텐츠에 우선순위를 부여하기 위한 메타데이터이다.
② XrML은 디지털 콘텐츠의 권리관계를 정의하기 위해서 W3C 표준 메타데이터이다.
③ RDF는 웹 콘텐츠의 용어를 정의하여 용어의 그룹을 활용한다.
④ CCL은 Web2.0의 권리관계를 정의할 수 있다.

카테고리 CISSP 〉 보안시스템

문제풀이

- PICS는 인터넷에 Green Zone을 만들기 위해서 웹 콘텐츠에 우선순위를 부여한다.

정답 ①

문제 19〉	개인정보보호 정책파일에 대한 설명으로 틀린 것은 무엇인가? ① 개인정보보호 정책 파일은 W3C 표준을 준수한 P3P이다. ② 서버용 P3P파일을 보유하고 있으면 클라이언트는 별도의 P3P 파일을 보유하지 않아도 되기 때문에 편의성이 증대된다. ③ P3P는 개인정보에 대한 권한을 사용자에게 부여하는 것을 목표로 한다. ④ P3P XML 기반이다.
카테고리	CISSP 〉 보안시스템

문제풀이

- P3P는 W3C 표준으로 클라이언트용 P3P.XML과 서버용 P3P.XML 두 개가 존재하고 상호 비교하여 사용자에게 개인정보에 대한 내용을 알려준다.
- W3C에서 개발한 개인정보보호 표준기술 플랫폼
- 웹 사이트에서 이루어지는 데이터 처리에 관한 표준을 제시
- P3P 목적은 이용자 자신의 정보를 관리할 수 있도록 권한을 넘김

정답 ②

문제 20〉

웹사이트 취약성에서 〈script〉를 입력하여 다른 사용자의 쿠키 정보를 얻을 수 있는 공격기법은 무엇인가?

[관련그림]

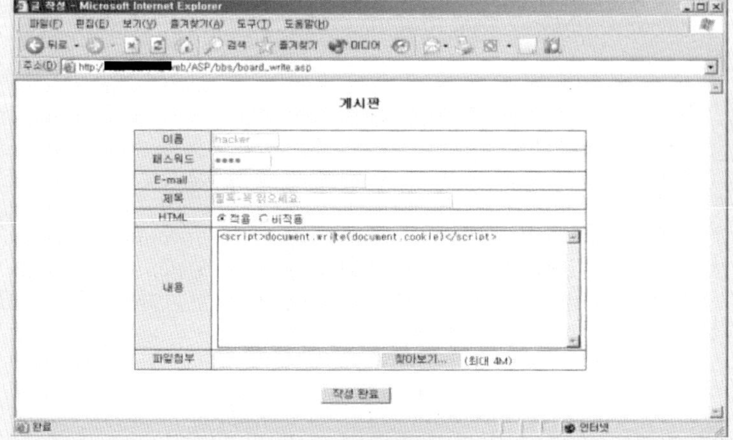

① SQL Injection
② XSS
③ CSFR
④ 검증되지 않은 리다이렉션

카테고리 CISSP 〉 보안시스템

문제풀이

– XSS 해킹기법

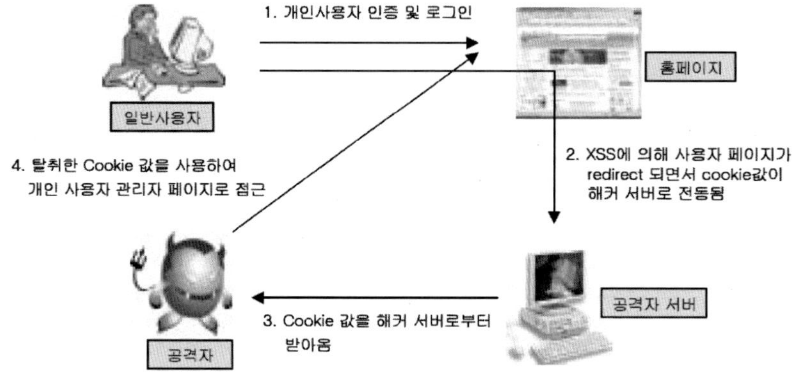

– OWASP 웹 취약점 점검항목

10대 위험요소	설명
SQL Injection	– SQL, OS, LDAP 인젝션과 같은 인젝션 결함은 신뢰할 수 없는데이터가 명령어나 질의어의 일부분으로서 인터프리터에 보내질 때 발생함. 공격자의 악의적인 데이터는 예기치 않은 명령실행이나 권한 없는 데이터에 접근하도록 인터프리터를 속임
XSS(크로스 사이트 스크립팅)	– XSS결함은 적절한 확인이나 제안 없이 애플리케이션이 신뢰할 수 없는 데이터를 갖고, 그것을 웹 브라우저에 보낼 때 발생함. XSS는 공격자가 피해자의 브라우저 내에서 스크립트
취약한 인증과 세션관리	– 인증과 세션관리와 연관된 애플리케이션 기능은 종종 올바로 구현되지 않음. 그 결과 공격자로 하여금 다른 사용자의 아이덴터티로 가장 할 수 있도록 패스워드, 키, 세션 토큰체계를 위태롭게 하거나, 구현된 다른 결함을 악용할 수있도록 허용
안전하지 않는 직접객체 참조	– 직접 객체참조는 파일, 디렉토리, 데이터베이스 키와 같이 내부적으로 구현된 객체에 대해 개발자가 참조를 노출할 때 발생. 접근통제에 의한 확인이나 다른 보호가 없다면 공격자는 이 참조를 권한없는 데이터에 접근하기 위해 조작할 수 있음
크로스사이트 요청 변조(CSRF)	– 로그온된 피해자의 브라우저가 취약한 웹 애플리케이션에 피해자의 세션 쿠키와 어떤 다른 자동으로 포함된 인증정보를갖고 변조된 HTTP 요청을 보내도록 강제함. 이것은 공격자가 피해자의 브라우저로 하여금 취약한 애플리케이션이 피해자로부터의 정당한 요청이라고 착각하게 만드는 요청을 생성하도록 강제하는 것을 허용
보안상 잘 못된 구성	– 훌륭한 보안은 애플리케이션, 프레임워크, 애플리케이션 서버, 웹 서버, 데이터베이스 서버와 플랫폼에 대해 보안구성이 정의되고 적용하기를 요구한다. 대부분이 보안을 기본적으로 탑재되지 않기 때문에 이 모든 설정은 정의되고구현되고 유지되어야만 한다. 이것은 애플리케이션에서 사용되는 모든 코드 라이브러리를 포함하여 모든 소프트웨어가 최신의 상태를 유지하는 것을 포함
안전하지 않는 암호저장	– 많은 웹 애플리케이션들이 적절한 암호나 해시를 갖고 신용카드번호, 주민번호, 그리고 인증 신뢰 정보와 같은민감한 데이터를 적절히 보호하지 않는다. 공격자는 아이덴터티 도난, 신용카드 사기, 또는 다른 범죄를 저지르기 위해 그렇게 약하게 보호된 데이터를 훔치거나 조작할 수 있음
URL 접근제한 실패	– 많은 웹 애플리케이션들이 보호된 링크나 버튼을 표현하기전에 URL 접근 권한을 확인한다. 그러나 애플리케이션은이 페이지들이 접근될 때마다 매번 유사한 접근 통제확인이 필요함. 공격자는 이 감춰진 페이지에 접근하기위해 URL을 변조함
불충분한 전송계층 보호	– 애플리케이션은 종종 민감한 네트워크 트래픽 인증, 암호화, 그리고 비밀성과 무결성을 보호하는데 실패함. 실패할 때에는대체로 약한 알고리즘을 사용하거나, 만료되거나 유효하지않은 인증서를 사용하거나, 그것을 올바로 사용하지 않을 때임
검증되지 않는 리다이렉트와 포워드	– 웹 애플리케이션은 종종 사용자들을 다른 페이지로 리다이렉트 하거나 포워드함. 그러나 목적페이지를 결정하기 위해 신뢰되지 않는 데이터를 사용함. 적절한 확인이없다면, 공격자는 피해자를 피싱사이트나 악의적인 리다이렉트를 할 수 있고 포워드를 권한 없는 페이지의 접근을 위해서 사용할 수 있음

정답 ②

문제 21〉	아래의 스크립트는 OWASP의 10대 웹 취약점 위험에 대비하기 위한 스크립트이다. 해당되는 것은 무엇인가? [관련 스크립트] 〈%@ page import="java.util.regex.*" %〉 String queryinput=request.getParameter("DB_INPUT"); String newqueryinput; static Pattern escaper = Pattern.compile("([^a-zA-z0-9.])"); newqueryinput=escaper.matcher(queryinput).replaceAll("₩₩₩₩$1");
	① SQL Injection ② XSS ③ CSFR ④ 검증되지 않은 리다이렉션
카테고리	CISSP 〉 보안시스템

문제풀이

– 데이터베이스 입력 파라미터에 대한 치환으로 SQL Injection에 해당된다.

정답 ①

문제 22〉 아래와 같은 예외에 대응하기 위한 방법으로 가장 적당한 것은 무엇인가?

[관련 그림]

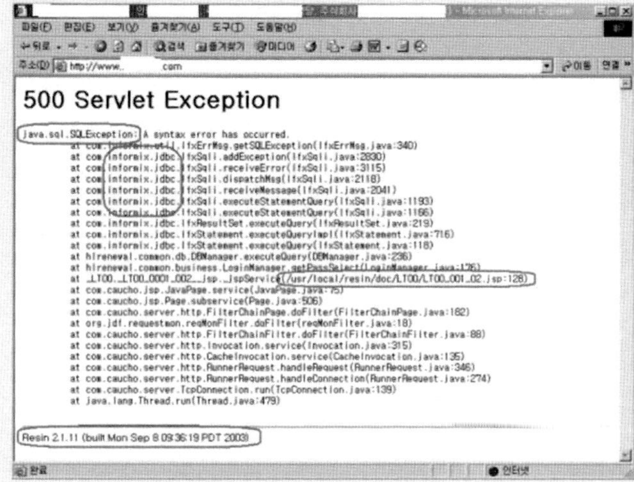

① SQL Injection에 대비하여 로그인 시에 OR 문자를 입력하지 못하게 제거한다.
② XSS에 대비하기 위해서 입력창에 스크립트를 입력할 수 없도록 처리한다.
③ 클라이언트에서 쿠키와 같은 정보를 유지하지 않고 메시지는 모두암호화를 수행한다.
④ try{ 프로그램 코드 }catch(){ 에러 페이지 리다이렉션 }

카테고리 CISSP 〉 보안시스템

문제풀이

– try 및 Catch를 활용하여 자바 코드에 대한 에러처리를 해야 에러 페이지에 대한 접근을 못하게 할 수 있다.

정답 ④

최근 발생한 농협 고객 원장 데이터 삭제는 중계서버에 대해서 rm 명령을 수행하여 모든 시스템의 파일이 삭제되는 해킹사건이다. 이러한 해킹 피해에 가장 직접적으로 관계 된 것이 무엇인지 선택하시오.

문제 23〉

① OWASP 10대 웹취약점 점검 미비로 인하여 웹 사이트에 대한 보안강화
② UNIX의 NFS(Network File System)과 같은 파일 공유기능을 제한한다.
③ 패스워드 설정 시에 패스워드의 길이를 6자 이상의 문자, 숫자를 조합하여 패스워드의 복잡도를 증대한다.
④ /var/adm/sulog 파일을 관리하고 모니터링한다.

카테고리 CISSP 〉 보안시스템

문제풀이

-sulog 파일은 적당하지 않는 사용자가 슈퍼유저 권한 취득에 대한 정보를 확인할 수 있는 유닉스 로그 파일이다.

정답 ④

OWASP의 10대 웹사이트 취약점 중에서 검증되지 않는 리다이렉트와 포워드에 대한 설명은 무엇인가?

문제 24〉

① 많은 웹 애플리케이션들이 보호된 링크나 버튼을 표현하기 전에 URL 접근권한을 확인한다. 애플리케이션은 이 페이지들이 접근될 때마다 매번 유사한 접근통제 확인이 필요하다. 공격자는 감춰진 페이지에 접근하기 위해 URL 변조를 수행한다.
② 애플리케이션은 민감한 네트워크 트래픽 인증, 암호화, 비밀성, 무결성을 보호하는 데 실패한다. 실패할 때에는 대체로 약한 알고리즘을 사용하거나 만료되거나, 유효하지 않은 인증서를 사용해서 발생한다.
③ 많은 웹 애플리케이션들이 적절한 암호나 해시를 갖고 신용카드번호, 주민번호 그리고 신뢰정보와 같은 민감한 데이터를 적절히 보호하지 않는다 공격자는 식별자 도단, 신용카드 사기를 저지르기 위해서 약하게 보호된 데이터를 훔치거나 조작할 수 있다.
④ 웹 애플리케이션은 사용자들을 다른 페이지로리다이렉트한다. 목적 페이지를 결정하기 위해 신뢰되지 않는 데이터를 사용한다.

카테고리 CISSP 〉 보안시스템

문제풀이

- 21번 문제풀이를 참조

정답 ④

문제 25〉

본인이 대국민 포털을 구축한 공공 웹 사이트에 대해서 보안감리를 수행한다. 웹 사이트에 대해서는 웹 취약점 분석을 자동화 도구를 활용하여 수행했다. 그리고 서버에 대해서 열려있는 포트를 분석해 달라고 요청이 왔을 때 할 수 있는 방법으로 적당한 것이 아닌 것은?

① nmap 프로그램을 활용하여 Web 스캐닝을 수행하고 열려있는 포트를 식별한다.
② ps –ef | netstat –an을 수행한다.
③ lsof를 실행한다.
④ rhosts 파일을 확인한다.

카테고리 CISSP 〉 보안시스템

문제풀이

- ps –ef나 netstat –an 으로 현재 연결되어 있는 상태 점검
- nmap 등의 스캔프로그램으로 열린 port 확인
- lsof 로 확인(lsof는 System에서 돌아가는 모든 Process에 의해서 Open된 파일들의 정보를 보여주는 프로그램)

정답 ④

문제 26〉

아래의 UNIX LOG 파일 중에서 사용자 로그인, 로그아웃, Shutdown, Sartup 정보를 가지고 있는 로그 파일은 무엇인가?

① /var/adm/messages
② /var/adm/utmp
③ /var/adm/wtmp
④ /var/adm/lastlog

카테고리 CISSP 〉 보안시스템

문제풀이

- Inetd 데몬은 특정 포트로 서비스 요청 시에 프로세스 기동시키는 데몬 파일로inetd.conf 파일을 참조하여 사용한다.

* UNIX 로그 파일 정보

/var/adm/messages: 콘솔상에 있는 정보 /var/adm/utmp(x): 현재 로그인한 사용자 정보 /var/adm/wtmp(x): 사용자의 로그인, 로그아웃, 시스템의 shutdown, start up /var/adm/lastlog: 사용자의 최근 로그인 관련정보 /var/adm/acct: 사용자의 command 정보

정답 ③

문제 27〉

정량적 위험분석 기법 중에서 독립변수(위험인자)의 변화가 종속변수(영향)에 미치는 영향을 분석하는 기법은 무엇인가?

① 민감도 분석
② Delphi
③ 클러스터링 기법
④ 전문가 감정

카테고리 CISSP 〉 보안시스템

문제풀이

- 정량적 위험분석기법 중에서 민감도 분석에 대한 설명이다. Delphi는 중재자를 참여시키는 기법을 이야기하고 익명성, 반복수행, 중재자의 특징을 가진다.

정답 ①

문제 28〉

위험대응기법 중에서 보험가입과 같은 방법으로 위험의 손실을 보상하는 대응기법을 선택하시오?

① 위험이전
② 위험감소
③ 위험거부
④ 위험수용

카테고리 CISSP 〉 보안시스템

문제풀이

- 위험 이전(Risk Transfer): 보험 가입을 통하여 손실에 대한 보상을 이전하는 것
- 위험 감소(Risk Reduction): 위험을 감소시키기 위하여 safeguard나 countermeasure를 수립하는 것
- 위험 거부(Risk Rejection): 가장 위험한 선택 사항으로 위험 자체를 무시하거나 인정하지 않는 것
- 위험 수용(Risk Acceptance): Cost-benefit 분석을 통해 위험을 감수하는 것이 safeguard나 countermeasure를 수립하는 것보다 비용이 낮은 경우, 위험을 받아들이는 것

정답 ①

문제 29〉 PKI(Public Key Infrastructure)기반에서 사용자의 비밀키를 위탁관리 해주는 시스템은 무엇인가?

① WPKI
② KMI
③ PMI
④ OCSP

카테고리 CISSP 〉 보안시스템

문제풀이

* KMI(Key Management Infrastructure)의 개념
 - PKI기반 시스템에서 신원정보, 문서내용 등 중요정보를 담고 있는 암호키를 관리해주는 시스템

* KMI의 필요성
 - 암호용 비밀키의 분실 및 복제에 대한 예방
 - 기업/조직의 디지털자산정보의 불법유출방지
 - 관리자의 의도적 키 분실 등에 대한 방지

* KMI의 주요특징
- Key Escrew 로밍 서비스(암호키 복호화)
- PKI의 암호키(개인키) 및 인증서 관리
- PKI의 키관리 문제를 위한 자발적 키복구 기술
- 강제적 문서해독을 위한 강제 키복구 기술

* KMI 구성요소

구성요소	설명
키복구 기관	암호키 관리, 복구 기관
키복구 서버	개인키 손실 발생 시 복원 시스템
KMI 사용자	PKI인증서, 인증키 사용자, 국가기관

정답 ②

문제 30〉	UTM(United Treat Management)에서 가지는 기능을 모두 선택하시오. (1) Firewall (2) IDS (3) IPS (4) VPN ① (1), (2) ② (2), (3), (4) ③ (1), (2), (3) ④ (1), (2), (3), (4)
카테고리	CISSP 〉 보안시스템

문제풀이

* UTM(United Threat Management) System의 개념
– 다양한 보안 솔루션 기능을 하나로 통합하여 보안 문제를 쉽고 편리 하게 관리및 해결하는 통합보안 관리 시스템

* UTM(United Threat Management) 처리 흐름도

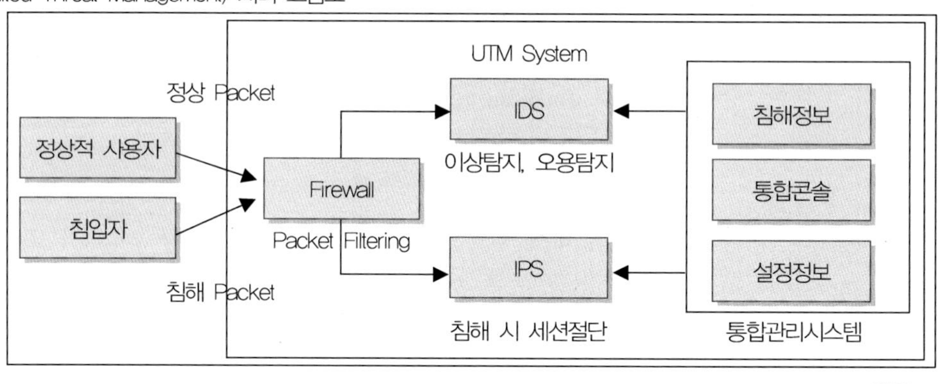

정답 ④

문제 31〉	영국표준화 협회인 BSI에서 제시한 ISMS(Information Security Management System) 체계에서 정보보호계획서라는 산출물을 생성하는 단계는 어디인가? ① 정보보호정책수립 ② 정보보호관리체계 수립 ③ 위험관리 ④ 구현 및 사후관리
카테고리	CISSP 〉 보안시스템

문제풀이

*** ISMS의 개념**

– 정보보호의 목적인 정보자산의 비밀성, 무결성, 가용성을 실현하기 위한 절차와 과정을 체계적으로 수립 · 문서화 하고 지속적으로 관리 · 운영하는 시스템, 즉 조직에 적합한 정보보호를 위해 정책 및 조직 수립, 위험관리, 대책구현, 사후관리 등의 정보보호관리 과정을 통해 구현된 여러 정보보호대책들이 유기적으로 통합된 체계

*** ISMS의 목적**

– 정보자산의 안전, 신뢰성 향상
– 정보보호관리에 대한 인식 제고
– 조직의 정보보호역량 강화를 통한 주요정보통신기반시설의 보호 및 신뢰도 향상
– 정보보호서비스 사업의 활성화

정답 ③

문제 32〉	최근 발생하는 인터넷 보안 이슈에 대한 설명이다. 그 내용이 틀린 것을 선택하시오. ① 해킹바이러스는 개방형 네트워크, 소프트웨어로 인하여 정보획득이 용이하여 침입이 쉽니다. 예를들어 웹서버의 종류 및 버전 확인은 telnet 80이라는 명령을 통하여 기본적으로 획득할 수 있다. ② 해킹바이러스는 개인정보 획득을 통하여 금융사기 형태로 발전하고 있으며 금융사기를 위한 간단한 기법이 피싱, 파밍, 랜섬웨어 등의 기법이 있다. ③ 소프트웨어 패치의 문제점을 이용하여 취약점을 분석하고 오류를 유발하는 Zero Day 해킹기법이 활용되고 있으며 Zero Day 해킹기법을 예방하기 위해서는 PMS (Patch Management System)을 설치하고 자동으로 패치할 수 있게 하면 된다. ④ 해커들이 보다 전문화 및 집단화되고 있는 사이버 전쟁형태를 가지고 있으며, 이로 인해 침입에 대한 분석의 어려움이 발생하고 있다.
카테고리	CISSP 〉 보안시스템

문제풀이

– PMS로 Zero Day 공격을 차단할 수가 없다.
– Zero Day 해킹기법

1) 제로 데이 공격(또는제로 데이 위협)은 컴퓨터 소프트웨어의 취약점을 공격하는 기술적 위협으로, 해당 취약점에 대한 패치가 나오지 않은 시점에서 이루어지는 공격을 말한다. 이러한 시점에서 만들어진 취약점 공격(익스플로잇)을 제로 데이 취약점 공격이라고도 한다.

2) 제로 데이 공격 대상물이 되는 프로그램은 공식적으로 패치가 배포되기 전에 감행된다. 이런 프로그램들은 보통 대중들에게 공개되기 전 공격자들에게로 배포된다. 단어의 어원은 공격이 감행되는 시점에서 유래한 것이다. 제로 데이 공격 대상물은 대중과 프로그램 배포자들이 잘 모르는 것이 보통이다.

정답 ③

문제 33	인터넷에서 사용자 인증방식에 대한 설명이다. 그 내용이 틀린 것을 선택하시오. (2개) ① OPEN-ID는 사용자의 신원정보를 OPEN-ID 발급센터에 등록하고 ID를 발급받으면 모든 포털 사이트를 동일한 ID와 Password로 로그인할 수 있는 기능이다. ② PKI는 인증기관, 등록기관에 사용자 정보를 등록하고 X.509 인증서를 발급받아 인증을 수행할 수 있으며 인증기관 간은 상호인증이 가능하다. ③ 개별 포털 사이트별 인증은 포털 사이트에 개인정보를 활용하여 회원에 가입하고 포털 사이트별 ID 및 Password를 활용하여 인증을 수행한다. ④ i-Pin 1.0은 i-Pin발급센터에 등록을 수행하며, 주민번호를 대신한 식별자를 활용한다. I-Pin 1.0은 i-Pin 발급센터 간에 상호인증을 수행한다.
카테고리	CISSP 〉 보안시스템

문제풀이

- OPEN-ID발급센터에 등록된 포털업체만 OPEN-ID로 로그인할 수 있다.
- I-PIN 2.0부터 I-PIN 발급센터 간에 상호인증을 지원한다.

* OPEN-ID 처리방식

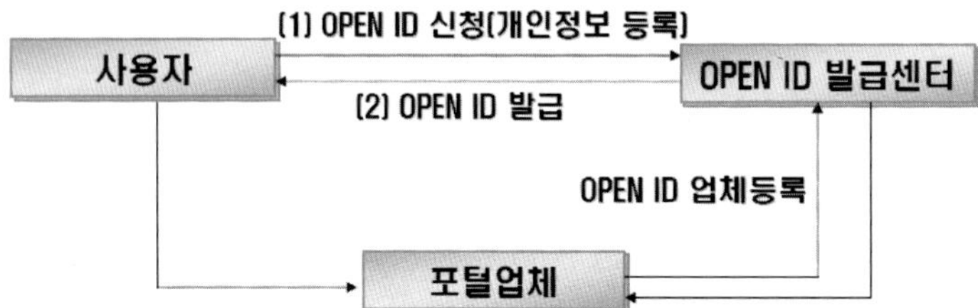

*PKI 구성요소

구성요소	주요기능
인증기관 CA (Certification Authority)	- 인증 정책을 수립, 인증서 및 인증서 폐기 목록 관리(생성, 공개, 취소, 재발급 등) - 다른 CA와 상호 인증 - CRL(Certificate Revocation List)등록 및 인증절차 작성 - PCA, PAA의 하위기관
등록기관 RA (Registration Authority)	- 사용자 신원 확인, 인증서 요구를 승인, CA에 인증서 발급 요청 - PKI를 이용하는 애플리케이션과 CA 간 인터페이스 제공 - 대표적 RA: 은행, 증권회사
Directory	- 인증서, 암호키에 대한 저장, 관리, 검색 등의 기능 - PKI관련 정보 공개
User	- 인증서 생성, 취소 등을 요구, 인증 경로 검증 - 인증서 사용, 활용(디지털 서명, 암호화 등) - 디렉토리로 부터 인증서 및 인증서 취소 목록 획득
인증정책	- 특정한 형태의 인증서를 발행하기 위한 절차 기술

- PAA: Policy Approving Authority, 정책 승인 기관, 최상위 인증기관
- PCA: Policy Certification Authority, 정책 인증 기관, 중간 인증기관, 정책 수립 및 CA 운영이 정책을 따르는지를 감시

정답 ① ④

문제 34〉 PKI에서 인증기관 간의 상호인증을 하기 위한 방법은 무엇인가?

① OCSP
② SLC(Short Live Certificate)
③ X.509 인증서
④ 티켓서버

카테고리 CISSP 〉 보안시스템

문제풀이

- PKI에서 인증기관 간의 상호인증은 OCSP 프로토콜이 수행한다.

정답 ①

문제 35〉 일본NTT에서 제안한 디지털 서명방식으로 빠르고 안정적인 장점을 가진 것은 무엇인가?

① DSS(Digital Signature Standard)
② ESIGN
③ KCDSA
④ Schnorr

카테고리 CISSP 〉 보안시스템

문제풀이

* DSS
- Digital Signature Standard
- 미국 NIST에서 발표한 표준 디지털 서명 안

* ESIGN
- 일본 NTT에서 제안한 디지털 서명 방식, 빠르고 안정적임

* KCDSA
- 이산대수의 어려움에 근거한 방식, 한국 표준 디지털 서명

* Schnorr
- IC카드에 적합한 디지털 서명 방식

정답 ②

문제 36〉	아래의 DRS 유형 중에서 재해복구시간이 가장 짧고, 성능이 가장 우수하지만, 구축 비용과 관리비용이 가장 많이 발생되는 DRS 유형은 무엇인가? ① Mirror Site② Hot Site ③ Worm Site④ Cold Site
카테고리	CISSP 〉 보안시스템

- Mirror Site에 대한 설명이다.

정답 ①

문제 37〉	기업의 각종 재해, 재난으로부터 정보시스템으로 보호하고 안정적, 연속적 운영을 위해서 BCP(Business Contingency Planning)을 수립하였다. BCP에 대한 인증은 무엇인가? ① ISO 27000 ② BS 25999 ③ ISMS(Information Security Management System) ④ PIMS(Personal Information Management System)
카테고리	CISSP 〉 보안시스템

문제풀이

*BS 25999 인증

- 막대한 재난이나 사소한 사고 등의 혼란스러운 상황에서도 기업은 운영되어야 하며 이것은 기업에 있어서 기본적인 요구사항입니다. 세계 최초의 비즈니스 연속성 관리(Business Continuity Management, BCM)에 대한 영국 표준인 BS 25999는 이러한 혼란의 위험을 최소화하기 위해 개발되었습니다.
- BCM 시스템의 기본적인 요소로 구성된 이 표준은 예기치 않은 상황에서도 비즈니스를 지속적으로 운영할 수 있도록 고안되어, 직원을 보호하고 브랜드 이미지를 유지하며 운영 및 거래를 지속할 수 있게 해줍니다.
- BS 25999는 다양한 산업 부문을 대표하는 세계적인 전문가 집단과 정부에 의해 비즈니스 연속성 경영에 대한 프로세스, 원칙 및 용어를 수립하여 개발되었습니다.
- 이 표준은 기업에 비즈니스 연속성에 대한 이해, 개발 및 실행을 위한 기초를 제공하고 기업 간의 관계와 기업과 고객 간의 관계에 있어 신뢰를 구축합니다. 또한 BCM 베스트 프렉티스(Best Practice)를 기반으로 하는 총체적 관리 체계가 포함되어 있으며 전반적인 BCM 과정에 대해 다룹니다.

정답 ②

문제 38〉

정보시스템의 물리적, 관리적, 기술적 취약점 중에서 시스템 취약점에 해당하는 것만 선택하시오.

[정보시스템 취약점]

(1) 단위 경계 라우터	(2) 원격 Root 로그인
(3) 불필요한 서비스 제거	(4) R-Command 사용금지
(5) 침해대응 사고 대응절차 미비	(6) 보안교육

① (1), (2), (4)
② (2), (4), (6)
③ (2), (3), (4)
④ (2), (5), (6)

카테고리 CISSP 〉 보안시스템

문제풀이

단위 경계 라우터는 네트워크 취약점, 침해대응 사고 대응절차, 보안교육은 관리적 취약점을 의미한다.

정답 ③

문제 39〉 인터넷상의 신용카드 결제를 위해서 사용하는 신용카드 결제 보안 프로토콜은 무엇인가?

① IPSEC
② SET
③ VPN
④ SSL

카테고리 CISSP 〉 보안시스템

문제풀이

신용카드 결제를 위한 보안 프로토콜은 SET이다.

– SET 구성요소

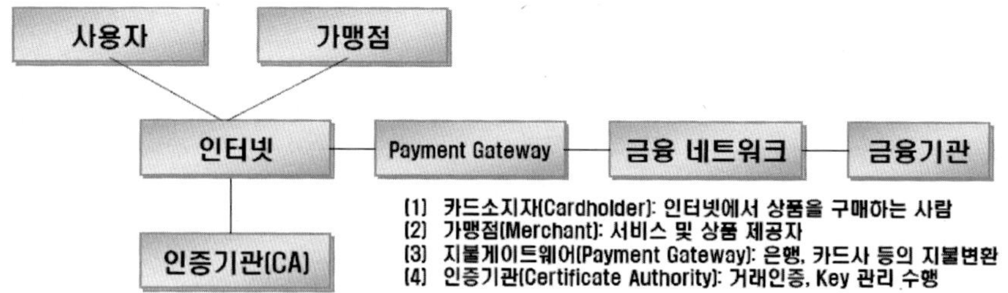

정답 ②

문제 40〉 다음 중에서 SSL의 구성요소가 아닌 것은 무엇인가?

① SSL Alert Protocol: 통신상에서 발생하는 각종 경고 및 오류처리를 수행한다.
② SSL Hanshake Protocol: 클라이언트와 서버 간의 전송 역할을 수행하는 프로토콜이다.
③ SSL Ciper Specification: 암호화 SPEC를 서버에 알려준다.
④ SSL Message Service: 송수신 과정의 메시지에 대한 암호화 및 복호화를 수행한다.

카테고리 CISSP 〉 보안시스템

문제풀이

* **SSL 프로토콜 구성요소**
- SSL Handshake Protocol: 암호화, 인증키, Negotiation
- SSL Record Protocol: 클라이언트와 서버 간의 전송 수행
- SSL Cipher Specification: 암호화 SPEC을 서버에 알려줌
- SSL Alert Protocol: 경고 및 오류처리 수행

* **SSL 처리방식**

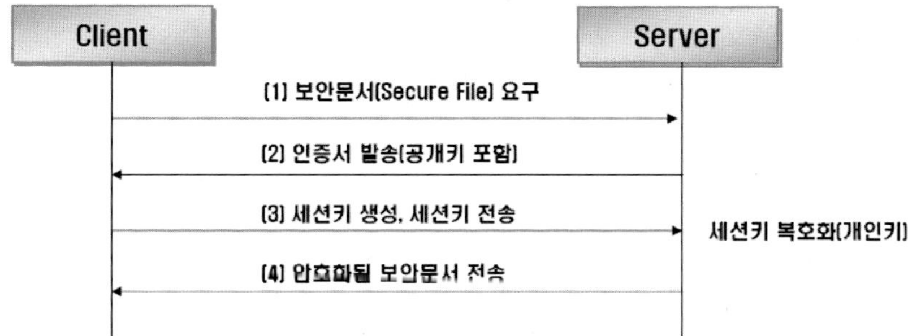

정답 ④

문제 41〉	IP 계층에서 보안 기능을 지원하는 IPSEC는 2011년 6월부터 부여되는 IPv6의 탐재되었다. 이런 IPSEC 구성요소는 ISAKMP, SA, AH, ESP로 구성된다. 여기서 암호화 키의 생성과 분배 및 제한된 트래픽 흐름에 기밀성을 제공하는 구성은 무엇인가? (2개) ① ISAKMP ② SA(Secure Association) ③ AH(Authentication Association) ④ ESP(Encapsulation Security Protocol)
카테고리	CISSP 〉 보안시스템

문제풀이

* **IPSEC(IP Security) 정의**
- 안전한 통신을 위하여 IP 계층을 기반으로 보안 프로토콜을 제공하는 개방형 프로토콜

* **IPSEC 특징**
- 애플리케이션과 독립적으로 동작, IPv6에 내장, 강력한 확장성
- VPN(Virtual Private Network) 적용용이, 키 관리 메커니즘 제공, 호환성 우수

*** IPSEC 구성요소**

1) Key Management:ISAKMP가 암호화 키 생성과 분배
2) SA: Secure Association, 보안 매개변수 집합 정의 및 관리
3) AH: Authentication Header, 연결 무결성, 데이터 원본 승인
4) ESP: Encapsulation Security Protocol, 연결 무결성, 데이터 원본 승인,기밀성 제공, 제한된 트래픽 흐름 기밀성 제공, 암호화와 승인 알고리즘 이용

정답 ① ④

문제 42〉	다음은 IPSEC에 대한 설명이다. 그 내용이 틀린 것은 무엇인가? ① IPSEC은 IPv6에 기본적으로 탑재되어서 기밀성과 무결성을 제공해 준다. ② IPSEC은 OSI 7계층에서 Transport Layer의 보안을 담당하여 TCP, UDP Protocol에 안정성을 증대시킨다. ③ IPSEC 터널링 기술을 활용한 IPSEC VPN는 Site to Site 및 Client to Site의 모든 서비스를 지원하지만, 전용 클라이언트 프로그램을 설치해야 하는 문제점이 있다. ④ IPSEC의 Authentication Header는 원본 데이터를 승인하는 무결성 서비스를 지원한다.
카테고리	CISSP 〉 보안시스템

문제풀이

– IPSEC은 네트워크 계층에서 동작한다.

정답 ②

문제 43〉 아래의 그림과 같은 보안모델은 어떤 모델에 해당되는가? (2개 선택)

[그림]

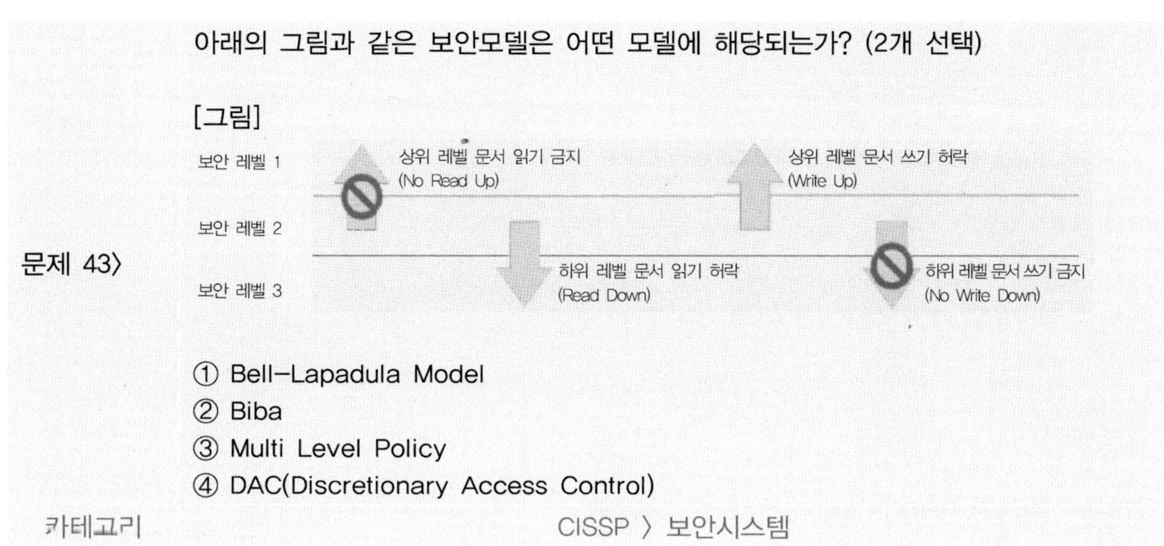

① Bell-Lapadula Model
② Biba
③ Multi Level Policy
④ DAC(Discretionary Access Control)

카테고리 CISSP 〉 보안시스템

문제풀이

- MLP(Multi Level Policy) 모델에 Bell-Lapadula, Biba 모델이 해당되며 위의 그림의 모델은 Bell-Lapadula Model 이다.

* Bell-Lapadula 모델
- 최초의 수학적 모델로 알려져 있음.
- 군대의 보안 레벨과 같이 그 정보의 기밀성에 따라 상하 관계가 구분된 정보를보호하기 위해 사용

정답 ①, ③

문제 44〉 아래에 제시된 Access Control은 어느 기법에 해당되는지 선택하시오?

[예제] 사람 A에 대하여 [프린터1: PRINT],[파일1: RW]]

① MAC(Mandatory Access Control)
② Biba
③ Multi Level Policy
④ DAC(Discretionary Access Control)

카테고리 CISSP 〉 보안시스템

문제풀이

– 신분(주체) 기반의 접근제어를 수행하는 DAC 모델의 예이다.

1) 임의적 접근통제 DAC(Discretionary Access Control)

① 정의

–주체(Subject)나 그것이 속해있는 그룹의 Identity에 근거하여 객체(Object)에 대한 접근을 제한하는 방법

② 속성

–객체의 소유자에 의하여 변경 가능한 한 주체와 객체 간의 접근통제관계를 정의

–최초 객체에 내포된 DAC관계는 복사된 객체로 전파 불가

③ 단점

– 주체의 Identity에만 전적으로 근거를 두고 있으며 데이터의 의미(Semantics)에 대한 지식이 없음

– Identity가 도용 당할 경우 DAC 체계는 파괴됨

– 트로이목마 프로그램에 취약함

2) 강제적 접근통제 MAC(Mandatory Access Control)

① 정의

– 비밀성을 포함하고 있는 객체(Object)에 대하여 주체(Subject)가 갖는 Authorization에 근거하여 객체에 대한 접근을 제한하는 방법

② 속성

– 객체의 소유자에 의하여 변경할 수 없는 한 주체의 한 객체간의접근통제 관계를 정의

– 최초 객체에 내포된 MAC관계는 복사된 객체로 전파

– 트로이목마 프로그램에 의한 피해 제한 가능

③ 특징

– Rule-Based Policies와 동일(관리자가 접근규칙 설정, 접근수준과 객체허용등급에근거하여 특정규칙을 기초로 운영)

– Multi-Level Policies와 Compartment-Based Policies포함.

3)역할기반 접근통제 RBAC(Role Based Access Control)

① 정의

– 비임의적 접근통제모델(Non-discretionary Access Control)

– 주체와 객체의 상호작용을 관리자가 관리, 조직 내 사용자 역할을 근거로 객체 접근권한 지정 및 허용

② 특징

– Commercial Band Environment에서 널리사용(DAC와 MAC의 혼합)

– 사용자(U), 역할(R), 허가(P) 엔티티에 의해 정의

– 최소권한의 원칙, 임무분리, 데이터의 추상화

– 래티스 기반 접근통제(Lattice Based Access Control): 주체가 접근할 수 있는 상위경계부터 하위경계를 설정하여 경계지정방식 이용

정답 ④

Access Control 기법 중에서 기밀성보다 무결성에 중심을 둔 Access Control 기법은 무엇인가?

문제 45〉

① MAC(Mandatory Access Control)
② Biba
③ Multi Level Policy
④ DAC(Discretionary Access Control)

카테고리 CISSP 〉 보안시스템

문제풀이

*** 보안 모델 종류**

1) BLP(Bell & Lapadula): 엄격한 기밀성 통제 보안모델, DAC/MAC요소 포함, 주체/객체에 비밀등급 부여
2) Biba: 무결성 정책 지원 보안모델, 주체 및 객체에 무결성 등급 부여(불법 수정방지 통제)
3) Clark-Wilson모델: 실행 가능한 프로그램에 의해 통제
4) Lattice 보안모델: 불법정보흐름 방지, 주체 및 객체에게 보안클래스 부여, 정보흐름통제

정답 ②

아래의 그림에 대한 보안기법 설명으로 틀린 것을 선택하시오?

문제 46〉

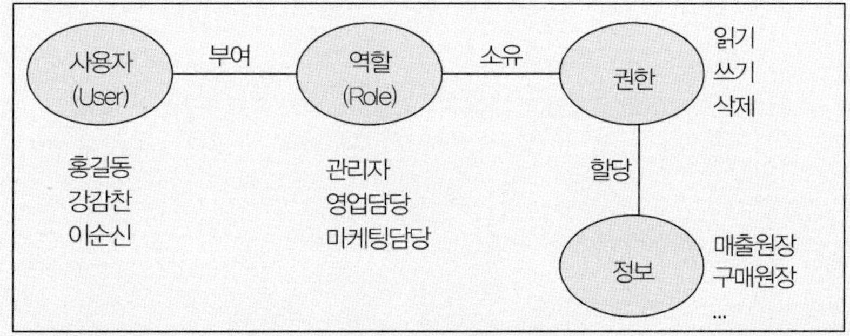

① 사용자의 권한 지정 시에 논리적 및 독립적으로 할당과 회수가 가능하다.
② 역할에 계층을 두어 상속이 가능하다.
③ 사용자에게 최소한의 권한만 부여하도록 하여야 한다.
④ 권한과 임무의 일원적 관리를 해야 한다.

카테고리 CISSP 〉 보안시스템

문제풀이

- 권한과 임무의 일원적 관리가 아니라 이원화 관리이다.

정답 ④

문제 47〉	Orange Book이라고 부르는 TCSEC은 정보보안시스템에 대한 보안평가이다. TCSEC의 보안등급은 C1, C2, D, B1, B2, B3, A1으로 나누어진다. 보안등급에서 수학적으로 가장 완벽한 시스템의 등급은 무엇인가? ① C1, C2 ② D ③ B3 ④ A1
카테고리	CISSP 〉 보안시스템

문제풀이

* C1

- Discretionary Security Protection, 일반적인 로그인 과정이 존재하는 시스템
- 사용자간 침범이 차단되어 있고 모든 사용자가 자신이 생성한 파일에 대해 권한을 설정 할 수 있으며, 특정 파일에 대해서만 접근가능(초기 UNIX 시스템)

*C2

- Controlled Access Protection, 각 계정별 로그인이 가능하며, 그룹ID에 따라 통제가 가능한 시스템
- 보안감사가 가능하며, 특정 사용자의 접근을 거부할 수 있음(현재 UNIX, Win NT 4.0)

* D

- Minimal Protection, 보안 설정이 이루어지지 않은 단계

* B1

- Labeled Security, 시스템 내의 보안정책을 적용 할 수 있으며, 각 데이터에대해 보안레벨 설정이 가능, 또한 시스템 파일이나 시스템에 대한 권한 설정

* B2

- Structured Protection, 시스템에 정형화된 보안정책이 존재하며, B1등급의 기능을 모두 포함, 일부 유닉스 시스템이 B2인증에 성공

* B3

- Security Domains, 운영체제에서 보안에 불필요한 부분을 모두 제거하며, 모듈에 따른 분석 및 테스트가 가능, 시스템 파일 및 디렉토리에 대한 접근방식을 지정하고, 위험동작을 하는 사용자의 활동에 대해서는 백업까지 자동으로 이루어짐

* A1
  - Verified Design, 수학적으로 완벽한 시스템

정답 ④

문제 48〉	CC 구성요소 중에서 그 내용이 틀린 것은 무엇인가? ① 보안기능요구사항: 기능 요구사항을 표준화된 방법으로 표현, 감사기록, 추적, 송수신 부인방지, 신분확인 수행한다. ② 보증요구사항: 형상관리, 배달절차 및 운영, 개발 설명서, 생명주기 모델, 시험, 취약점 분석 수행한다. ③ 보호프로파일: 사용자에게 보안 필요성을 설명하는 수단을 제공하고 보안목적 및 보안 요구사항에 대한 이론적 근거, 일정한 제품군에 대한 보안요구사항의 집합이다. ④ 보안목표명세서: 재사용 가능하며 확인된 목적을 유용하고 효과적인 요구사항으로 정의하고 보안요구사항을 달성하기 위해서 운영방법을 제시한다.
카테고리	CISSP 〉 보안시스템

문제풀이

구분	주요내용
보안기능요구사항	TOE기능에서 요구되는 필요한 보안행동 정의, 제품 영역별 정의 구분 (암호 운용 및 키 관리, 사용자 신원 확인 및 인증, 데이터 보호관리 등)
보증요구사항	보안기능의 보안목적 부합여부 나타내기 위한 최소한의 요구 정도 (판단대상: 개발과정에 적용되는 개발 절차 및 문서)
보호 프로파일	Protection Profile(PP), 시스템 개발 시 이용자요구에 따른 보안기능 표현 설명서
보안목표명세서	Security Target(ST), TOE가 제공하는 보안 기능과 평가대상 범위 설명 문서
TOE	평가대상(Target of Evaluation), IT제품이나 시스템(일부 또는 전체), 관련 설명서

정답 ④

BCP(Business Continuity Planning)는 기업의 비즈니스 연속성 확보를 위한 IT 시스템 인프라, 프로세스, 조직의 모든 것을 포함하여 기업의 신뢰성 향상을 목표로 한다. BCP는 BIA라는 영향도 분석을 수행하여 서비스별 우선순위를 정의하고 정량적 영향도를 산정한다. 이러한 영향도를 활용하여 서비스별 목표 RTO(Recovery Time Object)를 산정한다. RTO는 재해 시에 서비스별 목표복구시간 산정으로 가장 적당한 것은 무엇인가? (가장 적당한 것 선택)

문제 49〉

① 시스템 및 데이터 복구시간 + 대체 사이트 준비 및 사고 사이트 정리시간 + 업무재개 준비시간
② 시스템 및 데이터 복구시간 + 백업센터 전환 시간 + 이상여부를 판단하는 모니터링 시간 + 결과 보고 시간
③ 시스템 및 데이터 복구시간 + 대체 사이트 준비 및 사고 사이트 정리 시간 + 담당직원들의 사이트 이동시간 + 담당자들의 실질적 업무재개를 위한 준비시간
④ 시스템 및 네트워크 복구시간 + 담당자들의 실질적 업무재개를 위한 준비시간 + 백업 센터 전화 및 데이터 동기화 시간

카테고리 CISSP 〉 보안시스템

문제풀이

– RTO는 목표복구시간으로 3번이 가장 적당하다.

* BIA(Business Impact Analysis)

목적	주요내용
업무 프로세스 우선순위 결정	– 주요 업무 프로세스의 식별 – 재해 유형 식별 및 재해 발생 가능성과 업무중단의 지속시간 평가 – 업무 프로세스별 중요도 평가 – 정성적 정량적 영향도 분석
중단가능시간 산정	– 업무 프로세스별 지연 감내 시간 산정 – 업무복구목표시간 RTO, 업무복구목표시점 RPO 산정
자원 요건 산정	– 연속성 보장 위해 어떤 자원이 필요한지 산정

정답 ③

문제 50〉	다음은 데이터베이스 암호화에 대한 설명이다. 그 내용 틀린 것을 선택하시오. (2개 선택) ① 데이터베이스 암호화는 직접식별자만 암호화 대상으로 한다. ② 데이터베이스 암호화를 수행하면 기밀성과 가용성을 만족할 수가 있다. ③ 데이터베이스 암호화와 MDM(Master Data Management)를 같이 활용하면 좀 더 효과적일 수가 있다. ④ 데이터베이스 암호화는 간접식별자에 대해서도 수행 할 수 있지만 성능 및 편의성 측면에서 문제가 발생할 수 있다.
카테고리	CISSP 〉 보안시스템

문제풀이

데이터베이스 암호화는 직접식별자와 간접식별자 모두에 적용할 수는 있다
암호화는 기밀성은 제공하지만 가용성을 제공하지 않는다.

정답 ①, ②

문제 51〉	데이터베이스 보호를 위한 방법 중에서 가장 틀린 것을 선택하시오. ① 데이터베이스 보호 기법 중에서 암호화는 기밀성을 만족할 수가 있지만, 데이터베이스 편의성을 저하시킨다. ② 데이터베이스 보호 기법 중에서 스니핑 방식은 데이터베이스에서 수행한 SQL 문의 Log를 관리할 수가 있어서 누가 언제 어떤 데이터를 조회했는지 식별할 수 있고 데이터 로그관리에도 문제가 없기 때문에 많이 활용되는 방법이다. ③ 데이터베이스 보호 기법 중에서 게이트웨어 방식은 애플리케이션 데이터베이스에 대한 직접적인 참조를 방지하고 게이트웨어를 통해서만 참조하는 Locality의 특성을 만족한다. 하지만 게이트웨이 방식은 데이터베이스 스니핑에 비해서 성능 저하를 유발 할 수가 있다. ④ 데이터베이스 접근제어(Access Control)은 RBAC를 활용하여 권한의 할당과 해제를 편리하게 할 수 있지만, 잘못 활용하면 최소권한의 원칙을 지키지 못할 수 있다.
카테고리	CISSP 〉 보안시스템

문제풀이

* 데이터베이스 보안의 종류 비교
– 데이터 암호화, 데이터 접근감사 및 통제

구분	데이터 암호화	접근 감사 및 통제
장점	– 데이터를 암호화하여 저장하므로데이터 유출 가능성 적음 – H/W유출시에도 데이터 보호가능	– 간편한 구성 및 적용 가능 – 운용 시 오버헤드 적음 (스니핑 방식경우) – 사고발생 시 후처리위한 감사자료제공
단점	– 대상데이터베이스에 적용 시 서비스중단 – 암호화 및 복호화에 따른 처리시간 증가 – 추가데이터베이스 저장 공간필요 – 제품에 따라 응용프로그램 변경필요	– 데이터 암호화 방법과 상대적으로 데이터 유출의 가능성 있음.

*** 데이터베이스 감사 및 통제를 위한 구성방식**

항목	에이전트방식	스니핑 방식	게이트웨이방식
용도	통제, 감사	감사	통제, 감사
장점	보안기능 좋음	서버 및 네트워크 부하 없음	접근통제 기능 좋음 서버 부하 없음
단점	DB서버에 부하 장애시 DB운용에 지장 가능성	통제기능 지원의 어려움	네트워크 부하 Failover대책 필요 설치시 네트워크 단절

정답 ②

문제 52〉 다음의 인터넷 보안기술 중에서 사용자 입장에서 편의성이 가장 떨어지는 방법은 무엇인가?

① SSL ② S–HTTP ③ SET ④ IPSEC

카테고리 CISSP 〉 보안시스템

문제풀이

– S-HTTP는 전용 브라우저를 사용해야 하므로 편의성의 가장 떨어진다.

*** S–HTTP(Secure Hypertext Transfer Protocol)**
– HTTP에 보안기능을 추가, 확장한 보안프로토콜
– HTTP의 전송능력을 그대로 가지면서 전송되는 각각의 메시지에 대해 전자서명, 암호화, 메시지 인증(MAC)과 같은 세 가지 전송모드로 보안서비스 제공

*** S-HTTP 특징**

- HTTP를 확장하여 대체하는 것으로서 기존 클라이언트 서버시스템 대신 새로운 시스템 필요
- 응용계층의 HTTP의 확장 구현으로 다른 응용계층의 프로토콜은 S-HTTP보안기능 사용불가

정답 ②

문제 53〉	다음의 스마트카드 공격 기법 중에서 칩 표면에 직접접근 하여 관찰, 변경, 간섭을 하는 방법은 무엇인가? ① 마이크로프로빙 ② 소프트웨어 공학 ③ 도청 ④ 고장생성
카테고리	CISSP 〉 보안시스템

문제풀이

*** 부 채널 공격(Side-Channel Attacks)**

- 암호 모듈 내의 암호 알고리즘이 동작할 때 발생하는 전기 소모량, 전자기 신호량, 열 등의 정보를 수집, 분석 해 암호키를 찾아내는 방법

*** 스마트 카드 공격 방법**

- 마이크로프로빙: 칩 표면에 직접 접근하여 회로 관찰, 변경, 간섭하는 방법
- 소프트웨어 공격: 일반적인 인터페이스를 이용하여 취약성을 탐색
- 도청: 일반적인 조작 중에 전자파동을 감시하는 방법
- 고장생성: 오동작을 발생시키는 환경조건을 이용하여 공격

정답 ①

문제 54〉	최근 미국의 RSA사의 해킹으로 인하여 OTP(One Time Password)에 대한 신뢰성이 저하되었다. 사용자 입장에서 이러한 위협에 대응하기 위해서 가장 현실적인 방법은 무엇인가? ① OTP 사용 시에 OTP 클라이언트와 서버 간에 시간동기화 기법을 활용한다. ② OTP와 더불어 보안카드를 같이 활용하여 보안성을 높일 수 있다. ③ 소프트웨어 기반 OTP가 아니라 하드웨어 기반 OTP를 사용한다. ④ OTP 단말에 있는 단말 등록번호가 유출되지 않도록 주의한다.
카테고리	CISSP 〉 보안시스템

문제풀이

– 단말번호를 통해서 패스워드를 생성하므로 단말 등록번호 유출을 주의해야 한다.

*** OTP (One Time Password)의 개념**

– OTP생성 매체에 의하여 필요한 시점에 발생되고 매번 다른 번호로 생성되는 높은 보안수준을 가진 사용자 인증용 동적 (Dynamic) 비밀번호

*** OTP의 구성요소와 원리**

1) OTP의 구성요소(OTP = function f(secret, seed))
   – secret(사용자 비밀키): 암호 쌍, 코드표 등 사용자와 인증시스템이 공유한 비밀번호
   – seed(시퀀스 카운트): 임의의 숫자, 문자/숫자 기호, 현재시간등
   – Function f(해시함수): secret, seed를 입력 받은 질의문 생성 함수(MD4, MD5, SHA)

2) OTP의 주요 원리
   – OTP생성 프로그램에 비밀키와 시퀀스 카운트를 입력
   – 해시 알고리즘으로 암호화 후 OTP생성
   – 사용자와 서버가 각각 사용자 비밀키로 OTP생성기를 통해 비교 후 상호 인증

*** OTP생성 방식 간 비교**

비교항목	비동기화 방식	동기화 방식	
종류	질의응답방식	시간 동기화방식	이벤트 동기화 방식
OTP생성시 입력값과 입력방식	– 인증서버에서 전달받은 질의값(임의의 난수) – 사용자 직접 입력	– 시간 – 자동 내장	– 인증 횟수 – 자동 내장
장점	구조간단 OTP생성 매체와 인증 서버간 동기화 필요없음	질의 값 입력이 없어 질의응답 방식에 비해 사용 간편 질의응답 방식에 비해 호환성 높음	질의 값 입력이 없어 질의응답 방식에 비해 사용 간편 시간 동기화 방식에 비해 동기화되는 기준값 자동화로 사용 간편
단점	– 사용자의 질의값 직접입력으로 사용 번거로움 – 같은 질의값 생성되지 않도록 인증서버 관리 필요	– OTP생성 매체와 인증서버시간정보의 동기화 필요 – 일정시간 이상 인증불가시 새로운 비밀번호 생성시까지 시간소요	OTP생성 매체와 인증 서버의 인증 횟수 동기화 필요

–시간+이벤트 동기 방식: 이벤트 카운터의 시간을 기반으로 OTP를 생성

정답 ④

문제 55〉 다음과 같은 구조를 가지고 있는 로그파일은 무엇인가?

[로그파일 구조]

```
short ut_type:                 /* type of login
pid_t ut_pid:                  /* pid of login process*/
char ut_line[UT_LINESIZE]:     /* device name of tly-*/dev/* */
char ut_id[4]                  /*init id or abbrev. ttyname*/
char ut_use[UT_NAMESIZE]       /* user name*/
char ut_host[UT_HOSTSIZE]      /* hostname for remote login*/
struct exit_sta tus_exit       /* The exit status of a process
                               /* marked as DEAD_PROCESS*/
long ut_session:               /* session ID, used for windowing*
struct timeval ut_tv:          /* time entry was made. */
int32_t ut_addr_v6[4]:         /* IP address of remote host. */
char pad[20]:                  /* Reserved for future use. */
```

① utmp ② wtmp ③ sulog ④ lastlog

카테고리 CISSP 〉 보안시스템

문제풀이

- 현재 로그인한 사용자 기록을 가지는 utmp 로그의 구조체인다.

정답 ①

문제 56〉 ICMP 프로토콜을 활용하여 용량초과 데이터를 전송함으로써 수신 측의 버퍼 오버플로우를 발생시키는 공격기법은 무엇인가

① DrDOS
② PDoS
③ Ping Flooding
④ Stuxnet

카테고리 CISSP 〉 보안시스템

문제풀이

- ICMP 프로토콜을 이용한 공격기법은 Ping Flooding이다.

정답 ③

문제 57〉	아래의 해킹기법 중에서 스마트폰에 대한 직접적인 위협을 발생시키는 것은 무엇인가? ① DrDoS ② TCP Sync Flooding ③ Permanent DoS ④ Stuxnet
카테고리	CISSP 〉 보안시스템

문제풀이

- PDoS는 스마트폰의 펌웨어 업그레이드 시에 악성코드를 삽입하는 해킹기법이다.

정답 ③

문제 58〉	독일 지멘스사에서 만든 SCADA 시스템과 같이 폐쇄형 시스템에 대해서 최근 발생한 보안 위협은 무엇인가? ① DrDoS ② TCP Sync Flooding ③ Permanent DoS ④ Stuxnet
카테고리	CISSP 〉 보안시스템

문제풀이

- Stuxnet은 폐쇄형 시스템에서 USB 사용 시에 침입하는 해킹기법으로 국가 기간 시스템을 공격대상으로 한다.

정답 ④

	최근 현대캐피탈 해킹기법으로 시스템의 보안상 문제없이 접근할 수 있는 비밀통로로 무엇이라고 하는가? (2개 선택)
문제 59〉	① Teardrop ② Trap Door ③ Back Door ④ Test Door
카테고리	CISSP 〉 보안시스템

문제풀이

– Back door = Trap Door 즉, 비밀통로를 의미한다.

정답 ①

	아래의 백업과 복구기법 중에서 논리적 복구와 물리적 복구가 가능한 백업과 복구기법은 무엇인가?
문제 60〉	① CDP(Continous Data Protection) ② Replication ③ VTL(Virtual Tape Library) ④ RAID 1
카테고리	CISSP 〉 보안시스템

문제풀이

– CDP 논리적 복구와 물리적 복구가 가능한 백업/복구 기법으로 SAN Switch에서 패킷을 복제하고 압축하여 백업을 수행한다.

정답 ②, ③

E-mail 보안 프로토콜 중에서 IDEA 알고리즘을 사용하는 공개-개인키 표준은 아니지만 인터넷 기반을 지원하는 프로토콜은 무엇인가?

문제 61〉

① S/MIME
② MOSS
③ SET
④ PGP

카테고리 CISSP 〉 보안시스템

문제풀이

- Application Layer Security Protocol: S/MIME, SET, PEM 프로토콜이 있다.

1) S/MIME(Secure Multipurpose Internet Mail Extensions): E-mail과 첨부의 전송을 공개키 암호화와 디지털 서명을 통하여 보호한다. 두 가지 유형의 메시지가 S/MIME를 사용하여 형성될 수 있으며, signed message 그리고 enveloped message, signed message는 무결성과 송신인 인증을 제공한다. Enveloped message는 무결성, 송신인 인증, 그리고 기밀성을 제공한다.
2) MOSS(MIME Object Security Services): MD2 및 MD5 알고리즘을 채용한다. Rivest, Shamir, 그리고 Adelman (RSA) 공개키, 그리고 인증 및 암호화 서비스를 제공하지 위한 DES를 통해 E-mail message에 대한 확실성(Authenticity), 기밀성, 무결성, 부인 봉쇄 등을 제공할 수 있다.
3) SET(Secure Electronic Transaction): 인터넷을 통한 거래(transaction)의 전송을 위한 보안 프로토콜이다. Rivest, Shamir, adelman(RSA) 암호화 및 Data encryption Standard(DES)에 기반한다. Visa와 Mastercard 같은 주요 신용카드 업체의 지원을 한다.
4) PEM(Privacy Enhanced Mail): E-mail을 이용하여 전송할 수 있는 Format으로 메시지를 대칭키와 비대칭키 암호화 알고리즘을 사용하여 Enveloping한 후 PEM에서 사용하는 Encoding 방식(BASE64)에 따라서 Text로 변환하여 E-mail을 사용하여 전송한다. PEM은 RSA, DES, X.509 등의 암호화 기술을 사용함으로써 기밀성과 메시지의 인증 및 무결성을 유지하는 전자우편이다. 기밀성, 안정성, 그리고 메시지의 신빙성을 제공한다.
5) PGP(Pretty Good Privacy): 파일과 E-mail 메시지를 암호화하기 위해 IDEA 알고리즘을 사용하는 공개-개인키 시스템으로 표준은 아니지만 폭넓은 인터넷 기반 지원을 가지는 독립적으로 개발된 제품이다.

정답 ④

- Application 보안: S-HTTP(HTTP자체 보안확장), PGP와 S/MIME(전자우편 보안)
- TCP/IP 보안: SSL/TLS(TCP계층), IPSec(IP계층에 통합형태로 개발)
- S-HTTP: 전송되는 메시지에 대한 전자서명, 암호화, 메시지 인증 전송모드로 보안서비스 제공
- PGP, S/MIME: 이메일 보안용으로 사용되는 응용계층 보안 프로토콜, 암호화, 인증, 전자서명기능
- PGP: Web of Trust형의 분산구조 공개키 인증방식의 응용보안 프로토콜, 구현 용이
- MIME: 메일시스템의 정보교환시 암호화된 문서를 HTTP를 통해 전송
- SSL/TLS: 채널기반 전송계층 보안 프로토콜, 보안생성 채널 및 보안설정 정보교환, UDP상 응용에 적용불가, 전자서명 및 중앙집중식 통합보안관리 기능 제공 불가
- SSL: 일반적인 인터넷 환경에서 웹브라우저와 서버 사이의 연결, Client-Server모델 보안프로토콜
- TLS: IETF에서 표준화된 SSL(웹 트랜잭션 보안용)
- WTLS: WAP에서 무선데이터 보호를 위해 TLS를 무선환경에 최적화 시킨 보안프로토콜
- IPSec: IP Packet에 대한 인증, 암호화, 접근제어 등 보안서비스 제공하는 보안프로토콜
- IPSec 기능: IP주소 위장방지, 데이터그램 변경 및 재전송 방지, 기밀성제공, 암호키 생성분배
- IPSec 동작: IPSecAH, ESP, IKE프로토콜로 보안서비스제공(접근제어, 무결성보장, 암호화 등)
- ALS: HTTP기반에서 S-HTTP와 TLS의 장점을 수용한 응용계층 보안 프로토콜

문제 62〉 Biometrics 기법의 문제점에 대해서 틀린 것은 무엇인가?

① 지문인식은 사용자의 지문 패턴을 리더기로 입력받아서 동일한 지문을 검색하는 기법으로 사용자의 수가 많을 경우 느려지는 문제가 있기 때문에 1:1 SCAN 방식으로 성능을 개선할 수가 있다. 패턴 자체가 작지만 지문은 사용자마다 고유한 패턴을 가지므로 유일성을 만족할 수 있고 누구나 지문이 있으므로 보편성 완벽히 만족할 수가 있다.
② 홍채인식은 사용자의 홍채 정보를 획득하여 신원을 검색할 수 있지만 거부감이 클 수가 있다. 홍채 정보는 다른 것보다 인식률이 높은 장점을 가진다.
③ 음성인식은 원거리에서 활용할 수 있는 장점을 가지지만 인식률이 떨어지는 문제점이 있다.
④ 정맥인식은 지문인식에 비해서 패턴의 크기가 커서 인식률의 정확도를 높일 수 있는 장점을 가지지만 지문인식기에 비해 인식기가 고가인 문제점을 가진다.

카테고리 CISSP 〉 보안시스템

문제풀이

- 지문인식은 생체인식의 특징인 보편성을 만족하지 못할 수 있다.

- 생체인식의 조건

특성	설명
보편성	- 모든 사람이 가지고 있는 보편적 특징을 대상으로 함
영구성	- 특징은 변하지 않으며, 변경시킬 수 없음
독특성	- 같은 특징을 가진 다른 사람이 존재하지 않음
획득성	- 센서가 쉽게 획득하고 정량화 할 수 있어야 함
시스템성능	- 처리 속도가 빠르고 처리량이 커야 함, 알고리즘 및 시스템 구성의 효율성
저항성	- 위조 가능성이 없어야 함
수용성	- 사람들이 인증 시스템에 거부감을 갖지 말아야 함

- 생체인식의 종류

구분	방식	장점	단점
생체적 특징	지문 인식	- 안전성, 비용 저렴 - 시중에 많은 센서 존재	- 지문 사용 거부감 - 지문 손상 시 문제 발생 가능
	얼굴 인식	- 거부감 적음, 사용자 편의성, 저렴 - 공공장소 설치 시 범죄 예방 효과	- 조명변화 민감, 변장 가능 - 현재 기술로는 인식률이 매우 떨어짐
	망막 인식	- 고도의 보안성 (위조가 매우 힘듦) - 오인식률 가장 낮음	- 사용상의 두려움과 거부감 (눈 접촉 필요) - 고가격, 고비용
	홍채 인식	- 인식률 높은 편, 보안성 좋음	- 사용자 거부감 (눈 접촉하진 않음), 고가격
	정맥 인식	- 사용자 편의성 우수 - 작은 상처나 오염 무관	- 시스템 크기가 크고 고가

행동적 특징	음성 인식	- 원격지에서 사용 가능 - 사용자 편의성, 가격 저렴	- 신체적, 감정적 변화에 민감 - 오인식률이 비교적 큼
	서명 인식	- 입력기기의 가격 저렴 - 사용자 편의성 좋음	- 타인 도용 가능성 존재 - 정확도가 떨어짐

- **생체인식 성능평가항목**

항목	내용
오인식률(FAR)	- 등록되지 않은 사람을 등록된 사용자로 잘못 인식할 확률 - 기밀성 측면에서 문제가 됨, 오거부율 보다 보안측면에서 중요함
오거부율(FRR)	- 정상 등록된 사용자를 인식하지 못할 확률 - 가용성 측면에서 문제가 됨, 사용자 편의성 제고시 오거부율 감소
등록시간	- 등록 과정: 1) 생체 특징 추출→2) 추출값을 데이터화→3) DB에 저장
검색시간	- 검색 과정: 1) 생체 특징 추출→2) 추출값을 데이터화→3) DB에서 검색 - 사용자의 편의 정도에 따라 감내할 수준이 되어야 함

정답 ①

문제 63〉 Ticket기반의 대칭키(DES) 암호학을 사용하는 MIT에서 개발된 인증 서비스는 무엇인가?

① SSO
② KMI(Key Management Infrastructure)
③ Kerberos
④ PMI(Privilege Management Infrastructure)

카테고리 CISSP 〉 보안시스템

문제풀이

- Kerberos는 인증만 제공하고 기밀성과 무결성은 제공하지 않는다.

정답 ③

문제 64〉	속성인증서 혹은 X.509 인증서의 확장필드를 활용하여 임무, 지휘, 역할 등 다양한 정보를 사용할 수 있는 구조는 무엇인가? ① SSO ② KMI(Key Management Infrastructure) ③ Kerberos ④ PMI
카테고리	CISSP 〉 보안시스템

문제풀이

*** PMI(Privilege Management Infrastructure)의 개념**

– 권한 관련 자원과 소유자 간의 관계를 신뢰기반이 보증하고 유지하는 구조로 Attribute Certificate를 발급, 저장, 유통을 제어하는 권한관리 기반구조

*** 속성인증서(AC: Attribute Certificate) 개요**

– PMI를 위해 사용되는 속성관계를 확인하는 PMI용 인증서
– 속성관리 기관에서 해당 속성정보를 바탕으로 발급
– 사용자 신원확인을 위해 공개키 인증서 활용, 속성정보 확인을 위해서는 속성인증서 검증
– 권한검증: 속성인증서와 속성인증서가 가리키는 공개키 인증서를 연결하여 권한 판별
– 사용자는 여러 속성기관으로부터 다수의 속성인증서 발급 가능

*** 속성인증서(AC) 정보제공을 위한 구현방법**

– 기존 신원확인은 공개키 인증서의 확장필드 이용
– 사용자 인증을 위한 식별 인증정보 및 접근통제정보와 lifecycle차이, 발급기관 역할 및 기능의 차이로 신원확인용과 별도의 Attribute인증서를 발급관리

***PMI의 구성요소**

구성요소	설명
SOA(Source of Authority)	PKI의 루트CA와 유사역할 권한검증자가 무조건 신뢰하는 AA(Attribute Authority)
AA(Attribute Authority)	SOA로부터 권한의 전부 또는 일부를 위임받아 인증서 발급업무 수행
권한소유자(Privilege Holder)	인증서를 통해 AA로부터 권한에 대한 소유권을 보증받은 자(PKI의 End-Entity에 해당)
권한검증자(Privilege Verifier)	속성인증서를 받아 응용에 맞게 사용하는자권한주장자가 권한을 정당하게 소유하고 있는지 확인

정답 ④

	다음은 통합인증 기법이다. 아래의 내용 중에서 중앙집중적인 인증을 수행하고 조직기반에 자동권한 관리가 수행할 수 있는 솔루션은 무엇인가?
문제 65〉	① SSO ② EAM ③ IAM ④ OPEN-ID
카테고리	CISSP 〉 보안시스템

문제풀이

* IAM(Identity and Access Management)의 개념
- 보안관리자가 전체적인 IT운영의 효율을 개선할 수 있도록 계정 및 접근권한 관리를 지원하는 통합솔루션
- 계정관리 담당: Identity Management
- 권한통제담당: Access Management

구성요소	상세 설명
계정관리 Identity Management	오프라인 / Provisioning [ID발급] / Entitlement [사용권한부여] / De-provisioning [ID회수] / De-entitlement [권한 회수] / 온라인 / Identity / Authority / 자연인 / 시스템
	- 기능:사용자 ID 및 프로파일 정보의 생성 및 운용관리를 지원계정 및 액세스 권한 할당, 신속한 de-provisioning수행 - 구성요소: 사용자 ID셀프서비스 및 운용관리 권한 위임, 패스워드 서비스, 액세스 권한중지 자동화, 운용관리 활동 모니터링, 취약성 관리의 일원화 등
액세스 관리 Access Management	오프라인 / Provisioning [ID발급] / Entitlement [사용권한부여] / De-provisioning [ID 회수] / De-entitlement [권한 회수] / 온라인 / Identity / Authority / 자연인 / 시스템
	- 기능: 기업정보의 및 애플리케이션 무결성 유지 지원 - 구성요소: 애플리케이션 사용자 통제, 웹서비스 보호, 웹사이트 통제, OS접근 통제 강화, SSO, EAM
모니터링 및 감사	- 보안 이벤트 취합, 필터링, 분석 및 상관 분석기능, 시각화 툴 제공

정답 ③

Dual Watermark 기능을 가지고 있는 워터마킹 기법은 무엇인가?

문제 66〉

① Steganography
② Fingerprint
③ DRM
④ DOI

카테고리 CISSP 〉 보안시스템

문제풀이

– 핑거프린트는 구매자 정보와 원저작자 정보를 워터마킹하는 Dual Watermark를 지원한다.

1) 워터마킹: 콘텐츠 내에 육안으로 식별이 불가능한 워터마크를 삽입하여, 차후에 콘텐츠 소유권에 대한 분쟁 등이 발생 시 삽입된 워터마크 추출을 통해 콘텐츠의 소유자를 식별하는 콘텐츠 보호기술

2) 핑거 프린팅: 콘텐츠에 불법 배포를 방지 하기 위해 워터마크로 삽입하는 정보를 저작자가 아닌 구매자 정보를 삽입하는 개인화 워터마킹 기술

* 아날로그 콘텐츠 보호 관점 워터마킹과 핑거 프린팅 비교

구분	워터마킹	핑거프린팅
특징	– 아날로그 콘텐츠의 원소유자, 혹은 문서의 진위를 확인	– 사용자마다 콘텐츠에 삽입되는 정보가 각기 다름
삽입정보	– 해당 콘텐츠의 소유자(원 저작권자) 정보	– 해당 콘텐츠의 구매자(혹은 인증된 오프라인 출력자)정보
활용사례	– 오프라인 출력된 전자문서의진위 확인, 복사 및 위변조 방지 – 최종 복사 시 '사본'임을 육안으로 판독 표시	– 오프라인으로 출력된 전자문서의 인증 – 암호화되어 삽입된 핑거프린트를 추출하여 문서의 진위여부 확인

정답 ②

다음 중 DES의 동작방식에서 64Bit의 평문과 56Bit의 암호키를 이용하여 64Bit의 암호문을 생성하며, 대칭형 암호 알고리즘의 암호키 분배에 널리 이용되는 것은?

문제 67〉

① CBC(Ciper Block Chaining) mode
② ECB(Electronic Code Book) mode
③ CFB(Cipher FeedBack) mode
④ OFB(Output FeedBack) mode

카테고리 CISSP 〉 보안시스템

* **DES 동작방식**
- ECB mode: 64Bit의 평문과 56Bit의 암호키를 이용하여 64Bit의 암호문을 생성하며, 대칭형 암호 알고리즘의 암호키 분배에 널리 이용되는 동작방식으로, 64Bit의 각 평문 블록이 동일키를 이용하여 독립적으로 암호화됨
- CBC mode: 64Bit의 평문과 이전 암호문의 64Bit를 Exclusive-OR한 값을 암호 알고리즘의 입력으로 사용하는 방식으로, 범용 블록형 전송인증에 널리 이용됨
- CFB mode: 평문 입력 r비트와 암호문 r비트를 Exclusive-OR한 뒤 암호 알고리즘의 입력 버퍼로 들어가도록 하는 동작방식으로, K비트로 구성된 문자를 암호화하며, 범용 스트림형 전송 인증에 널리 이용되는 동작방식
- OFB mode: CFB와 유사하며, 위성통신 등 잡음 있는 채널상의 스트림형 전송에 널리 이용되는 동작방식

정답 ②

문제 68〉 암호화 방식은 블록암호, 인수분해 기반, 확률적 공개키의 암호화 방법 등으로 구분할 수 있다. 다음 중 블록 암호화가 적용되는 방식들을 짝지은 것이 아닌 것은?

① DES, SEED
② IDEA, AES
③ DES, IDEA
④ IDEA, RSA

카테고리 CISSP 〉 보안시스템

문제풀이

* **암호화 방법**
- 블록암호화 방법: DES, AES, IDEA, SKIPJACK, SEED, MISTY 등
- 인수분해 기반 암호화 방법: RSA, Rabin 등
- 이산로그 기반 암호화 방법: ECC(타원곡선 공개키 암호), ElGamal

* **AES(Advanced Encryption Standard); 대칭키 암호화**
- 미 암호관련 업계가 제출한 차세대 국가 암호표준
- 미NIST(표준기술연구소)가 기존의 국가암호 표준인 DES(Data Encryption Standard)를 대체하는 표준으로 AES를 마련키 위해, 암호업계가 제출한 여러 암호 알고리즘에 대해서 시험과정을 거친 후 차세대 국가 암호표준으로 선정

정답 ④

문제 69〉	NAT(Network Address Translation)은 외부 네트워크에 알려진 것과 다른 IP주소를 사용하기 위해 내부 네트워크에서, IP주소를 변환하는 것을 의미한다. 다음 중 NAT에 대해서 틀리게 기술한 것은? ① NAT 주소할당방식에는 동적주소할당 방식과 정적주소할당 방식이 존재한다. ② 네트워크의 여러 컴퓨터가 IP 주소 하나를 사용하여 인터넷에 연결하도록 하는 방화벽의 구성요소이다. ③ 내부 IP 주소를 숨겨서 보안성을 향상시킨다. ④ 적은 공인 IP주소를 사용한다.
카테고리	CISSP 〉 보안시스템

문제풀이

– 네트워크의 여러 컴퓨터가 IP 주소 하나를 사용하여 인터넷에 연결하도록 하는 방화벽의 구성요소는 Proxy Server이다.

정답 ②

문제 70〉	다음은 비대칭형 공개키 암호시스템에 대해 기술한 것이다. 맞지 않는 것은? ① 대칭키 시스템보다 키분배는 어려우나, 확장성이 좋으며, 비밀성(Confidentiality), 인증(Authentication), 부인봉쇄(Nonrepudiation)를 제공한다. ② 공개키는 모든 사람에게 알리고 개인키는 오너만이 알고 있어야 하며, 각 사용자는 자신의 공개키(Public key)와 개인키(Private key)를 소유하고, 공개키를 배포한다. ③ 일방향 함수(One way function)를 기반으로 하며, 부인봉쇄(Nonrepudiation)의 경우에는 공개키만 가능하다. ④ 속도가 느린 것이 단점이며, RSA, ECC, Diffie Hellman, El Gamal, DSS 등은 모두 공개키 기반 알고리즘이다.
카테고리	CISSP 〉 보안시스템

문제풀이

– 비대칭형 공개키 암호시스템은 대칭키 시스템보다 키분배가 쉽다

정답 ①

문제 71〉

PKI에서 프로그램이 주기적인 CRL을 이용하여 인증서의 유효성(취소여부)을 검증하는 것을 보조하거나 대신하여 특정 인증서의 취소 상태 정보를 시기 적절하게 온라인으로 제공하기 위한 프로토콜, 즉 실시간으로 인증서를 check하는 프로토콜은?

① TSP
② OCSP
③ SCVP
④ DVCS

카테고리 CISSP 〉 보안시스템

문제풀이

- CA간의 인증서 상호인증을 지원하는 것은 OCSP이다.

정답 ②

문제 72〉

다음에 제시된 여러 해킹 관련 공격기법 중 서비스거부(DoS: Denial of Service) 공격이 아닌 것은?

① SYN flooding
② Back Orifice
③ smurf
④ Trinoo

카테고리 CISSP 〉 보안시스템

문제풀이

- Back Orifice(백 오리피스)는 윈도 트로이목마 프로그램의 예이다.

정답 ②

문제 73〉 다음의 암호화/복호화 과정 중 어느 것이 송신자 또는 수신자의 보안을 가장 확실하게 보증하는 것인가?

① 송신자와 수신자의 비밀키로 암호키와 복호키가 동일한 대칭키를 이용한다.
② 송신자의 개인키에 DES 알고리즘을 적용한다.
③ 수신자는 공인된 인증기관에 의해 검증된 송신자의 공용키를 이용하여 해시코드를 복호화한다.
④ 비밀키를 사용하여 암호화된 해시코드와 메시지를 암호화한다.

카테고리 CISSP 〉 보안시스템

문제풀이

– 송신자와 수신자의 보안을 가장 확실하게 보증하는 것은 대칭키 방식을 적용했을 때 보다는 공인된 인증기관에 의한 공개키 기반구조(PKI)하의 비대칭키 암호화방식을 적용했을 때이다.

정답 ③

문제 74〉 책임추적성(Accountability)은 보안 정책의 중요한 부분이다. 다음 중 시스템 사용자의 책임추적성을 확보하는 데 가장 덜 효율적인 방법은?

① 감사 요구자료(Audit Requirements)
② 패스워드(Password)
③ 인식 제어(Identification Control)
④ 인증 제어(Authentication Control)

카테고리 CISSP 〉 보안시스템

문제풀이

– 책임추적성(Accountability)을 확보하는 방법은 인식과 인증 정책과 감사이다.

정답 ②

문제 75〉 다음 중 Kerberos인증 시스템에서 사용되는 암호화 알고리즘은 무엇인가?

① RSA
② DES
③ IDEA
④ DSS

카테고리 CISSP 〉 보안시스템

문제풀이

- Kerberos는 전송 데이터의 encryption을 위해 DES algorithm을 사용
- 네트워크 사용자를 인증하는 것과 관련하여 미국 MIT의 Athena 프로젝트에서 개발된 네트워크 인증 표준이다. Kerberos는 개방된 안전하지 않은 네트워크 상에서 사용자를 인증하는 시스템이다. Kerberos는 DES 같은 암호화 기법을 기반으로 하기 때문에 그 보안 정도는 높다고 할 수 있다. Kerberos는 ticket이라는 것으로 사용자를 인증하고, 보안상으로 볼 때 좀 더 안전하게 통신할 수 있게 한다.

정답 ②

문제 76〉 BLP Model에서 subject의 security level보다 작은 security level을 갖는 object에 쓰기(write)를 할 수 없도록 하는 property를 무엇이라 하는가?

① *property
② simple security property
③ strong star property
④ access control property

카테고리 CISSP 〉 보안시스템

문제풀이

* BLP의 property
- ss-property : no read-up
- * property : no write-down

정답 ①

문제 77〉

VPN(Virtual Private Network)은 공용 네트워크(안전하지 않은 환경)를 통한 안전한 사설 연결이 가능한 가상 사설 네트워크로서, 공용 네트워크를 가로지르는 두 실체들 사이의 가상 전용 링크를 제공한다. 다음 중 VPN의 터널링 프로토콜(Tunneling protocols)에 해당하지 않는 것은?

① PPTP
② L2TP
③ IPSec
④ H.323

카테고리 CISSP 〉 보안시스템

문제풀이

– VPN의 보안요소

요소	주요 내용
암호화(Encryption)	세션마다 일정한 암호화가 임의적으로 진행되어야 하는데, 이때 키의 단순화와 변경방법, 자동적인 키관리가 필요
인증(Authentification)	인증은 송신자의 신분을 확인하고 해당 네트워크에 액세스할 수 있는 권한을 부여하는 과정
터널링 기법	터널은 가상으로 구성되는 통로로 연결중인 접속이 회선에서 유일한 통로처럼 보이게 함 예) PPTP(Point-to-Point Tunneling Protocol), L2TP(Layer 2 Tunneling Protocol), L2F(Layer 2 Forwarding), IPSec
QoS	속도, 지연, Jitter 등의 품질 보장

정답 ④

문제 78〉

VPLS(Virtual Private LAN Service)에 사용되는 터널링 기술은 무엇인가?

① MPLS ② IPSEC ③ SSL ④ PPTP

카테고리 CISSP 〉 보안시스템

문제풀이

– VPLS는 MPLS 기술을 활용하여 터널링 기술을 지원한다.

정답 ①

공개키 기반구조(PKI, Public Key Infrastructure)를 구현하는 공인 인증기관의 인증시스템 등록서버가 수행하는 기능이 아닌 것은?

문제 79〉

① 신분 확인
② 인증서 보관
③ 인증 요청서 보관
④ 인증서 발급 대행

카테고리 CISSP 〉 보안시스템

문제풀이

구성요소	주요 기능
인증기관 (CA: Certification Authority)	-인증 정책을 수립, 인증서 및 인증서 폐기 목록 관리(생성, 공개, 취소, 재발급 등) -다른 CA와 상호 인증 -CRL(Certificate Revocation List) 등록 및 인증절차 작성 -PCA, PAA의 하위기관
등록기관 (RA: Registration Authority)	-사용자 신원 확인, 인증서 요구를 승인, CA에 인증서 발급 요청 -PKI를 이용하는 애플리케이션과 CA간 인터페이스 제공 -대표적 RA: 은행, 증권회사
Directory	-인증서, 암호키에 대한 저장, 관리, 검색 등의 기능 -PKI관련 정보 공개
User	-인증서 생성, 취소 등을 요구, 인증 경로 검증 -인증서 사용, 활용(디지털 서명, 암호화 등) -디렉토리로부터 인증서 및 인증서 취소 목록 획득
인증 정책	-특정한 형태의 인증서를 발행하기 위한 절차 기술

정답 ②

다음은 보안에서 사용되는 대표적인 알고리즘이다. 잘못 연결된 것은?

문제 80〉

① 해시 알고리즘: SHA-1
② 대칭 암호 알고리즘: AES
③ 공개키 암호 알고리즘: RSA
④ 전자서명 알고리즘: RCA

카테고리 CISSP 〉 보안시스템

문제풀이

- 해시 알고리즘: MD4, MD5, SHA-1, RIPEMD-160, HAS160, SMD, HAVAL
- 대칭암호 알고리즘: 스트림 암호(RC4, SEAL), 블록 암호(DES, 3DES, AES, IDEA, Blowfish, SEED)
- 공개키 암호 알고리즘: DH, RSA, DSA, ECC

정답 ④

문제 81〉

다음 중 보안 프레임워크로서 ISO27001에서 제시하는 PDCA 모델에 대한 설명에 해당하지 않는 것은?

① 계획(Plan): 보안 위협을 관리하고 정보보호를 위한 보안정책을 수립한다.
② 수행(Do): 수립된 보안 정책을 현재 업무에 적용한다
③ 점검(Check): 적용된 정책이 실제로 잘 운용되고 있는지 확인한다.
④ 감사(Audit : 정보 보안의 상태를 확인하고 통제한다.

카테고리 CISSP 〉 보안시스템

문제풀이

- Audit가 아니라 Action이다.

정답 ④

문제 82〉

전자서명을 생성 및 검증하는 과정은 다음과 같다. 괄호 안에 들어갈 적절한 용어는?

가. 송신자는 해시 알고리즘을 이용하여 메시지 해시값을 생성한다.
나. 송신자는(A)를 바탕으로 메시지 해시값을 암호화하여 자신의 서명값을 생성한다.
다. 송신자는 메시지와 서명값을 수신자에게 전송한다.
라. 수신자는 받은 메시지를 해쉬하여 해시값1을 생성한다.
마. 수신자는 받은 서명값을(B)를 바탕으로 복호화하여 해시값2를 생성한다.
바. 수신자는 해시값1과 해시값2를 비교하여 서명을 검증한다.

① A: 송신자의 개인키, B: 수신자의 공개키
② A: 송신자의 개인키, B: 송신자의 공개키
③ A: 수신자의 개인키, B: 수신자의 공개키
④ A: 수신자의 개인키, B: 송신자의 공개키

카테고리 CISSP 〉 보안시스템

문제풀이

- 전자서명은 개인키와 이에 대응되는 공개키로 구성된 공개키 기반구조에서 이뤄지며, 개인키는 개인이 예금통장의 비밀번호처럼 보관/사용하고 공개키는 누구나 알 수 있게 공개된다. 이에 따라 송신자가 전자문서에 개인키(비밀키)로 전자문서에 디지털 서명을 부착해 송신하면 수신자는 송신자의 공개키(서명검증키)를 이용해 송신자의 전자서명을 검증

정답 ②

문제 83〉	IPSec(Internet Protocol Security) 내의 프로토콜들에 대한 설명이다. 가장 적절하지 않은 것은? ① IP AH(Authentication Header)는 데이터 기밀성, 데이터무결성, 재연(Replay) 공격 보호 등을 제공한다. ② IP ESP(Encapsulation Security Payload)는 데이터의 기밀성, 데이터 원본 인증, 데이터 무결성, 재연(Replay) 공격 보호 등을 제공한다. ③ IKE(Internet Key Exchange)는 IPSec의 통신개체 사이에서 SA(Security Association)를 설정하기 위해 공유된 비밀키와 인증키를 설정한다. ④ ISAKMP(Internet Security Association Protocol)은 보안 협상과 그들의 암호화 키들을 관리하기 위해서 자동적으로 설정하는 방법을 제공한다.
카테고리	CISSP 〉 보안시스템

문제풀이

- AH는 기밀성을 제공하지 않는다.

정답 ①

문제 84〉	무선 보안에서 사용되는 WEP에 대한 설명으로 가장 적절한 것은? ① "Wireless Ethrnet Privacy"의 축약어이다. ② 무선 환경에서 가장 안전한 프로토콜로 평가받고 있다. ③ 기본적으로 RC4 스트림 암호를 사용한다. ④ 암호화를 통한 기밀성을 제공하고 있지만 인증이나 접근 제어 기능은 없다.
카테고리	CISSP 〉 보안시스템

문제풀이

* WEP(Wired Equivalent Privacy)
- 40Bit 또는 104Bit의 정적 암/복호화 키 사용
(RC4 스트림 암호 사용)
- 문제점: 고정키 사용(동일 AP접속자 간 암호화 의미 없음), 알려진 평문공격에 취약 사용자 인증구조가 정의되어 있지 않음, 중앙집중식 인증체계 없음
- 스마트카드, 인증서, 생체인식 등 추가 보안 메커니즘 지원 불가

정답 ③

문제 85〉	ISO 27000 인증에서 Risk Management는 무엇인지 선택하시오. ① ISO 27001 ② ISO 27002 ③ ISO 27003 ④ ISO 27004
카테고리	CISSP 〉 보안시스템

문제풀이

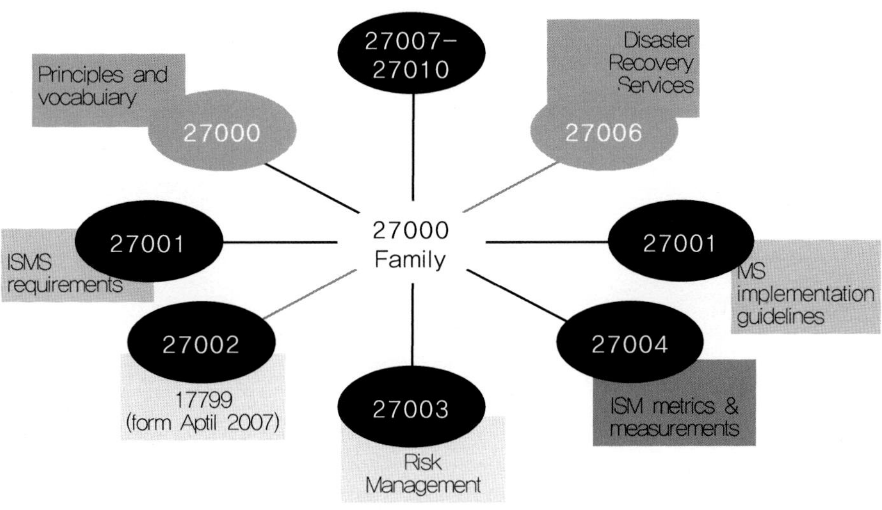

정답 ③

문제 86〉	정보보안의 3대 목표 중에서 정당한 사용자의 서비스 요청 시에 서비스 할 수 있는 특정에 대한 설명으로 틀린 것을 선택하시오. (2개 선택) ① 정당한 권한을 가진 사용자가 요청하면, 언제어디에서나 서비스해야 하는 특성이다. ② 정보시스템의 무결성을 의미한다. ③ 정보시스템의 가용성을 의미한다. ④ 생체인식 시스템에서 인식률이 낮으면 만족하기 어려울 수 있다.
카테고리	CISSP 〉 보안시스템

문제풀이

- 문제는 정보보안의 3대 목표 기밀성, 무결성, 가용성 중에서 가용성에 대한 설명이다.

정답 ① ②

문제 87〉	SQL Injection의 3가지 기법 중에서 로그인 창에 적용되는 기법을 선택하시오. ① Authentication Bypass ② OS Call ③ Query Manipulation ④ SQL Direct
카테고리	CISSP 〉 보안시스템

*** SQL Injection의 3가지 기법**

1) Authentication Bypass
   - 로그인 창에 적용되는 기법
   - 테이블의 첫 번째 Row 값을 써서 로그인하고, 만약 그것이 관리자 페이지라면 웹사이트 관리자로 로그인할 수 있다.
2) OS Call
   - OS Call은 Sysadmin 권한 계정으로 DB 연동을 수행했을 때를 노림
   - 마스터 DB의 확장 저장 프로시저에서 윈도 시스템을 핸들링할 수 있는 확장 저장 프로시저들을 실행케 해주는 것
   - OS Call을 방지 위해 확장 저장 프로시저들을 쓰지 못하도록 Disable, 확장 프로시저에 해당하는 DLL 파일을 삭제가 필요
   → 해킹에 의해 복원 가능하므로 Sysadmin 권한 계정으로 DB 연동하지 말것
3) Query Manipulation
   - 예외 처리를 하지 않은 사이트는 SQL Query를 조작

정답 ②

	다음 RSA(Rivest, Shamir, Adleman) 암호알고리즘에 대한 설명 중 틀린 것은? (2개 선택)
문제 88〉	① 국내 금융거래 등에서 전자서명에 사용된다. ② 518 Bit, 768 Bit, 1024 Bit의 키를 사용할 수 있다. ③ 안전성은 이산대수 문제의 어려움에 근거를 두고 있다. ④ 대칭키 암호알고리즘의 하나이다.
카테고리	CISSP 〉 보안시스템

문제풀이

- RSA: 공개키 암호화 표준, 소인수 분해 어려움
- DSA: 전자서명 알고리즘 표준, 이산대수 문제
- ECC: 타원곡선 이산대수문제, 암호강도 높음. 무선환경에 적합

정답 ③ ④

	해시(Hash)함수의 요구 조건으로 맞는 것은?
문제 89〉	① 해시함수는 역으로 계산이 가능해야 한다. ② 해시함수는 가변적인 크기의 출력을 만든다. ③ 해시함수는 강력한 충돌 회피성이 제공되어야 한다. ④ 해시함수는 고정 크기의 데이터 블록에만 적용된다.
카테고리	CISSP 〉 보안시스템

문제풀이

- 해시함수의 문제점은 충돌과 메모리 오버플로우이다. 충돌에 대한 해결방법이 있어야 한다.

- 해시함수의 특징

특 징	내 용
단방향성(One Way)	해시값으로 메시지의 내용 파악 불가
충돌회피(Collision Free)	메시지가 다르면 해시값도 다름
효율성(Efficiency)	적은 비트수로 표현 가능

정답 ③

문제 90〉 일회용 패드(One time Pad)에 대한 설명 중 틀린 것은?

① 평문과 랜덤(Random)한 비트열과의 XOR만을 취하는 단순한 암호기법이다.
② 과거에 사용한 랜덤함 비트열의 키를 재사용할 수 있어 실용적이다.
③ 일회용 패드가 해독 불가능하다는 것은 Shannon에 의해 수학적으로 증명되었다.
④ 일회용 패드의 아이디어는 스트림 암호에 활용되고 있으며 의사 난수 생성기 등을 사용하여 강력한 암호를 구축할 수 있다.

카테고리 CISSP 〉 보안시스템

문제풀이

- OTP는 키를 재사용할 수는 없다.

정답 ②

문제 91〉 해킹의 유형은 침입(Intrusion), 서비스거부(Denial of Service), 정보절취(Information Theft) 등으로 구분할 수 있다. 다음 중에서 정보 절취에 해당하는 것은?

① 스니핑(sniffing) 기법 혹은 스푸핑(spoofing) 기법
② 불법적으로 다른 사람이나 기관의 시스템 자원을 사용는 기법
③ 다른 해킹을 위한 경유지로 삼기 위해 행하는 해킹
④ 특정 서버의 정상적인 기능을 중지시킬 목적으로 행하는 해킹

카테고리 CISSP 〉 보안시스템

문제풀이

*Spoofing Attack

1) 개념
- 자신의 식별정보를 속여 다른 대상 시스템을 공격하는 기법
- TCP/IP 프로토콜의 취약성을 기반으로 해킹시도, 자신의 시스템정보(IP주소, DNS이름, Mac주소 등)를 위장하여 감춤, 역추적 어렵게 만듦
- Packet Sniffering, DoS, Session Hijacking 등의 공격 지원
2) 종류
- IP Spoofing: IP 정보를 위장하여 다른 시스템 공격
- ARP Spoofing: ARP Cache 테이블의 정보위조
- DNS Spoofing: DNS 정보 위조

- E-mail Spoofing: 송신자 주소 위조→from 필드의 alias 위조
3) 대응 방안
- IDS 설치, TCP 프로토콜 패치

정답 ①

문제 92〉 재해 및 재해복구 시스템 개념에 대한 다음 설명 중 틀린 것은?

① RTO(Recovery Time Objective)는 재해로 인하여 서비스가 중단 되었을 때, 서비스를 복구하는 데까지 걸리는 예상 시간이다.
② RPO(Recovery Point Objective)는 재해로 인하여 중단된 서비스를 복구하였을 때, 유실을 감내할 수 있는 데이터의 손실 허용시점이다.
③ 업무연속성계획(Business Continuity Planning)은 장애 및 재해 발생 시 시스템의 생존을 보장하기 위한 예방 및 복구활동 등을 포함하는 계획이다.
④ 재해복구시스템(Disaster Recovery System)은 재해복구계획의 원활한 수행늘 지원하기 위하여 평상시에 확보하여 두는 시스템이다.

카테고리 CISSP 〉 보안시스템

문제풀이

- RTO는 목표복구시간을 의미한다.

정답 ①

문제 93〉 다음과 같은 위험분석과 위험관리 수행과정 중 가장 먼저 실시되어야 하는 것은 무엇인가?

① 취약성 분석 ② 위협 분석 ③ 위험 평가 ④ 자산 식별

카테고리 CISSP 〉 보안시스템

문제풀이

- 자산식별을 먼저 수행하고 위협을 분석, 취약점 평가를 수행한다.

정답 ④

	「정보보호관리체계 인증 등에 관한 고시(방송통신위원회, 제2008-11호)」에서 정하고 있는 정보보호관리체계(ISMS)의 정보보호관리과정 5단계 활동으로 올바른 것은?
문제 94〉	① 정보보호정책 수립-정보보호관리체계 범위 설정-위험관리-구현-사후관리 ② 정보보호관리체계 범위 설정-정보보호정책 수립-구현-위험관리 -사후관리 ③ 정보보호관리체계 범위 설정-정보보호정책 수립-위험관리-구현-사후관리 ④ 정보보호정책 수립-정보보호관리체계 범위 설정 구현-위험관리-사후관리
카테고리	CISSP 〉 보안시스템

문제풀이

- 정책수립, 범위, 위험관리 구현, 사후관리 순으로 이루어진다.

정답 ①

	다음 중에서 정보보안시스템의 보안목표로 가장 적절한 것을 선택하시오.
문제 95〉	① 내외 및 외부의 침해요인을 파악하고 대응계획을수립하여 침해 가능성을 제거하는 활동이라. ② 정보보안의 목표는 사업에서 감내할 수 있는 수준으로 낮추는 활동이다. ③ 정보보안 ISMS, PIMS 등의 인증을 취득하여 대외적 신뢰성을 향상시킬 수 있다. ④ 정보보안의 정성적 및 정량적 위험 분석을 통하여 대응 계획수립한다.
카테고리	CISSP 〉 보안시스템

문제풀이

- 정보보안시스템의 목표는 위험을 감내할 수 있는 수준으로 낮추는 것이다.

정답 ②

문제 96〉	IPSec에서 AH(Authentication Header)에서는 제공하지 않지만, ESP(EncapsulatingSecurity Payload)에서 제공하는 보안서비스는? ① 접근제어(Access Control) ② 비밀성(Confidentiality ③ 비연결형 무결성(Connectionless Integrity) ④ 데이터 근원지 인증(Data Origin Authentication)
카테고리	CISSP 〉 보안시스템

문제풀이

– IPSEC ESP 헤더는 기밀성과 무결성을 지원한다.

정답 ①

임베스트 CISSP

초판인쇄 | 2012년 9월 14일
초판발행 | 2012년 9월 14일

지 은 이 | 임호진, 조영운
펴 낸 이 | 채종준
펴 낸 곳 | 한국학술정보(주)
주 소 | 경기도 파주시 문발동 파주출판문화정보산업단지 513-5
전 화 | 031) 908-3181(대표)
팩 스 | 031) 908-3189
홈페이지 | http://ebook.kstudy.com
E-mail | 출판사업부 publish@kstudy.com
등 록 | 제일산-115호(2000. 6. 19)

ISBN 978-89-268-3795-5 13560 (Paper Book)
978-89-268-3796-2 15560 (e-Book)

이담 Books 는 한국학술정보(주)의 지식실용서 브랜드입니다.

책에 대한 더 나은 생각, 끊임없는 고민, 독자를 생각하는 마음으로 보다 좋은 책을 만들어갑니다.